高等职业教育“十四五”规划教材
中国特色高水平高职专业建设计划成果
现代农业装备应用技术专业群系列教材

园艺设施建造与维护

谢　红　马守富　主编

中国农业大学出版社
·北京·

内容简介

园艺设施建造与维护是设施农业产业的重要组成部分，也是高等职业教育设施农业与装备、园艺技术专业学生必须掌握的专业技能及就业后从事的主要工作之一。

本教材主要介绍电热温床、大棚、日光温室、连栋温室的设计、建造与维护技术，设施环境调控技术，设施园区建设规划等内容，各项目均配套数字资源，读者可扫描二维码获取。本书可作为高等职业院校设施农业与装备、园艺技术等专业的课程教材，同时可供家庭农场、农村专业合作组织、农业科技园区技术人员和广大设施农业工作者参考。

图书在版编目(CIP)数据

园艺设施建造与维护/谢红，马守富主编. --北京：中国农业大学出版社，2023.12
(2025.8 重印)

ISBN 978-7-5655-3124-8

Ⅰ.①园… Ⅱ.①谢… ②马… Ⅲ.①园艺－设备－工程施工 ②园艺－设备－维修
Ⅳ.①S6

中国国家版本馆 CIP 数据核字(2023)第 238346 号

书　　名　园艺设施建造与维护
作　　者　谢　红　马守富　主编

策划编辑　郭建鑫　张秀环　　　　**责任编辑**　郭建鑫
封面设计　李尘工作室
出版发行　中国农业大学出版社
社　　址　北京市海淀区圆明园西路 2 号　　　　**邮政编码**　100193
电　　话　发行部 010-62733489，1190　　　　读者服务部 010-62732336
　　　　　　编辑部 010-62732617，2618　　　　出　版　部 010-62733440
网　　址　http://www.caupress.cn　　　　**E-mail** cbsszs@cau.edu.cn
经　　销　新华书店
印　　刷　河北虎彩印刷有限公司
版　　次　2024 年 1 月第 1 版　　2025 年 8 月第 2 次印刷
规　　格　185 mm×260 mm　　16 开本　　14.5 印张　　362 千字
定　　价　43.00 元

编审人员

主　　编　谢　红　马守富

副 主 编　冯淑华　冯　博　李永晶

参编人员　黄丽纯　刘洋大川　张　煜
谢鹏宇　崔恩权

主　　审　李　烨　张　慧

前　言

党的二十大报告指出“坚持农业农村优先发展”，并指出“坚持科技是第一生产力、人才是第一资源、创新是第一动力，深入实施科教兴国战略、人才强国战略、创新驱动发展战略，开辟发展新领域新赛道，不断塑造发展新动能新优势”。这为新时期我国农业现代化发展指明了方向，涉农高等职业院校应全面贯彻党的教育方针，落实立德树人根本任务，积极为农业农村发展培养和输送创新型、实干型人才。

园艺设施建造与维护是设施农业产业的重要组成部分，也是高等职业教育设施农业与装备、园艺技术专业学生必须掌握的专业技能及就业后从事的主要工作之一。本教材按照职业教育教学改革的要求和人才培养目标，以生产岗位需求为出发点，按照“项目为导向、工作任务为驱动”的原则，采用培养学生的可持续发展能力的教育理念，构建“完整的工作过程即完整的学习过程”的课程体系，使“教、学、做”相结合，充分体现职业教育特色。

本教材包括以下内容：走进设施农业、电热温床的建造与维护、大棚的建造与维护、日光温室的建造与维护、连栋温室的建造与维护、设施环境调控、设施园区的规划。教材内容根据实际工作任务进行安排，各项目均配套微课视频，着力打造新形态教材。教材突出对学生职业能力的培养，理论知识的选取紧紧围绕完成工作任务的需要进行，充分考虑高等职业院校学生的学习规律，并融合相关行业标准及新观念、新成果和新技术。

本教材编写分工如下：谢红编写项目一；崔恩权编写项目二；冯淑华编写项目三；马守富、刘洋大川编写项目四；谢红、谢鹏宇编写项目五；冯博编写项目六；李永晶编写项目七；黄丽纯、张煜负责本教材数字资源的收集、整理及制作等。各项目编写完成后由黑龙江农业工程职业学院谢红、冯博统稿，由哈尔滨市农业科学院李烨和黑龙江省农业科学院园艺分院张慧审稿。

本书可作为高等职业院校设施农业与装备、园艺技术等专业的课程教材，同时可供家庭农场、农村专业合作组织、农业科技园区技术人员和广大设施农业工作者参考。

由于作者水平有限，加之编写时间仓促，书中难免有不妥之处，敬请读者批评指正，以便再版时修订完善。

编　者

2023 年 8 月

目　录

项目一　走进设施农业

项目导读

我国是世界上设施农业面积最大的国家。我国设施农业已经成为世界上面积最大的利用太阳能的工程，设施种类繁多，掌握各类设施的设计规划、建造、环境调控等技术，要首先了解设施农业的基本概念、分类、特点，同时要熟悉国内外设施农业发展现状以及我国设施农业发展现状、趋势、目标、主要任务和发展重点，为后续学习打好基础。

知识目标

1. 熟悉设施农业的概念等相关知识。
2. 明确各类园艺设施的分类方法。
3. 掌握各类园艺设施的特点及应用。

能力目标

1. 能够对园艺设施进行合理分类。
2. 能够熟练识别当地常见园艺设施的类型及基本功能。

微课　走进设施农业

素质目标

1. 培养深厚的爱国情感、民族自豪感和社会责任感。
2. 增强服务农业农村现代化建设的使命感和责任感。
3. 具有扎根农业、服务设施农业的理念和信心。

任务一　设施农业概念及园艺设施分类

✓ 任务目标

1. 了解设施农业及园艺设施的概念。
2. 熟悉园艺设施分类的基本方法。
3. 掌握园艺设施的基本功能及应用。

✓ 知识与技能

设施农业是采用人工技术手段，改变自然光温条件，创造优化动植物生长的环境因子，使之能够全天候生长的设施工程。设施农业涵盖设施园艺、设施养殖等。

园艺设施是一种特殊的农业生产性建筑，是指利用专门的保温防寒或降温放热材料、设备，创造具备适合作物生长发育的小气候条件、性能比较稳定、可以进行园艺作物生产的结构或建筑。园艺设施一般有以下几种分类方法。

一、按设施规模、智能化技术水平分类

该分类方法是以设施规模、建造的复杂程度及智能化程度等技术水平将园艺设施分为简易覆盖设施、普通保护设施（包括塑料中小拱棚、塑料大棚、日光温室）、现代温室、植物工厂。

(一)简易覆盖设施

简易覆盖设施主要包括各种温床、冷床、小拱棚、荫障、荫棚、遮阳覆盖等简易设施，这些农业设施结构简单、建造方便、造价低廉，多为临时性设施或辅助性设施。简易覆盖设施主要用于作物的育苗和矮秆作物的季节性生产，应用面积逐年减少，可以作为温室大棚内辅助保温、保湿、遮阳的设施。

1. 风障

风障是设置在菜田栽培畦背面的防风屏障物，由篱笆、披风和土背三部分组成。东西延长，正南北或南偏东5°，风障夹设与地面夹角为70°～75°。以前在我国北方应用比较普遍，其防风有效距离为风障高的5～8倍，具有减低风速，稳定畦面气流，防风、防寒、增温，减少冻土层厚度作用。

风障能促进越冬蔬菜早熟增产，如菠菜、韭菜、羊角葱等，春菜可顶凌播种(指在冻土未完全融化前播种)；与简易覆盖结合可使果菜类提早定植，与地膜覆盖结合，可进行果菜类早熟栽培；可以进行种株防风采种；还可作为荫障，夏季高温、强光季节，播种芹菜、花椰菜、大白菜、莴苣等喜低温弱光菜类，可以把风障架设在菜畦的南侧，向北倾斜，成为荫障，有降温、遮光作用。

2. 阳畦

阳畦是一种较为简易的保护地设施，又叫冷床，由风障发展而来，有一定的保温作用。其性能优于风障，可分为阳畦和改良阳畦，由风障、畦框和覆盖物组成。春季气温升高，阳畦内可比露地高10～20 ℃，湿度变化较大，空气相对湿度白天在20%以上，夜间覆盖后高达80%～100%。受天气状况的影响大，早春在连续阴雪天，要加强防寒保温，加盖防寒物。阳畦内昼夜温差、局部温差都较大。

非常适于喜冷凉蔬菜的早春育苗，如甘蓝、菜花、油菜、芹菜等，还可用作果菜类(茄果类)的移苗床，或用于叶菜类的早熟栽培。

3. 塑料小棚

一般高1～1.5 m，宽1.5～3 m，长10～30 m，单棚面积15～45 m^2。由小拱架和塑料薄膜组成，根据温度变化，可加盖草帘保温。早春用于生产茄果类蔬菜，之后用于秋延后蔬菜栽培。

4. 荫棚

荫棚主要是用于遮阳降温的一种设施，形式多样，大致可分为永久性和临时性两类。

(1)临时性荫棚是每年夏季搭建应用后秋季拆除的荫棚。北方地区多于5月上中旬架设，秋凉时拆除。临时性荫棚主要由立柱、棚架和遮阳物等构成。立柱和棚架由木材、竹材等构成，遮阳物由苇帘或遮阳网等构成。跨度大的荫棚还应沿东西向留一条通道。

(2)永久性荫棚是建设后永久使用的荫棚。这种荫棚的形状与临时性荫棚相同，但骨架多由钢管或水泥柱和竹竿构成。钢管直径为3～5 cm，其基部固定于混凝土基座中，棚架上覆盖苇帘、竹帘或遮阳网等遮阳材料。有的地方采用葡萄、凌霄、蔷薇等攀缘植物制作荫棚，颇为实用，但要经常进行疏剪以调整遮阳程度。

(二)普通保护设施

普通保护设施主要包括塑料中拱棚、塑料大棚、日光温室，是我国各地区园艺设施中的主要类型，是常见的普通保护设施。

1. 电热温床

电热温床就是在阳畦内铺设电热线，通电后发出热量以提高苗床温度。电热温床效果好、成本低、容易使用，在我国北方地区的蔬菜育苗中被广泛应用。

2. 中拱棚

中拱棚一般高为 1.5～2.3 m，宽 3～6 m，长 10～30 m。由拱架和塑料薄膜组成，特点是制作简单、投资少、作业方便、管理上非常省事。其主要用于种植蔬菜、瓜果和食用菌等，也可以作为温室大棚内的辅助保温设施。

3. 大棚

大棚是我国北方地区传统的保护设施，按照其内部结构用料的不同，分为竹承结构、全竹结构、钢竹混合结构、钢管（焊接）结构、钢管装配结构以及水泥结构等。总体来说，大棚造价比日光温室要低，安装拆卸简便，通风透光效果好，使用年限较长；比中小拱棚保温效果好，便于机械和人工操作，主要用于果蔬瓜类的早熟和秋延后栽培。

4. 日光温室

日光温室是节能日光温室的简称，又称暖棚，由两侧山墙、维护后墙体、支撑骨架及覆盖材料组成，是我国北方地区独有的一种温室类型，是一种在室内不加热的温室，通过后墙体对太阳能吸收实现蓄、放热，维持室内一定的温度水平，以满足蔬菜作物生长的需要。日光温室是采用较简易的设施，充分利用太阳能，在寒冷地区一般不加温进行蔬菜越冬栽培，并生产新鲜蔬菜的栽培设施。日光温室具有鲜明的中国特色，是我国独有的农业设施。各地日光温室的结构不尽相同，分类方法也比较多。其采光、保温及蓄热性能很好，便于机械作业，主要种植反季节蔬菜、瓜果、花卉和育苗等。

（三）现代温室

现代温室通常称为智能化温室、连栋温室，现代温室多为玻璃或 PC 板连栋温室、塑料连栋温室。玻璃或 PC 板连栋温室具有自动化、智能化、机械化程度高的特点，温室内部具备保温、补光、通风、水肥一体化、物联网等综合环境控制系统，利用该系统可以自动调节室内温、光、水、肥、气等诸多因素，可以实现全年高产，经济效益好。其优点在于采光时间长，抗风和抗逆能力强，主要用于种植蔬菜、瓜果、花卉和工厂化育苗等。

在大型现代温室中将现代科学技术与农业种植相结合的智慧农业生产，实现了设施蔬菜生产的无人化、自动化、智能化管理，该项目已在山东寿光试验成功。

（四）植物工厂

植物工厂是通过设施内高精度环境控制实现农作物周年连续生产的高效农业系统，是利用智能计算机和电子传感系统对植物生长的温度、湿度、光照、CO_2 浓度以及营养液等环境条件进行自动控制，使设施内植物的生长发育不受或很少受自然条件制约的省力型生产方式。植物工厂是现代设施农业发展的高级阶段，是一种高投入、高技术、精装备的生产体系，集生物技术、工程技术和系统管理于一体，使农业生产从自然生态束缚中脱离出来。按计划周年性进行植物产品生产的工厂化农业系统，是农业产业化进程中吸收应用高新技术成果最具活力和潜力的领域之一，代表着未来农业的发展方向。

二、根据用途分类

园艺设施根据用途可以分为生产用设施、试（实）验用设施、休闲农业用设施和商业用设施。生产用设施主要用途是生产产品，侧重于自身的经济效益；试（实）验用设施主要用于科学实验，侧重于实验研究效果；休闲农业设施也叫观光农业设施，主要用于展示、展览等，侧重于经济效益和社会效益；商业用设施主要用于花卉市场和生态酒店等，侧重于经济效益。

三、根据温度性能分类

园艺设施根据温度性能可分为保温加温设施和防暑降温设施。保温加温设施包括阳畦、温床、温室、拱棚等；防暑降温设施包括荫障、荫棚和遮阳覆盖设施等。北方地区园艺设施主要以保温加温设施为主，南方地区园艺设施主要以降温和防雨设施为主。

本书重点介绍电热温床、大棚、日光温室、现代化温室等设施的性能、设计要求、建造、维护及环境特点等。

任务二　设施园艺发展现状及发展趋势

✓ **任务目标**

1. 了解国外设施园艺发展现状。
2. 了解国内设施园艺发展现状。
3. 熟悉我国设施园艺发展的趋势。

✓ **知识与技能**

国外设施园艺的发展非常迅速，并向高科技、高水平、高度自动化和智能化方向发展，将形成完全摆脱自然的全新技术体系。我国设施园艺发展起步晚、基础差且经济实力不强，今后将逐步发展壮大。进入21世纪后，设施园艺向设施大型化、生产工厂化、结构标准化、管理科学化和监控智能化、数字化方向发展。

一、国外设施园艺发展现状

古罗马最先出现简易围护栽培。到17世纪，法国、英国、日本和德国等相继出现简易的园艺设施。第二次世界大战后，世界各地的设施园艺迅速发展，面积不断扩大，栽培水平进入高投入、高产出和高技术阶段。20世纪70年代后，大型钢架温室出现，室内加温、灌溉、换气等附加设备被广泛运用，温室面积迅速增加。目前，设施园艺面积在5 000 hm^2 以上的设施农业大国共有11个，分别为中国、韩国、西班牙、日本、土耳其、意大利、墨西哥、荷兰、法国、美国和波兰。温室在解决蔬菜供应、增加农民收入、促进农业产业结构调整等方面发挥着重要作用，具有广阔的市场空间与发展前景。

1. 荷兰

荷兰是世界设施园艺强国，设施园艺产值占全国农业产值的39%。荷兰的玻璃温室是世界设施农业技术体系最重要的分支之一。2014年，荷兰玻璃温室总面积为9 488 hm^2，约占世界玻璃温室总面积的20%，其中43.6%种植花卉，50.9%种植蔬菜，苗圃和盆栽占4.95%；温室每平方米产出高达66.3欧元。荷兰人充分发挥当地气候温和的优势，克服光照资源的不足，把设施园艺产业做到了世界最好，其100年来的温室发展史大致分3个主要阶段（表1-1），即初级阶段、快速发展阶段和稳定成熟阶段。

表 1-1　荷兰温室发展历程

发展阶段	发展特点	温室主要类型	温室特点
第一阶段:初级阶段(1900—1945 年)	设施结构简单,室内基本没有环控措施	双坡面玻璃温室	以一面坡玻璃温室为基础,具有尖顶对称屋面和斜侧立面,简单木架支撑
第二阶段:快速发展(1946—1990 年)	温室配套环控设备开始普及,温室作物产量大幅度提升	Venlo 温室	立柱支撑跨间桁架,桁架上支撑天沟,镶嵌屋面玻璃的铝合金支撑框直接安装在天沟上,温室屋面不用任何钢结构材料
第三阶段:稳定成熟(1991 年至今)	温室面积不再大规模扩大,温室技术的研发趋于成熟	以 Venlo 温室为主,兼有光伏温室、塑料薄膜温室、中空 PC 板温室、外遮阳温室等	技术发展集中在提高覆盖材料透光率、增加太阳能入射量;热能多用途利用和余热回收;营养液消毒和闭路循环系统的技术配套;温室节能技术应用等

2. 日本

日本在小型温室机械、植物工厂精密控制等方面的技术居于世界领先地位。日本发展设施农业主要是为了缓解农业劳动人口数量减少及老龄化的冲击,与此同时开发出与大都市空间相适应的新鲜农产品供应体系。因此,日本设施农业总体量不大但特色鲜明:一是更注重开发节省人力的小型温室机械,发展立体化种植等技术;二是更重视运用高附加值、紧凑型、全程精细控制的植物工厂技术。

1960 年之前,日本主要应用简易拱棚育种育苗。1960—1980 年,设施农业迅速发展,温室大棚面积从 1 707 hm^2 增加到 3.17 万 hm^2、玻璃温室从 296 hm^2 增加到 1 501 hm^2、塑料大棚从 1 411 hm^2 增加到 3.02 万 hm^2。1980 年以后,大型温室、连栋大棚、植物工厂等新一代设施农业技术在日本得到更多重视和推广。据日本农林水产省统计,截至 2009 年,日本玻璃温室面积为 2 039 hm^2,占设施总面积的 4.2%,塑料温室和塑料大棚面积为 47 010 hm^2,占设施总面积的 95.8%。2013 年初的数据显示,日本共有 211 家植物工厂。

3. 美国

美国的温室演变与工业材料的发展密切相关。大体上可以分为 3 个阶段:第一阶段(1950—1969 年),温室以木结构为主,覆盖材料多是玻璃,室内以土壤栽培为主,自动化设备极少;第二阶段(1970—1989 年),金属骨架温室逐步增加,出现了玻璃钢和双层充气薄膜等覆盖材料,滴灌及无土栽培等技术普遍应用;第三阶段(1990 年至今),PC 板投入使用,屋顶可以全部启闭的现代温室成为主流。

4. 西班牙

西班牙的农业温室主要集中于被称为"欧洲蔬菜之都"的阿尔梅里亚省,其与山东寿光处于同一纬度,在北纬 37°左右。当地温室面积集中,产量大,辐射面广,每天平均向欧洲运送 400 个冷藏集装箱的新鲜蔬菜,一年四季都不间断。阿尔梅里亚省发达的设施农业不仅得益于得天独厚的地中海气候,更依赖于全面完善的农业生产体系和先进的农业生产技术。

西班牙的温室结构类型较单一,主要分为 Parral Plano 型温室和 Rapsa and Amagado 型温室。该地区设施园艺总规模接近 3.0 万 hm^2，其中玻璃温室不到 100 hm^2，主要用于育苗和科技展示，其余均为塑料钢架大棚，集中分布在阿尔梅里亚省沿海的西部一带，密度居世界第一。当地政府和技术部门高度重视温室的规模化建设，逐步以大面积的温室代替小型温室，生产用温室的面积从 1 hm^2 到 20 hm^2 不等，温室分布地带的土地利用率在 85%以上。

荷兰、日本等国通过强化政策支持、科技支撑、产业配套、利益链接等举措，加快发展以玻璃温室、植物工厂、微滴灌等设施园艺技术为重点方向的现代设施农业，主要发展趋势有：温室建设大型化、室内技术集成化、产品种类多样化、操作流程机械化、生产技术工厂化、覆盖材料多样化、栽培技术无土化、防治技术生物化。在产业政策制定、技术装备研发推广和产品路线设计等方面为我国设施园艺的发展提供了宝贵经验。

二、我国设施园艺发展现状

我国设施园艺发展经历了两条道路：一条道路是引进国外自动化、智能化、机械化并具备人工升温、光照、通风和灌溉功能的设施，可进行立体种植，属于现代化大型温室。但是这些设施不仅没有普及开来，甚至难以实现商业运营。另一条道路是我国农技推广部门推动农膜生产企业和农民联手，从塑料大棚和拱棚开始，逐渐发展为日光温室和连栋温室，发展快速，设施总面积已达到其他国家总和的 5 倍以上。

我国园艺设施的发展历史可分为原始时期、发展时期和现代化时期三个时期。

（一）原始时期：发展历史悠久，设施栽培发展缓慢

中国是世界上应用设施园艺技术历史最悠久的的国家之一，设施园艺发展最早可追溯到 2 200 多年前。秦朝《古文奇字》中记载"秦始皇密令人种瓜于骊山沟谷中温处，瓜实成，使人上书曰：瓜冬有实。"此后西汉《汉书补遗》中的《循吏传》、唐朝王建的诗中、元朝王祯《农书》、明朝王世懋《学圃杂疏》等均有设施蔬菜栽培的记载，而且明朝北京地区已有黄瓜加温温室早熟栽培。清朝主要继承了唐宋元明各朝设施园艺技术，产品主要供养皇家贵族和富商，故发展缓慢。"中华民国"时期设施园艺有所发展，主要分布在大城市郊区，发展规模有限。尽管中国设施园艺发展历史悠久，但限于当时的社会条件和科学技术，设施栽培发展缓慢，且其产品始终为极少数封建官僚统治阶级所享用。

（二）发展时期：发展迅速，各类园艺设施并存

新中国成立后，随着社会生产力的发展、经济建设和人民生活水平的提高，设施园艺得到了迅速发展。1956 年，我国在北方大中城市推广阳畦、温室设施和栽培技术，一定程度上改善了冬春季节的蔬菜供应。1958 年，我国自行生产的农用聚乙烯薄膜开始用于小棚覆盖，并得到了广泛应用。1966 年，吉林长春建成国内第一栋塑料大棚，并在北方地区推广应用，获得迅速发展。1977 年，北京玉渊潭公社建成了国内首栋大型屋脊型连栋温室。

到 20 世纪 80 年代初，我国开始引进荷兰、美国等国的现代化温室成套设备。1981—1985 年，我国成功实现了塑料大棚工厂化，塑料大棚获得快速推广普及。20 世纪 80 年代中期，节能日光温室在我国北纬 32°～43°的地区，实现了在完全不加热或仅有极少量加热的条件下，在冬季生产喜温果菜。在此期间，我国还从国外引进大型连栋温室，但受限于管理和配套技术，未达到生产经营的预期效果，随后陆续停产或拆除后进行改建。20 世纪 90 年代引进国外大型连栋温室，并引进了外遮阳、内覆盖、水帘降温、滚动苗床、行走式喷水车、行走式采摘车、计算机管理系统和水培系统等配套设备，还引进了配套栽培技术、配套品种及专家管理系统，但

这些连栋温室除少数生产花卉的之外，生产蔬菜的绝大多数难以为继。

20 世纪 90 年代至 21 世纪初，进一步优化节能日光温室，开发了遮阳避雨棚、连栋塑料大棚，又一次引进国外连栋温室，促进了设施园艺的整体提升，设施园艺产业快速发展。

(三)现代化时期:科技密集型、高度集约化

2010 年以来，我国开展了现代节能日光温室、节能塑料大棚研究，引进和研制了超大型连栋玻璃温室，探索了植物工厂生产技术，开发了宜机化生产模式，进一步提升了设施园艺生产水平。持续优化了第三代节能日光温室园艺作物生产技术，实现了最低气温－28 ℃以上地区番茄和黄瓜年最高产量 45.0 万 kg/hm^2 的突破；2015 年农业部印发了《全国设施蔬菜重点发展区域发展规划(2015—2020 年)》；开展了节能日光温室装配化、环境调控自动化和物联网化、作物生产机械化、生产管理信息化等技术创新，提升了节能日光温室环境调控能力和机械化生产水平，提高了劳动生产率；研发了宜机化保温塑料大棚；引进和自行设计建造了一批 7～30 hm^2 的超大型连栋温室。探索并展示了植物工厂生产技术，开发了农机农艺融合的宜机化设施蔬菜栽培模式与技术。

三、我国园艺设施发展中存在的问题

1. 设施和技术水平落后

我国目前园艺设施多为结构简单、性能较差、抗御自然灾害能力不强的竹木结构塑料大棚、中小拱棚以及就地取材建造的节能型日光温室；钢架结构大棚、温室数量相对较少，因此在强风、大雪或异常低温的自然灾害下，易发生棚毁苗伤等现象，经济损失严重。设施园艺工程技术欠发达，大棚、日光温室栽培技术缺少量化指标，经验色彩浓厚，科技含量不足，只能被动地保温、降温、遮阳、防雨，而不能主动地调节温、光、水、肥、气，这是限制设施栽培作物高产优质栽培的主要障碍。科技、装配等水平低，抗御自然灾害能力差，而且农产品比价较低，经济效益低。

2. 设备不配套，调控能力差

设施农业科研投入不足，技术创新不够，在温室设计和制造等关键环节，我国拥有自主知识产权的技术和创新技术很少；设施农业装备发展滞后，设备比较简易，环境控制能力差，机械化自动化程度低；专业设施农业技术人员缺乏，农户技术水平低，整体素质、服务水平与设施农业发展的要求不相适应；农产品质量安全形势严峻，农药、化肥超标使用导致果蔬品质下降，危及消费者的健康。

3. 引进渠道单一，盲目引进

目前我国能形成规模生产能力的温室制造工厂较少，仅限于北京、上海等大城市。多数厂家不能生产内部的配套设备，不具备足够的市场竞争力，所以出现了到处引进的局面。由于从国外引进的大型温室多是在适应本地区生态条件的基础上设计制造的，虽然这些温室的外观和自动化程度优于国产温室，但从目前进口温室的运营情况看，进口温室价格高、效益低、能耗大，且结构和种植技术亟待改进。

4. 资源浪费严重

我国目前的设施园艺主要是劳动密集型的传统栽培产业，是资源依赖型农耕方式，在土地、种子、化肥、水资源、光热资源的利用方面都存在严重的浪费现象。化肥、农药的大量施用还造成了土壤及生态环境的污染。节能型日光温室实际土地利用面积仅有 50%，采用大水漫灌的灌溉方式，水分利用率仅为30%～40%，这与先进国家的自动化、科学化节能节水技术相比尚存较大差距。

四、我国园艺设施的发展趋势

1. 设施国产化

我国幅员辽阔，气候类型多样，地域条件差别大，经济、技术、市场条件不一，致使我国不同的地区农业生产条件各异。在引进、吸收和消化国外先进技术与设备的同时，要因地制宜，结合我国实际，自行研制适合我国设施园艺的作业机具，实现园艺设施的国产化。

2. 规模化、产业化

设施园艺是高投入、高产出、高效益的产业，只有形成相当规模才可能形成强有力的品牌效应，从而占领市场，使资源优势得到有效的开发与持续利用，同时带来巨大的经济效益，因此必须推进设施农业的产业化，加快设施园艺企业的发展。

3. 温室大型化

大型温室设施具有投资省、土地利用率高、室内环境相对稳定、便于控制、能够实现机械化作业和产业化生产等优点。与世界先进水平相近的大型塑料连栋温室、玻璃温室等已经在我国许多省份出现，在全国逐步推广采光量好、保温性能强、环境调控技术高的大型连栋温室，将会是我国发展设施园艺的关键。

4. 温室生产多样化

我国温室农产品以蔬菜为主，这种生产模式应逐步向水果和花卉等发展，特别是提高对市场价值较高的产品的生产投入。

5. 设施生产机械化、自动化

现代日光温室生产实现了环境控制自动化、主要生产环节机械化、生产技术标准化、经营规模化和产品无害化。实现整体生产现代化能使劳动生产率提高1倍以上。我国应逐步摆脱传统劳作方式，运用先进生产设备和管理技术，使生产趋于机械化、自动化，既能节省人力物力，又能提高农产品质量。

自测训练

一、填空题

1. 设施规模分类方法是以设施规模、建造的复杂程度及智能化程度等技术水平将园艺设施分为________、________、________、________。

2. 我国园艺设施的发展历史可分为________、________和________三个时期。

3. 普通农业保护地设施包括________、________、________、________。

二、判断题

1. 设施农业生产是指在不适宜露地种植的季节或地区，利用保护设施栽培农作物的生产方式。（　　）

2. 我国园艺设施发展历史悠久，在原始时期设施栽培发展快速。（　　）

三、名词解释

1. 设施农业　　2. 园艺设施

四、选择题(多选)

1. 设施农业是采用人工技术手段,改变自然光温条件,创造优化动植物生长的环境因子,使之能够全天候生长的设施工程。主要包括(　　)。

A. 设施园艺　　B. 水产养殖　　C. 露地栽培　　D. 设施养殖

2. 我国设施农业发展中存在的问题是(　　)。

A. 设施和技术水平落后　　B. 设备不配套,调控能力差

C. 引进渠道单一,盲目引进　　D. 资源浪费严重

3. 我国园艺设施的发展趋势是(　　)。

A. 国产化　　B. 规模化、产业化　　C. 温室大型化

D. 温室生产多样化　　E. 生产机械化、自动化

项目二　电热温床的建造与维护

项目导读

电热温床是能按照不同作物、不同生育阶段对温度的需求，人为控温的一种园艺设施。电热温床主要用于冬春季园艺作物的育苗和扦插繁殖、蔬菜早熟栽培等。其具有供热时间准确，地下温度分布均匀，增温性能好、温度可精确控制及管理方便等优点，现在生产上已广泛应用。

知识目标

1. 了解电热温床的类别及优缺点。
2. 了解电热温床、酿热温床的工作原理。
3. 熟悉电热温床、酿热温床的结构。

能力目标

1. 掌握电热温床的安装方法，会选购设备。
2. 掌握电热温床的使用和维护方法。
3. 会实地建造电热温床。

微课　电热温床的建造与维护

素质目标

1. 培养深厚的爱国情感、民族自豪感和社会责任感。
2. 培养查阅信息、收集整理资料、分析问题、解决问题的职业素质。

任务一　电热温床的建造

✓ 任务目标

1. 了解电热温床的优点及场地要求。
2. 熟悉电热温床的种类、结构及常用设备。
3. 会计算电热温床的功率。
4. 掌握电热温床的建造技术。

✓ 知识与技能

电热温床就是在育苗床内铺设电热线，通电后发出热量提高苗床温度的温床。

一、电热温床的优点

1. 床土升温快，均匀稳定

电热线是用人工控制的升温设备，通过农用控温仪的自动控制，在一定范围内，能够按照育苗的需要设定电热线加温的温度，可以满足各类作物对土温的不同要求。电热线通电后立即升温，发热迅速，在有效的温度范围内，一般每小时能提高温度 1 ℃，并可以长时间持续加温。电热温床发热均匀，昼夜温度稳定，温差仅 3～4 ℃。同时温度便于控制，如需降温炼苗，停电后打开覆盖物通风，温度很快就会下降。

2. 设备比较简单，使用方便，灵敏度高

电热温床育苗的主要设备是控温仪和电热线，可以直接在温室、大棚及冷床中进行土壤加温，既可用于播种床，也可用于移苗床、扦插苗床，既节省燃料和酿热物，又清洁卫生。育苗结束后，取出电热线妥善保管，能连续使用多年。在大多数情况下，电热温床育苗只是在育苗的关键阶段加温。电热线的使用量可以随育苗的多少而灵活使用。因此，电热温床育苗省工、省力、成本低。

3. 电热温床能缩短育苗时间，提高幼苗质量

在寒冷地区，由于早春气温低，床土温度更低，一般早春育苗，温室要提前加热。电热线直接给土壤加温，土壤升温快，育苗时间相应缩短。对于扦插育苗，很容易创造出土壤温度略高于气温的条件，有利于插穗的快速生根和成活。由于能灵活调节畦温，幼苗生长健壮，病害较轻，同一时期中在叶数、茎粗、株高、苗重等方面均优于阳畦苗。

4. 电热温床经济效益较高

据实验，用电热温床育苗，蔬菜平均每亩增产 14%、增值 25%。

二、电热温床建造场地的选择

要节约电能，电热温床应设在有保护设施的场地内，如设在温室或拱棚里，山东、东北等地早春育苗最好设在加温温室或日光温室内，且应离开前角（前角无加温设备）一定距离，并离门远些。

三、电热温床的种类与结构

1. 电热温床的种类

电热温床设置可分为地上式和地下式 2 种。凡床面与地面相平的称为地下式，它具有较好的保温性和保湿性，宜建在地下水位较低的地方，地下式电热温床常用来育苗。凡床面高于地面的称地上式，它有利于土温的升高，宜建在地下水位较高的地方，地上式电热温床常用来作移苗床。

2. 电热温床的结构

结构较完整的电热温床与冷床相似，同样也有床框、床坑、透明覆盖物、防寒覆盖物等。所不同的是床坑内的结构有所区别，电热温床的床坑内还有隔热层、散热层和床土等结构（图 2-1）。

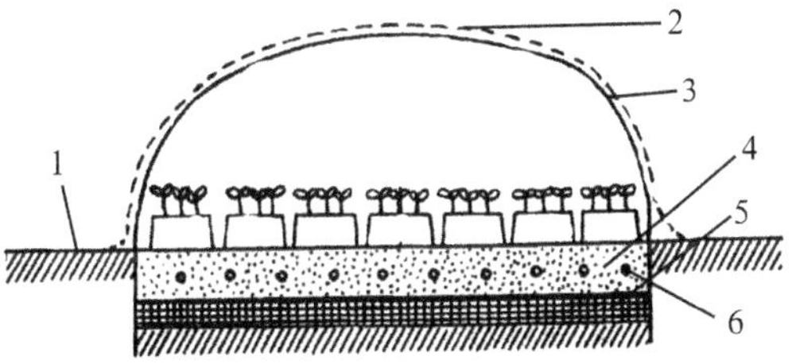

1. 床埂　2. 薄膜　3. 骨架　4. 床土　5. 隔热层　6. 电热线

图 2-1　电热温床结构示意图

(1)隔热层。隔热层是在床坑的最底层铺一定厚度的马粪、炉渣、作物秸秆或碎草等，用来阻止热量向土壤深层传递，以节省电能。

(2)散热层。散热层是在隔热层上面先铺约 3 cm 的床土或沙子,布好电热线后,再铺 2～3 cm 的床土或沙子,然后适当镇压,就可以使用了。

(3)床土。床土分布在散热层上面。实际生产中根据不同需要铺设地热线,地热线上可以铺上播种床土进行播种,也可以铺上移苗床土进行移苗,还可以铺上基质,做成插床进行扦插育苗。也可以不铺床土,直接把播种苗或育苗穴盘、营养钵、纸筒等摆放在电热线上。

四、电热温床所用的设备

(一)电热线

电热线可分为给空气加温的气热线和给土壤加温的地热线两类,两者不要混用。气热线绝缘层选用耐高温聚乙烯或聚氯乙烯;地热线采用聚氯乙烯或聚乙烯注塑的,厚度在 0.7～0.95 mm,比普通导线厚 2～3 倍,400 W 以上的电热线都用多股电热丝。目前采用较多的是绿色和黄色的加温线,也有黑色和棕色的。电热线使用温度小于 45 ℃(表 2-1)。

表 2-1 常用电热线的型号及规格

型号	电压/V	电流/A	额定功率/W	长度/m	使用温度/℃	颜色
DV20410	220	2	400	100	≤45	黑
DV20406	220	2	400	60	≤40	棕
DV20608	220	3	600	80	≤40	蓝
DV20810	220	4	800	100	≤40	黄
DV21012	220	5	1 000	120	≤40	绿

(二)温度控制器

温度控制器能自动控制电源的通断以控制温度。使用控温仪控温可以节约用电近 1/3。目前用于电热温床的控温仪基本上是农用控温仪,仪器本身电源是 220 V,控温范围为 10～50 ℃,控温的灵敏度为±0.2 ℃(表 2-2)。

控温仪使用时可放在工作台上,也可装在控制箱面板上,工作环境不宜直接在温湿度太高的地方。在使用过程中,应根据功率的大小,正确选择连线方案。将感温头插入温床具有代表性的部位,引线不够长,可居中剪断加长,最大允许范围依控温仪型号不同而异,其中最少的也允许加长 50 m。使用前,应将控温仪的旋钮逆时针旋到底,核对零点,然后按要求将旋钮调到所需的温度值。控温仪就能根据电热育苗温床内土壤温度的高低变化,自动控制电热线的电路接通或断开,使育苗床土的温度保持相对恒定。

表 2-2 常用的温度控制器

型号	生产厂家	直接最大负载功率/W
KWD	上海市农业机械研究所	2 200
WKQ-1	上海市农业机械研究所	2 200
WK-2	宁波市鄞县大嵩地热线厂	1 000
BKW-5A	营口市农业机械化研究所	4 000

续表2-2

型号	生产厂家	直接最大负载功率/W
NKY	鞍山市自动化仪表器厂	2 000
ZWKQ-1(组合式)	上海市农业机械研究所	—

(三)交流接触器

如果电热线总功率大于控温仪的允许负载，必须外加交流接触器，否则控温仪易被烧毁。接触器按被控电流的种类可分为交流接触器和直流接触器，电热温床主要用的是交流接触器。一般当电热线的总功率小于 2 000 W(电流为 10 A 以下)时，可不用交流接触器，而将电热线直接连接到控温仪上。当电热线总功率大于 2 000 W(电流为 10 A 以上)时，应将电热线连接到交流接触器上，由交流接触器与控温仪联用。交流接触器的线圈电压有 220 V 和 380 V 两种，220 V 的较常用。

五、电热线的功率确定与计算

(一)电热温床的功率密度及总功率

1. 功率密度的选定

电热温床的功率密度是指每平方米铺设的电热线的功率，用 W/m^2 表示。功率过大，虽然升温快，但增加设备成本，电路频繁通断，容易缩短仪器寿命；功率过小，达不到设定温度。显而易见，增温值越高，基础地温越低，功率选择应越大。基础地温指在铺设电热温床后还未加温时的 5 cm 土层地温。设定地温指在电热温床通电时应达到的地温，如果在较短时间内达到设定温度，每平方米则应增加 10 W 左右，如有隔热层，功率可降低 10%～20%。

功率密度选定时，应根据不同作物对温度的要求而设定土温，还要考虑当地的气候条件、电热温床使用的季节，以及设施的保温能力等。一般早春育苗时铺线的功率密度为 80～120 W/m^2。

2. 总功率

铺设电热温床所使用电热线的功率总和就是电热温床的总功率。计算公式如下：

$$总功率=育苗总面积\times 功率密度$$

每一根某种型号的电热线的额定功率是固定的，在育苗总面积和功率密度确定的前提下，就能够根据总功率把需要用几根电热线计算出来。计算所得的数值应取整数，计算公式如下：

$$所需电热线根数=总功率\div 每根电热线的额定功率$$

(二)电热线的计算

加温线的间距和长度是影响床温的关键，其长度的计算根据温床使用季节、每平方米采用的功率、加温面积大小、加温线的规格、使用电源和电压等条件而定。计算时首先根据育苗的季节、当地的气候、幼苗所需的温度、温床的保温条件等，来确定适宜的电热温床使用功率。根据选定的功率可进一步计算出电热线的总长度和布线间距。电热线的布线间距可采用下列计算程序求得：

$$每根电热线可加温面积=电热线额定功率\div 电热温床选定功率$$

1 根电热线铺床宽度＝1 根电热线铺床面积÷苗床长度

1 根电热线往返次数＝(电热线长度－1 根电热线铺床宽度)÷苗床长度

电热线的根数(取整数)＝加温温床面积÷每根加温线可加热面积

电热线总长度＝每根电热线长度×根数

电热线布线行数(取偶数)＝(加温线总长度－温床宽度)÷温床长度

平均布线间距＝1 根电热线铺床宽度÷(1 根电热线往返次数－1)

例题：建造一个电热温床，苗床长 10 m、宽 2 m，功率密度取 100 W/m^2，打算买每根额定功率为 1 000 W、长 120 m 的电热线，问共需买几根这样的电热线？每根线能铺多大面积？1 根线能铺多宽？往返几次？电热线间距有多大？

根据要求，求出苗床面积，即 10 m×2 m＝20 m^2；

计算出总功率：20 m^2×100 W/m^2＝2 000 W；

需要电热线的根数：(20 m^2×100 W/m^2)÷1 000 W/根＝2 000 W÷1 000 W/根＝2 根；

每根线铺床面积：1 000 W÷100 W/m^2＝10 m^2；

每根电热线铺床宽度：10 m^2÷10 m＝1 m；

每根电热线往返次数：(120 m－1 m)÷10 m＝11.9≈12 次；

铺床时相邻电热线间距：1 m÷(12－1)＝0.091 m＝9.1 cm。

六、电热温床的建造

1. 挖床坑

床坑深度应根据床土厚度、隔热层厚度、覆土厚度等确定。苗床的面积多为 10 m^2。通常从区划好的床内将表土均匀取出 10 cm 深，堆放床外某处待用。在床面四周做成 20～25 cm 高的床框，应踩实切齐，畦面要浅翻，耧平。也可根据实际情况用砖砌成畦框，或用木板做成活动苗床的简易畦框。通常半地下式的深 20～30 cm，地上式的深 10～20 cm。

2. 铺隔热层

电热温床的下面和四周设隔热层可以节约电能，也有利于迅速提高地温。我国目前在温床四周用木板等隔热的不多，在北方寒地，许多地方都在温床下面使用隔热层，隔热层可用旧草帘铺两层或几层，用碎稻草、稻壳、锯末等隔热材料也可以。铺设时先在温床底部铺一层塑料薄膜以防水分通过，其上再铺隔热物。当基础地温相对较高，一般达到 10 ℃以上时，也可不设隔热层。

3. 铺散热层

铺一层厚度为 5 cm 的床土或细沙，内设电热线。目的是使电热线放出的热量均匀地向上层土壤传导，同时起到固定电热线的作用。

4. 电热线的布设

首先准备好 20～25 cm 的固定桩，如竹签、木棍、铁钉等。从距床边 5 cm 处钉第一根桩，桩上部留 5 cm 左右挂线，然后按计算好的线距向前排桩。固定桩布置好后，由 3 人铺线，其中 1 人持线往返于苗床两端，另 2 人各在苗床两端挂线，挂线时应将靠近固定桩处的线稍用力向下压，边铺边拉紧，以防电热线脱出。一根线在铺设时不一定正好铺到床的一头，此时将其固定在竹棍上，用导线部分打结，另一根电热线的导线也如此打结固定在这个竹棍上，竹棍钉入土中，接着继续布线，注意不能用电热线打结。最后对两边的固定桩的位置进行调整，以保证电热线两头的位置适当。布线前必须考虑到电热线的两根引出线处于苗床的同一端，以便连接电源（图 2-2）。

1. 导电线　2. 木杆　3. 电加热线　　1. 床埂　2. 短棍　3. 电热线　4. 铁钉　5. 小木板　6. 导线

图 2-2　布线方法

电热线的另一种布设方法是铺线时先准备好两块与温床宽度相同的木板，在木板上按线距钉好钉子，并在木板两头钻两个孔，铺线时先将两块木板分别放在温床两头，用铁棍插入木板两端的孔中将其固定。然后用 3 人布线，2 人在两端拉线，1 人在中间往返放线，布完后逐条拉紧，不能松动交叉，以防短路。线拉紧后立即覆盖床土，盖好床土后把铁棍拔掉，将木板向床内方向翻转取出，再把露出的线覆土盖严、踩实。

电热线无论是新的还是重复使用的，使用前必须注意检查选用的电热线外包漆皮是否完整，如果有破损而露出镀锌扎丝者不能再使用，绝缘层有小破损时可用热熔胶修补。

5. 电源及控温仪的连接

控温仪可按仪器说明接通电源，并把感温插头插在温床的适当位置。接线时，功率＜2 000 W（10 A 以下）时可采用单相接法；功率＞2 000 W 时，可采用单相加接触器（继电器）和控温仪的接法；功率电压较大时可采用 380 V 电源，并选用与负载电压相同的交流接触器。

（1）单相直接连接法。即将电热线与电源通过开关直接连接。这种接法电源的启闭全靠人工控制，因此很难准确地控制温度；同时也费工，目前很少应用（图 2-3）。

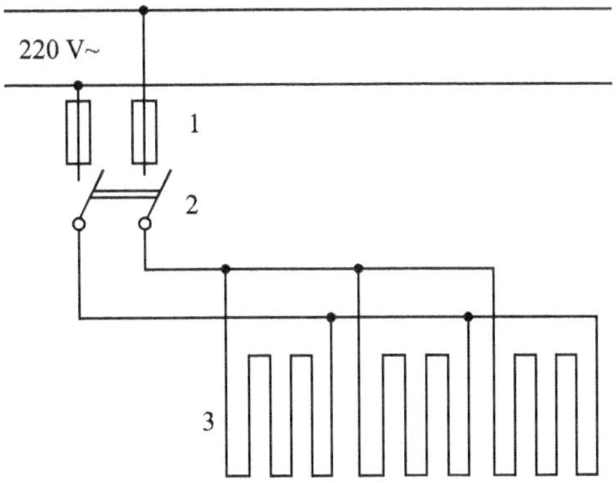

1. 保险丝　2. 闸刀　3. 电热线

图 2-3　电热线单相直接连接法

(2)单相加控温仪接法。当电热线的总功率小于或等于控温仪最大允许负载时,可采取这种方法。此法可以实现床温的自动控制(图 2-4)。

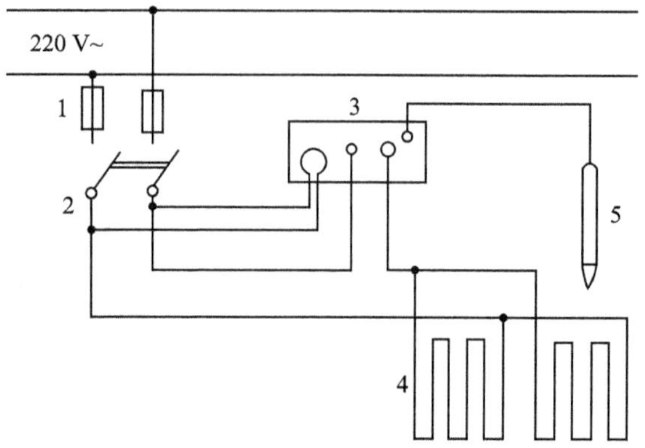

1. 保险丝 2. 闸刀 3. KWD 控温仪 4. 电加热线 5. 感温

图 2-4 电热线单相加控温仪接法(功率≤2 000 W)

(3)单相加接触器加控温仪接法。当电热线的总功率大于控温仪最大允许负载时,可采用这种方法。否则,如果不加继电器,则会把控温仪烧坏。交流接触器的选配:可根据负载电路的工作电流值确定其主触头的额定电流值,然后,按确定的额定电流值选取相应的规格型号。交流接触器在电路中的连接方法是将其主触头串联于负载电路中,其电磁线圈应与控温继电器的常开触点串联成控制回路(图 2-5)。

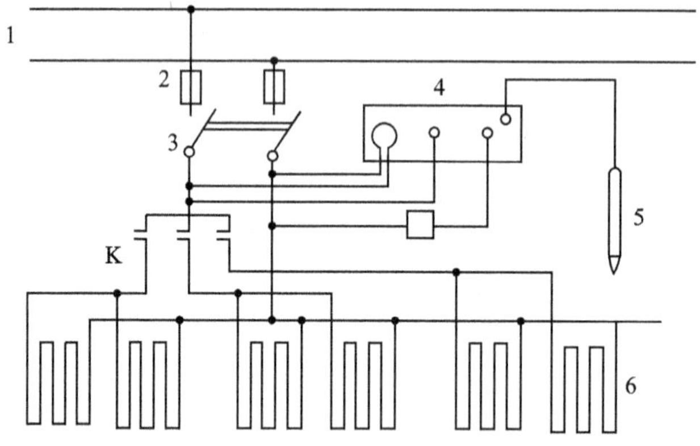

1. 火线 2. 保险丝 3. 闸刀 4. KWD 控温仪 5. 感温头 6. 电热线

图 2-5 电热线单相加接触器加控温仪接法(功率>2 000 W)

(4)三相四线制接法。接触器的线圈电压为 380 V 时用此法。如果苗床面积大,铺设的电热线容量太大,单相电源容量难以满足,需要用三相四线制供电方法。在连接时应注意三根火线与电热线均匀匹配。在接电热线时,因所用到加热线的功率比较大,所以要考虑用三相电源,分别接到每个区的控制加热线的交流接触器的输入触点上,交流接触器下触点分别连接到电热线的一根火线上,电热线的另一根线接到电源零线上,下接多根加热线时,必须把每组电热线的火线,分别与交流接触器的下触点连接,一个触点只能接一条电热线,全部电热线的零线都接到电源零线上。使用 380 V 的电源时,同时需要 3 根电热线,并采用星形接法,以利于减少耗电(图 2-6)。

6. 通电试验

线布好后,接通电源,合上闸刀开关,通电 1～2 min。如电源线变软发热,说明工作正常,即可覆盖床土。如电源线不发热,说明线路不通,应检查线路,排除故障。

7. 覆盖床土

通电试验成功后要覆盖床土,电热线上面覆土厚度对气温、地温、土壤水分蒸发、种子发芽出土和幼苗生长都有较大的影响。覆土厚度有两种:一种是布线后,上面不覆土,直接播种,使种子与电热线处于同一水平面上,然后覆土盖住种子和电热线;另一种是反复在同一电热温床上播种,电热线上覆床土厚度 8～10 cm,即每平方米覆盖 100～125 kg 床土,然后在上面播种。盖土时应注意先用部分床土将电热线分段压住,以防填土时线移动,同时床土应顺着电热线延伸的方向覆盖。床土覆盖好后,将表面用木板刮平,以便播种育苗。后者育苗畦表面温度升高相对较慢,出苗时间相应延长,起苗(大苗)等操作过程中易损坏电热线。

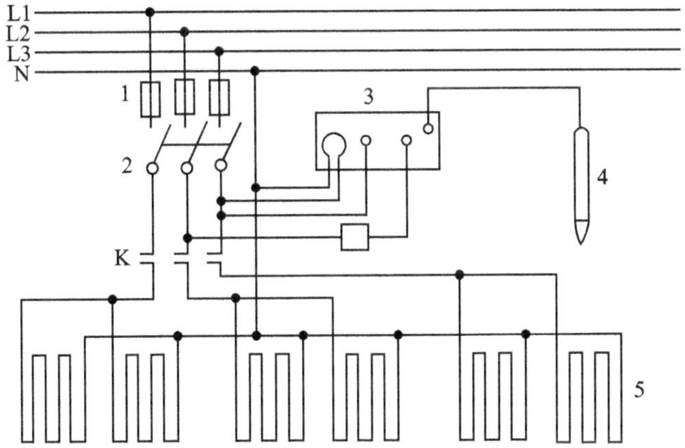

1. 保险丝　2. 闸刀　3. KWD 控温仪　4. 感温头　5. 电加热线

图 2-6　电热线三相四线制接法

8. 电热温床建造的注意事项

(1)要避免电热线外露,在土中电热线不能堆结或交叉,接头不要露出地面。

(2)电热线不要随便接长或剪短,用完后要及时从土中挖出,并清除泥土,干燥后妥善保管。

(3)使用时要综合考虑电力变压器的容量、供电母线的粗细及保险闸刀开关的容量,不能超载使用。

(4)电热温床功率的选定与气候、作物需要的温度和散热等因素有关。每平方米电热温床功率:蘑菇房为 60～80 W、蔬菜育苗为 90～120 W、喜温作物为 120～140 W。

(5)均匀布线。电热线要松紧适度,排布均匀,线与线之间要留有安全距离,布线可采取双线布置,使布线后的温床发热均匀一致。

(6)衬料平整。温床内各个层次的衬垫物及营养料要做到平整均匀,厚度适中一致。

(7)电热线只适用于床土加温,只能在土中使用,不能用于空气加温。

任务二　电热温床的维护

✓ 任务目标

1. 了解电热线、控温仪、交流接触器的维护方法。
2. 掌握电热线、控温仪、交流接触器的维护技术。
3. 掌握电热温床的日常生产维护技术。

✓ 知识与技能

一、电热线的维护

(一)断线的维护

1. 新的电热线出现断线

一般是铺线或起线过程中用力过猛以及作业时电热线碰上锋刃造成的,这种断线情况显而易见。但是,当外表绝缘层没断而芯线折断时,应在铺线前认真查找补接。

2. 电热温床在使用过程中发生断线

因床上有菜苗不能取出电热线检查更换,查找时应首先在往返的电热线中查出哪一根断了,而后再查找具体断线部位。查找方法:先细心查找床面是否有利器插入的痕迹,如果查不出则借助仪器查找。用断线检测器检查,可将电热线一端接火线,另一端空着用胶布暂时封上,将检测器顺电热线移动,检测器发出红光为正常,不发光处就是断线的地方。如无检测器可用万用表或简易检测器查找。查到断线处后,把断线处损坏的绝缘部分剪去,将内径 3 mm 的聚氯乙烯套管套进断线的一端,再将断线对绕,用锡焊牢后把套管移到接线处,套管两端用热熔胶或胶水封口。用万用表或简易检测器查找断线时必须关掉电源,接线后,绝缘层留下的针眼应及时用热熔胶封严。

(二)电热线绝缘层的维护

电热线检查时严禁整盘试线检查,防止线温升高,互相传热,烧坏绝缘层。如果发现电热线绝缘层破损,应及时断电,用热熔胶修补后再使用。接头要用胶布包好,防止漏电伤人。

(三)电热线的回收维护

电热温床的电热线装妥后,可以连年使用,不需每年再安装。如需换床土,应先取出上层土,然后用四齿耙顺电线方向将床土松开,再轻轻取出电热线。禁止硬拔硬拉或用铁锹乱挖,以免断线或损坏绝缘层。收回的电热线应擦干净,卷成盘捆好,放在阴凉干燥处保存,防止鼠、虫等咬破绝缘层。

二、控温仪的维护

(1)控温仪的后面有两个接线柱,接线时不要将 220 V 电源的火线和零线误接,也不要将控温仪接在 380 V 电源上,这两种情况都会造成仪器烧毁,所以在连接时要注意正确连接。

(2)经常检查感温头,检查感温头引线是否断线、感温头是否插在控温仪上,检查继电器触点是否有机械故障、是否能上下吸合。如有其他机械故障时要送修理部门修理。

(3)注意观察面板指示温度值(经校准)与实际现场应用温度差别是否较大,或初开机时工作是否正常,如有几分钟后失控等故障应及时送修理部门修理。

(4)电源接通后,要检查指示灯是否正常发亮、继电器跳动是否灵敏等。

三、交流接触器的维护

交流接触器主要发生的问题是线圈烧毁、触点烧毁、接线柱烧红或烧毁等。平时在使用交流接触器时要从以下方面进行维护。

(1)连接时不要误将线圈(电压 220 V)接在 380 V 电源上,连接时也不要形成多负载超过交流接触器容量的情况,以免造成烧毁线圈现象。

(2)时常检查接线螺丝,如有松动,应拧紧接线螺丝,避免接触不良。

四、日常生产维护

(1)进入电热温床操作前应先切断电源,使用工具时要防止划破电热线保护层。

(2)控制水分。由于电热温床的温度较高,因此,床土的厚度不要太薄,并要注意经常检查床土温度,调节水分。浇水要一次浇透,水量要均匀,坚决避免上湿下干或局部过湿现象。

(3)控温仪及交流接触器使用完毕后,应保存于通风干燥处。

任务三 酿热温床的建造

✓ **任务目标**

1. 了解酿热温床的原理。
2. 了解酿热温床的性能。
3. 掌握酿热温床的建造技术。

✓ **知识与技能**

一、酿热温床的原理

酿热温床是利用酿热物发酵产生热量,进行床土下加温的温床。酿热物的种类很多,如新鲜马粪、各种饼肥、牛粪、猪粪、麦秸、稻草、玉米秸、纺织屑、落叶等。

酿热物中含有各种微生物(细菌、真菌、放线菌),其中对发热起主要作用的是需氧菌。酿热物发热的温度高低、热量能不能持久,主要依需氧菌繁殖活动情况而定。需氧菌繁殖和分解活动与酿热物中所含的碳、氮、氧、水分有关。碳(C)是微生物分解活动的能源,氮(N)是微生物繁殖活动的营养。当酿热物中的碳氮比(C/N)为(20～30)∶1、含水量为 70%、温度在 10 ℃以上、氧气适量时,需氧菌繁殖活动旺盛,发热正常而持久。如果碳氮比大于 30,则发热温度低而持久。酿热温床所用的酿热物,必须是发热快的与发热持续时间长的相搭配。各种酿热物的碳氮比见表 2-3。

表 2-3 几种酿热物的碳氮比(C/N)

种类	C/%	N/%	C/N
稻草	42.0	0.60	70.0
小麦秸	46.5	0.65	71.5

续表2-3

种类	C/%	N/%	C/N
新鲜肥	25.0	2.80	8.9
玉米秸	46.3	1.67	27.7
速成堆肥	56.0	2.60	21.5
米糠	37.0	1.70	21.7
大豆饼	50.0	9.00	5.6
棉籽饼	16.0	5.00	3.2
松落叶	42.0	1.42	29.6
栎落叶	49.0	2.00	24.5
牛粪	14.5	0.35	41.4
马粪	21.5	0.45	47.8
猪粪	15.0	0.55	27.3
羊粪	25.0	0.75	33.3

二、酿热温床的性能

在温度、氧气和含水量一定的情况下，由于需氧菌的繁殖、分解活动，使酿热物发酵产生热量。热量的多少取决于酿热物的种类和数量。一般酿热物发热分两个阶段：一是迅速大量放热阶段，二是缓慢放出热量并逐渐减少阶段。例如，以新鲜马粪为酿热材料，开始 8～13 d 迅速大量放热，温度可达 50～70 ℃；从第 15 天以后，放出的热量基本稳定，温度稳定在 15～20 ℃；酿热物经过 40 d 以后，放出的热量就很少了，对床温影响不大。

酿热温床虽然发热容易，操作简便，但是发热时间短，热量有限，前期温度高，后期温度低，所以酿热温床适合春季应用。秋凉时期，外界温度逐渐下降，不宜使用酿热温床。另外，大量使用酿热温床，酿热物也不容易获取。近年酿热温床已经明显减少，逐渐被电热温床代替。但是通电不便的地区，或电力不足的地方，使用酿热温床还是有必要的。

三、酿热温床建造场地的选择

在露地设置酿热温床，苗床场地四周架起风障，温床设置在风障南侧，入冬前挖好床坑，床坑宽 2 m、长 8 m、深 30～40 cm。越是寒冷的地区，需加入的酿热物应越多，所以床坑就要加深。为了使床温均匀，在挖床坑时，把床坑底部挖成覆锅式，使四周酿热物多，中间少。立春后开始加入酿热物。

我国北方酿热温床一般设在温室、大棚中。多用马粪和稻草作酿热物（图 2-7）。

四、踩苗床

以马粪和稻草为酿热物，在北纬 40°地区，2 月份踩温床时，马粪厚度控制在 20 cm 左右，稻草厚度为 7～8 cm。床底先填入 3.5～4 cm 厚的稻草，踩实，浇透热水，再填入 10 cm 左右

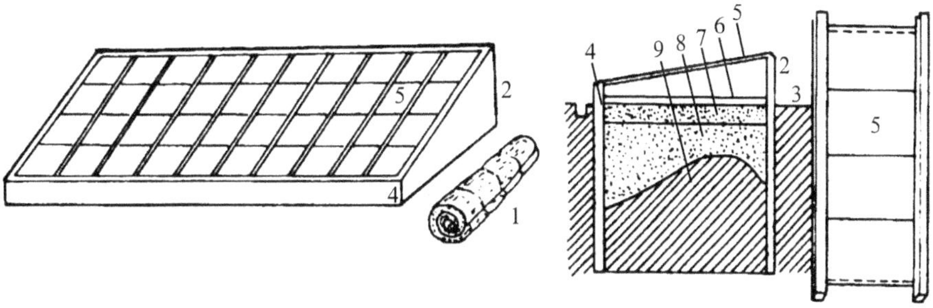

1. 草帘　2. 后墙　3. 地平面　4. 前墙　5. 床窗　6. 表土(3 cm)
7. 筛下的粗土　8. 酿热物　9. 床底内部抛物线状

图 2-7　酿热温床的结构

厚的马粪并踩实。穿胶底鞋踩，稍见水润出为适宜。如果马粪过于干燥，可先喷水再踩。第一层踩完后再按同样方法踩第二层，东北的北部地区可踩三层。在日光温室或塑料大棚中踩温床，只需踩一层，床坑也不需挖成覆锅形。在露地，踩完酿热物后便在床面覆盖薄膜，封严，夜间铺盖草苫，白天揭开草苫，经常清洁薄膜，争取多透入太阳光。经 5～7 d 酿热物发酵温度上升到 30 ℃以上，揭开薄膜，再踩 1 遍，即可铺床土进行播种。在棚室中，酿热温床要扣小拱棚并封闭严实，以防有害气体逸出，熏坏作物。发热后立即铺 10 cm 厚床土。

自测训练

一、填空题

1. 电热线通电后立即升温，在有效的温度范围内，一般每小时能提高温度________，比一般冷床能提高温度________，电热温床发热均匀、昼夜温度稳定，温差仅________。

2. 电热温床的场地选择对电能的消耗量影响________，其中最主要的因素是________。要节约电能，电热温床应设在有________的场地。

3. 电热温床设置可分为________和________ 2 种。

4. 散热层是在________上面先铺约 3 cm 的________，布好电热线后，再铺 2～3 cm 的床土或沙子，然后适当镇压，就可以使用了。

5. 电热线是由具有________且有________的镀锌扎丝，外包 0.6～0.9 mm 的漆皮构成的。

6. 铺设电热线时，每根电热线之间不能________，应________，往返次数应为________。

7. 温度控制器本身电源是________ V，控温范围为________，控温的灵敏度为________。

8. 需氧菌繁殖和分解活动与酿热物中所含的________、________、________、________有关。

9. 酿热物填充要有一定的厚度，一般不少于________ cm，不足________ cm 时增温作用不明显。

二、判断题

1. 在大多数情况下，电热温床育苗只是在育苗的关键阶段加温，没有必要在整个育苗期都通电加温。 (　　)

2. 电热温床育苗最好在加温温室或日光温室内且应离开前角一定距离，并离门远些，以免因气温低加大耗电量。（　　）

3. 电加温线可分为给空气加温的气热线和给土壤加温的地热线两类，两者可以混用。（　　）

4. 接触器按被控电流的种类可分为交流接触器和直流接触器，电热温床主要用的是直流接触器。（　　）

5. 电加温线总长度＝每根电加温线长度×根数。（　　）

6. 电热温床的缺点是无法按照育苗的需要设定电热线加温的温度。（　　）

7. 一般当电热线的总功率小于 2 000 W（电流为 10 A 以下）时，可不用交流接触器，而将电热线直接连接到控温仪上。（　　）

8. 单相加控温仪接法是将电热线与电源通过开关直接连接。这种接法电源的启闭全靠人工控制，因此很难准确地控制温度。（　　）

9. 踩苗床时马粪厚度控制在 10 cm 左右，稻草厚度为 7～8 cm。（　　）

10. 酿热温床虽然发热容易，操作简便，但是发热时间短，热量有限，前期温度低，后期温度高。（　　）

三、名词解释

1. 酿热温床　2. 电热温床　3. 基础地温　4. 功率密度　5. 电热线　6. 总功率　7. 单相加控温仪接法　8. 温度控制器

四、选择题

1. 电热温床在一天中床土温度最低的时间使用，即在（　　）点加温，此时正是用电低峰。

A. 2～5　B. 2～3　C. 1～2　D. 5～7

2. 电热温床由于温度保持好，幼苗发芽能满足其较高的温度要求，比一般阳畦可早出苗早齐苗（　　）天。

A. 2～5　B. 2～3　C. 1～2　D. 5～7

3.（　　）W 以上的电加温线都用多股电热丝。

A. 200　B. 300　C. 400　D. 600

4. 温度控制器控温范围为 10～50 ℃，控温的灵敏度为（　　）℃。

A. ±0.1　B. ±0.2　C. ±0.3　D. ±0.4

5. 种植对环境温度要求较高的番茄等，温床铺线功率密度为（　　）W/m^2。

A. 40～60　B. 50～70　C. 60～80　D. 80～100

6. 一般移植床的铺线功率密度较低，为（　　）W/m^2。

A. 40～60　B. 50～70　C. 60～80　D. 80～100

7. 选定适宜的电热温床功率，长江以南一般为（　　）W/m^2。

A. 40～60　B. 50～70　C. 60～80　D. 80～100

8. 以新鲜马粪为酿热材料，开始（　　）迅速大量放热，温度可达 70 ℃。

A. 4～6 d　B. 5～7 d　C. 8～13 d　D. 6～10 d

9. 控温仪背面有（　　）个插孔，其中左面为电源插孔，右面为感温头插孔。

A. 3　B. 5　C. 2　D. 4

10. 酿热温床热量的多少取决于酿热物的(　　)。

A. 厚度　　B. 种类　　C. 种类和数量　　D. 湿度

五、简答题

1. 请阐述电热温床的结构。

2. 电热线铺设时应注意哪些问题?

六、计算题

铺设一个电热温床,苗床宽 2 m、长 5 m,床表面积为 10 m^2,所选的加热线长 100 m,功率为 800 W,求电热线的布线间距。

技能训练　电热温床的建造

一、技能训练目标

通过技能训练,了解电热线的规格、控温仪的性能及正确的使用方法;能够按照任务要求合理确定电热温床的功率密度、总功率、所需电热线的根数以及布线道数;掌握合理的布线方法和连线方式。

二、材料及场地

1. 材料

电热加温线、控温仪、电闸、交流接触器、漏电保护器、配电盘、绝缘胶布、钳子、螺丝刀、电工刀、锹、耙等;做隔热层的材料,如马粪、炉渣、苯板、废塑料布等。

2. 场地

大棚、温室内均可。

三、技能操作与方法

(1)识别、熟悉各种电热加温设备。参照说明书了解各种电热加温设备的技术参数及正确的使用方法。观察并熟悉控温仪,参照说明书了解控温仪正确的使用方法。

(2)根据季节、设施的环境条件及作物种类,确定合理的功率密度。

(3)按照学习任务的要求,计算出总功率、所需电热加温线的根数、布线道数及布线间距。

(4)建造电热温床。

①挖床坑。

②设隔热层。

③铺散热层。

④电热线铺设。

⑤铺床土。

(5)接控温仪和电源。按照说明书,在教师的指导下连接控温仪和电源。电热线与导线相连的部分一定要留在床土上,不要埋在土中。

(6)将电路接好后,待指导教师检查。

项目三　大棚的建造与维护

项目导读

我国于1955年秋引进聚氯乙烯农用薄膜，首先在北京用于小棚覆盖蔬菜，获得了早熟增产的效果。1966年长春市郊区首先有人把小拱棚改建成2 m高的方形棚，但因抗雪能力差而倒塌。后经过多次的改建试用，终于创造了高2 m左右、宽15 m、占地面积1 hm^2的拱型大棚，并于1970年向北方各地推广。大棚覆盖的材料为塑料薄膜，适于大面积覆盖，质量轻，透光保温性能好，可塑性强，价格低廉；又可使用轻便的骨架材料，容易建造和造型，可就地取材，建筑投资较少，经济效益较高；并能抵抗自然灾害，防寒保温，抗旱、抗涝，可用于提早栽培、延后栽培，延长作物的生长期，达到早熟、晚熟、增产、稳产的目的，深受生产者的欢迎，已成为我国设施栽培的主要类型。

知识目标

1. 熟悉目前常用大棚的类型及其在农业生产中的作用。
2. 了解大棚常用的建造材料及大棚的构造。
3. 了解大棚的设计要求和设计方法。
4. 了解大棚日常使用的注意事项和维护方法。

能力目标

1. 能熟练识读工程施工图，能按照施工图建造大棚。
2. 能按大棚建造的特点进行施工组织与管理。
3. 熟悉大棚建造验评标准，能进行施工质量检验与工程验收。
4. 会进行大棚的日常维护。

素质目标

1. 培养学生吃苦耐劳、爱岗敬业的职业素养。
2. 培养学生扎根农业、服务农业的理念和信心。

任务一　认识大棚

✓ 任务目标

1. 了解大棚的概念。
2. 熟悉目前常用大棚的类型及建筑材料。
3. 掌握大棚的基本功能及应用。

微课　塑料大棚的分类

✓ 知识与技能

大棚（生产中也称塑料大棚）是指由一定数量拱型骨架连接，借以支撑和固定塑料薄膜而形成的具有一定高度的农业设施。塑料大棚可根据屋顶形状、大棚骨架结构和建筑材料的不同进行分类。

一、根据屋顶的形状进行分类

根据屋顶的形状可分为拱圆型、屋脊型、单栋及连栋型。目前我国塑料薄膜大棚的基本形式是拱圆型。近年一些管棚厂生产的管棚，其棚顶基本上为拱圆型，但顶部微微突出，既不磨损顶部的塑料薄膜，又可防止棚顶积水，是吸收了拱圆型棚顶和屋脊型棚顶两者的优点改进而成的。这种棚顶适于在雨水较多的江淮流域使用，是比较理想的形式(图 3-1，图 3-2)。

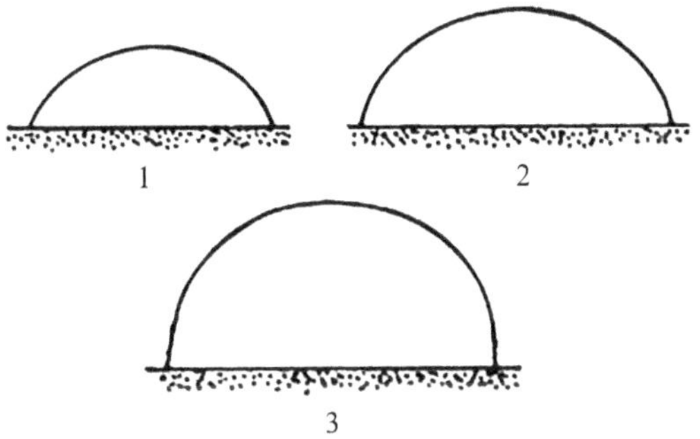

1. 弧形棚 2. 半椭圆形棚 3. 半圆形棚

图 3-1 拱圆型大棚示意图

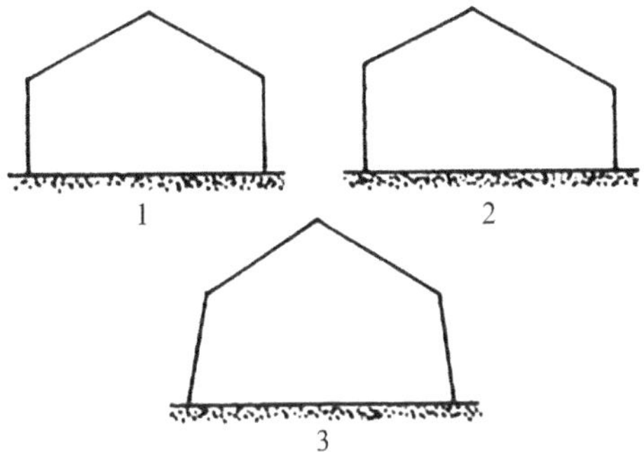

1. 等屋面大棚 2. 不等屋面大棚 3. 改良屋面大棚

图 3-2 屋脊型大棚示意图

二、根据大棚的骨架进行分类

根据大棚的骨架可以分为拱架式、横梁式、桁架式及特殊型大棚。

(一)拱架式大棚

拱架式大棚结构简单，它是用一根根拱架排列组成大棚骨架。采用这种骨架施工简单，造价低，棚内光照好，通风方便，适于跨度较小的大棚。

(二)横梁式大棚

横梁式大棚又称双梁式大棚，它是在拱圆型拱架上或屋脊"人"字架上固定一梁，以强化其结构，增强大棚对风雪的抵抗能力。也有人在拱圆型拱架的弯曲处加焊一段钢筋，其形式不同，但作用相同。

(三)桁架式大棚

桁架式大棚是用钢筋焊接构成平面桁架或正三角形、倒三角形桁架(图 3-3)。平面桁架用钢筋、钢管或两者结合焊接而成，上下弦杆一般用直径 12～18 mm 的钢筋，腹杆多用直径 6～12 mm 的钢筋。这种结构可以节省材料，且骨架稳定，不用中柱也可使大棚的跨度更大，棚内能够使用机械耕作。

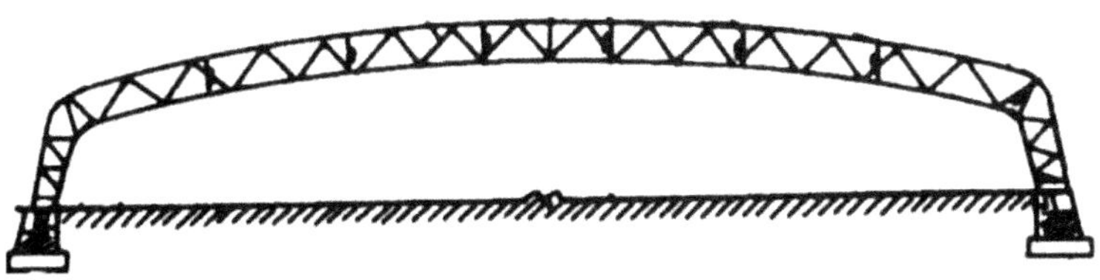

图 3-3 桁架式大棚

(四)特殊型大棚

特殊型大棚是根据造型、用途、材料或利用特殊的地势等要求而建造的，有充气大棚、蒙古包式大棚、钢丝悬索大棚等。

1. 充气大棚

充气大棚的优点首先是节能保温，可节省加温能耗 30％～50％；其次是薄膜覆盖方便省工，结构部件简化，减少了棚内的阴影及棚顶上凝结的露点，还可增强抗风能力。一般在充气大棚四周把整个大棚分成若干段，黏结严密的双层薄膜覆盖在简单的空心棚架上，然后向双层膜中间充满空气而形成四方形、多角形或圆形大棚(图 3-4)。

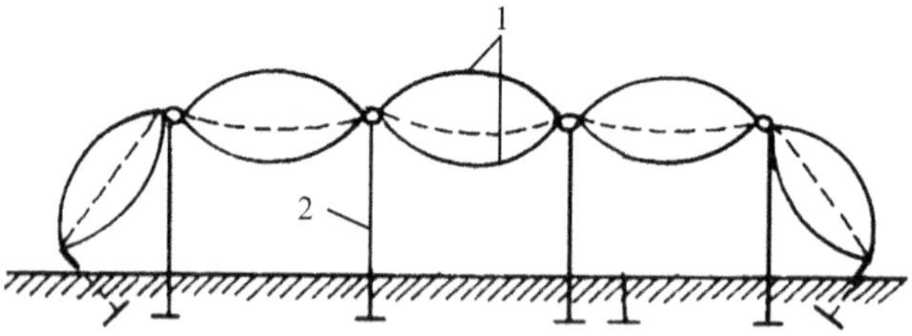

1. 薄膜　2. 支柱

图 3-4　充气大棚

2. 蒙古包式大棚

蒙古包式大棚是造型美观的钢架全圆屋顶大棚，造价高，可供观赏园艺用(图 3-5)。

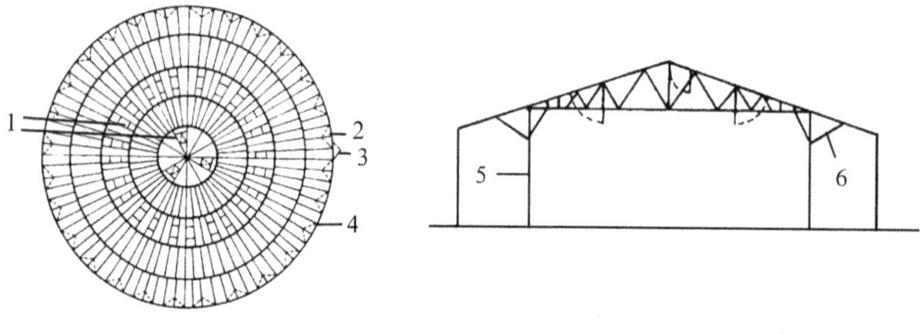

1. 风窗　2. 边窗　3. 门　4. 柱　5. 柱子中的钢管　6. 支撑

图 3-5　蒙古包式大棚

3. 钢丝悬索大棚

钢丝悬索大棚是在大棚的中柱与边柱间，用直径 6 mm 的钢丝绳构成悬索式的大棚，这种结构充分发挥抗拉的特点，压杆稳定，它所用的钢材比普通钢架大棚节省一半。但这种大棚的跨度不可过大，否则通风不良(图 3-6)。

三、根据大棚的建筑材料进行分类

(一)悬梁吊柱式竹木结构大棚

这类大棚一般宽 8～12 m、高 2～2.2 m、长 50～70 m，面积约 667 m^2。这种竹木结构大棚在我国东北、华北、西北地区使用较多(图 3-7)。

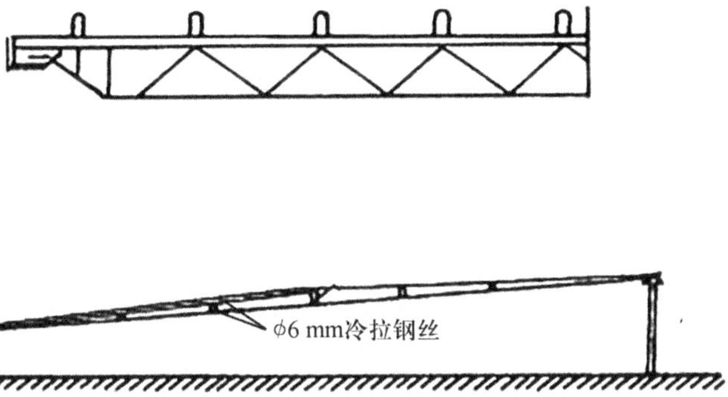

图 3-6 钢丝悬索大棚

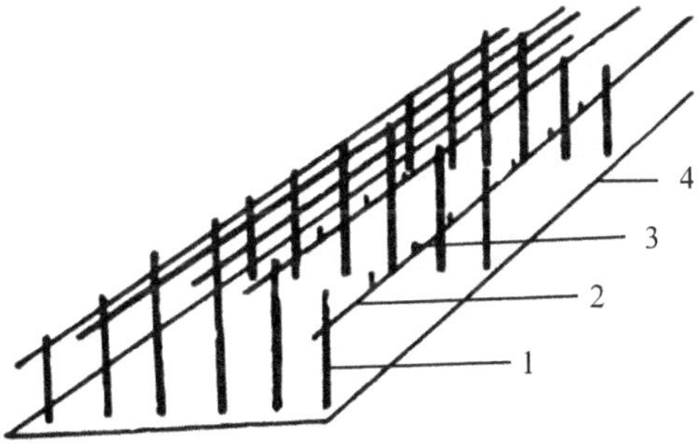

1. 立柱 2. 纵向拉梁 3. 吊柱 4. 大棚边线

图 3-7 悬梁吊柱式大棚的拉杆及吊柱

(二)混合结构大棚

这种大棚选用竹木、钢材、钢筋混凝土混合建造棚架，既坚固耐用，又节省钢材，能降低造价。其拱杆可用钢筋、钢管、竹竿或竹片，立柱用钢筋混凝土或钢管、钢筋，纵梁用钢材、竹木等。

(三)水泥结构大棚

这种大棚将水泥柱与弧形棚顶相结合，每个拱架由一对弯曲的水泥柱组成。预制弯曲形水泥柱时，其柱内横剖面上钢筋应呈三角形排列，以使水泥柱上弯曲部位能承受较大压力。制成的水泥柱按预定位置埋入，前后左右均由粗铁丝连接(图 3-8)。

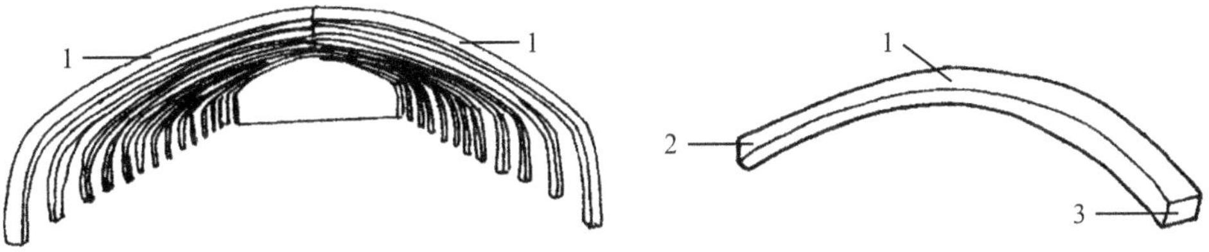

1. 拱架 2. 内部钢筋 3. 拱架连接处

图 3-8 水泥结构大棚

任务二　大棚合理设计

✓ **任务目标**

1. 了解影响大棚稳定性的因素。
2. 熟悉大棚设计要求。
3. 掌握大棚的设计方法，会进行大棚的设计。

✓ **知识与技能**

一、影响大棚稳定性的因素

对大棚稳定性威胁最大的自然力就是风。风可通过以下 3 种作用方式损坏大棚。

(一)风直接对大棚施加压力

这种力作用在大棚的迎风坡面，其大小可以用下式计算：

$$P = hsP_0$$

式中，P——风对大棚垂直表面的压强，N/m^2；

h——风压高度变化系数(一般可取 0.8)；

s——大棚体形变化系数；

P_0——以大棚所在地距地面 10 m 高处 30 年一遇 10 min 内平均风速为标准计算的风压值(N/m^2)，其计算式为：

$$P_0 = \frac{1}{2}\rho v^2$$

式中，ρ——空气密度，kg/m^3；

v——距地面 10 m 高处 30 年一遇 10 min 内平均风速，m/s。

在大棚结构设计时，应满足风荷载大于当地 30 年一遇风压的要求，以保证大棚结构的稳定性(表 3-1)。

表 3-1　我国主要城市的最大风速及风压

地名	风速/(m/s)	折合风压/(N/m^2)	发生时间/月份
北京	28.3	500	3
天津	32.0	640	1
石家庄	31.0	600	3
太原	40.5	1 020	7
济南	32.7	668	4
呼和浩特	35.3	778	5
长沙	36.8	846	4
沈阳	740.0	>1 000	3～5
乌鲁木齐	38.0	909.5	4

续表3-1

地名	风速/(m/s)	折合风压/(N/m^2)	发生时间/月份
西宁	27.0	455	4
兰州	27.6	476	6
西安	25.2	400	7
成都	27.4	469	6
合肥	27.7	479	8
杭州	28.0	470	8
南京	33.1	604	9
上海	34.7	750	3
汉口	27.9	486	2

从表3-1中可以看出，大部分地区全年的最大风速发生时间正是大棚生产时期。如果大棚生产季节和最大风速发生的时间不一致，则应根据气象资料来查找生产时期的最大风速，并以此作为设计依据。

（二）棚内外压强差产生的破坏力

当风掠过大棚时，由于不同时间在薄膜外表面不同部位的风速变化，会导致棚内外发生压强差，从而产生一种破坏力。这种破坏力按伯努利方程计算：

$$P+\frac{1}{2}\rho v^2=C$$

或写成：

$$P=C-\frac{1}{2}\rho v^2$$

式中，P——棚外空气的压强，N/m^2；

ρ——空气密度，kg/m^3；

v——风速，m/s；

C——常数。

当风速 $v=0$ 时，棚内外压强均等于 C，此时，棚内外压强差 $\Delta P=0$。当棚外风速加大时，棚外靠近薄膜处空气的压强变小，而棚内压强未变，于是出现了棚内外压强差 ΔP。由于棚内压强大于棚外，这样便对塑料膜产生升力而使棚膜向上鼓起。风速越大，升力就越大。有压膜线的地方鼓起较小，而压膜线之间鼓包会很大。风具有阵发性，当风速大时薄膜鼓起，当风速小时在压膜线压力下，薄膜又落回原处。就这样，随风速阵发性变化，薄膜不断被上下摔打而破损，甚至挣断压膜线而被吹跑。

（三）风对塑料膜的升力

第三种破坏力是外界空气以很高的速度直接涌入棚内而产生的对塑料膜的升力。毫无刚性的塑料膜只有被披在大棚骨架上并被压膜线或铁丝压紧时才能与棚架构成一个整体，共同抵御风、雪灾害。但是在作物栽培过程中，为了调节棚内环境因子常常需要掀开或卷起塑料膜，使棚内外空气进行交换。如果塑料大棚迎风一侧薄膜被掀开或卷起一定高度，或者棚脚处薄膜未被掩埋好而出现缝隙，当大风突然到来，则空气就会以很高的速度涌入棚内，这时棚内空气压强剧增，棚内壁各处都会受到很大的压力，于是就可能导致大棚局部乃至整个大棚受到破坏。

二、棚型的设计

(一)棚型

这里的“棚型”不局限于对大棚形态特征的感观印象，而是由许多具体标志和量值规定的。例如，对塑料大棚来说，棚型就是由矢高(h)、跨度(L)、棚长度(L')彼此间的关系，以及棚横断面上采光膜曲线特征等要素所决定的。而曲线特征多用曲线函数的数学模型或利用该模型绘出的曲线形状加以表示。

(二)大棚的长跨比设计

大棚的长跨比与稳固性也有关系。同为面积 667 m^2 的大棚，增加跨度就缩小了长度。如果跨度为 14 m，则长度为 47.6 m，周边长为 123.2 m；跨度为 10 m，则长度为 66.7 m，周边长为 153.4 m。周边越长，地面固定部分越多，稳固性越好，特别是无柱大棚的长跨比应等于 5 或大于 5，即长度相当于跨度的 5 倍及以上。

(三)大棚的高跨比设计

一般大棚的高跨比(矢高/跨度)在 0.25～0.3 比较适宜。小于 0.25 则棚面平坦，抗风能力差；大于 0.3 则棚面过于陡峭，风荷载加大。带肩的大棚，高跨比＝(矢高－肩高)/跨度，同样跨度和矢高的带肩的大棚，高跨比值就小很多(图 3-9)，例如，大棚矢高为 2.5 m、肩高为 1 m，则高跨比为(2.5－1)/10＝0.15。

应当说明，前面所说的 0.25～0.3 的高跨比范围不是绝对不变的。只要根据使用地区的 30 年一遇风速，在结构设计中使风荷载超过风的破坏力，那么就可确认所设计大棚的高跨比符合实际要求。

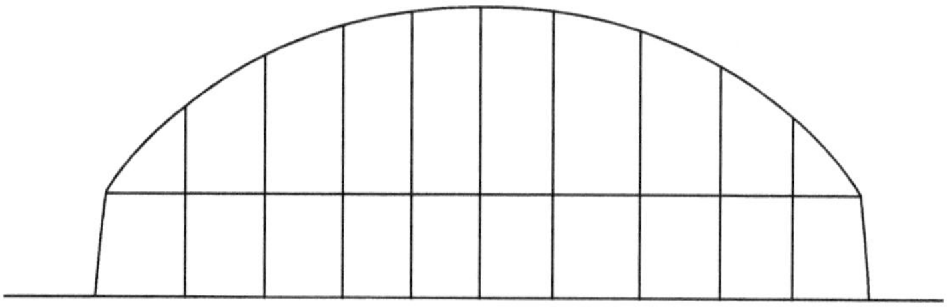

图 3-9　带肩大棚示意图

(四)流线型棚型的设计

减轻或杜绝风对塑料大棚稳定性的影响，最有效的方法是设计流线型棚型。流线型棚型可以用下列公式计算(曲线的原点是地平线与棚面曲线左端的交点)：

$$y=\frac{4h}{L^2}(L-x)x$$

式中，y——大棚流线型曲线的纵坐标；

x——对应于相应 y 值的横坐标；

h——大棚的矢高；

L——大棚的跨度。

例如，所设计大棚跨度是 10 m，矢高是 2.5 m，代入式中可求得对应 0、1.2、…、10 m 的各水平距离的高度依次为 0、0.9、1.6、2.1、2.4、2.5、2.4、2.1、1.6、0.9、0 m，图 3-10 是流线型棚型(理论上的理想棚型)设计曲线。

塑料大棚的棚型与风速有关。棚面平坦，棚内外的空气强差大，压膜线也不能压紧，所以抗风能力弱，容易遭受风害。流线型的大棚，棚面弧度大，可减弱风速，压膜线压得牢固，抗风能力更强，一般遇到 8 级风也不会受害。

高跨比确定之后，棚的曲线就成为影响结构的主要因素。流线型曲线是最理想的曲线，但是它的两侧太低，会严重影响栽培操作，因此在实践上很少被采用。生产上常用的棚型主要有流线调整型和三圆复合拱型 2 种。

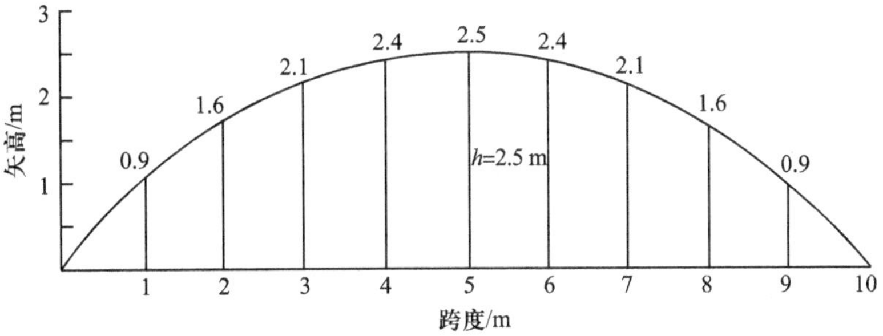

图 3-10　流线型棚型

1. 流线调整型棚型的设计

流线调整型是在流线型基础上，经局部调整而确定的棚型。调整的方法是取与横坐标 1 m、2 m 对应的两纵坐标的平均值作为 1 m 和 9 m 处纵坐标的调整值，在图 3-11 中该值是 (0.9+1.6)/2=1.25 m，此时先不考虑横轴上 2 m 和 8 m 两点的坐标，而将其他各坐标点连成圆滑弧线，然后由 2 m 和 8 m 两点垂直向上绘制延伸线并得到与弧线的交点，两交点纵坐标均为 1.75 m。于是得到流线调整型棚型，与流线型相比能较显著地改善棚内作业条件。

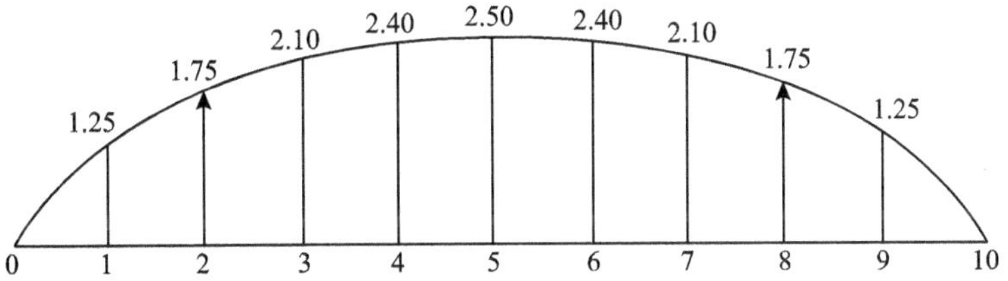

图 3-11　流线调整型棚型

2. 三圆复合拱型大棚的棚型

三圆复合拱型大棚的棚型由中部一个大圆弧和两侧各一个半径相等的小圆弧连接而成，如图 3-12 所示。与流线调整型相比，它给棚两侧创造了更为宽松的作业空间，高跨比为 0.26，大圆弧曲率半径为 8.75 m,两侧小圆半径均为 1.75 m。这种棚型稳定性好,造价低,空间利用率高,所用的骨架材料最好使用钢管。

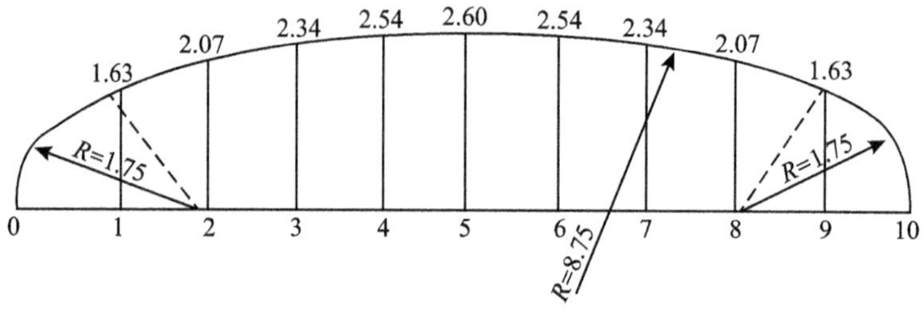

图 3-12　三圆复合拱型棚型

由于这种棚型应用较广,下面简要介绍其放大样的绘制步骤和方法(图 3-13):

(1)首先确定跨度 L(m),然后设定高跨比,一般取高跨比 $h/L=0.25$;

(2)绘一条水平线和它的垂线,两者交于 C 点,点 C 是大棚跨度的中心点;

(3)将跨度 L 的两个端点对称于中点 C,定位在水平线上;

(4)确定高 h($h=0.25$ L),将其由 C 点向上伸延到 D 点($CD=h$);

(5)以 C 为圆心,以 AC 为半径画圆交垂直轴线于 E 点;

(6)连接 AD 和 BD 形成两条辅助线,再以 D 为圆心,以 DE 为半径做圆,与辅助线相交于 F 和 G 点;

(7)过 AF 和 GB 线的中点分别做垂线交 EC 延长线于 O_1 点;同时与 AB 线相交于 O_2 和 O_3;

(8)以 O_1 为圆心,以 O_1D 为半径画弧线,分别交于 O_1O_2 和 O_1O_3 延长线的 H、I 点;

(9)分别以 O_2、O_3 为圆心,以 O_2A 和 O_3B 为半径画弧,分别与 H、I 点相交得到大棚基本圆拱 $AHDIB$。

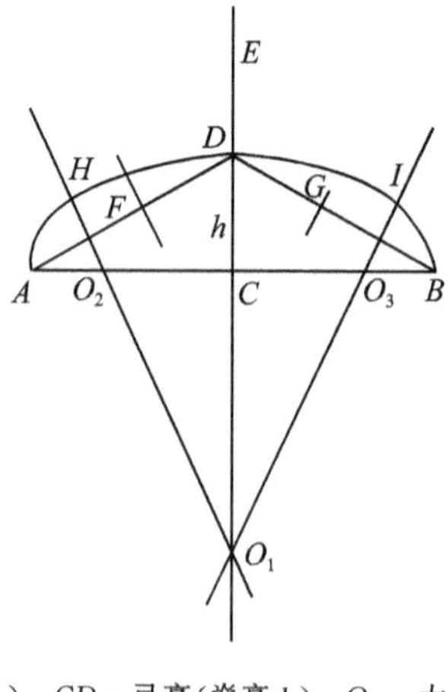

AB—基线(跨度 L)　CD—弓高(脊高 h)　O_1—大弧圆心($R=O_1D$)

O_2、O_3—小弧圆心($R=O_3B=O_2A$)　C—AB 的中点

图 3-13　骨架放大样方法示意图

三、大棚的规格和方位设计

(一)大棚的面积

从温、光、水、肥、气等因素综合考虑,每座单栋式大棚面积不宜超过 667 m^2。通常都应因地制宜地建棚,面积在 222～400 m^2(即 0.3～0.6 hm^2)的较多。

(二)大棚的宽度

大棚的宽度又称跨度。江淮流域采用单栋式大棚,宽度以 6～8 m 为宜。北方因秋、冬、春三季大部分喜温蔬菜要实行保护地栽培,单栋大棚的宽度可以放宽到 10 m,少数可达 12 m、15 m 及以上。但大棚增加宽度的同时必须提高棚的高度,否则棚顶会积雪积水,影响其牢固性。为避免棚顶变形损坏,大棚如需加大跨度,必须焊接三角形的桁架或打水泥桩支架,成为田间固定设施,这样不仅提高了设施成本,也不适于蔬菜、花卉等作物的生产需要。

(三)大棚的高度

大棚的矢高和两侧的肩高直接影响结构的强度以及采光、保温的性能。钢筋焊接和钢管组装式大棚,一般设计建造者要考虑曲率的问题,要求曲率达 0.15～0.2 才能有较好的抗雪和采光性。曲率=(顶高－肩高)/跨度,如跨度为 12 m、顶高 3 m、肩高 1.2 m,则曲率为 0.15,增加大棚的高度,会使棚内温度较稳定,缩小昼夜温差,有利于作物的生长和管理。但适当扩大昼夜温差有利于作物生产物质的积累,早春季节若升温慢、温差小(热空气在上层),不利于早熟栽培。一般江淮流域大棚的矢高为 1.8～2.2 m,即在棚内操作时以头不碰棚顶为准。

(四)大棚的长度

我国目前的保护地生产机械化程度较低,施用的肥料、定植的秧苗以及收获产品的搬运都要靠人力完成,而且长度过大扣棚时薄膜不易拉紧,所以应尽量避免使大棚过长,以降低人力负担,一般以 40～60 m 的长度较合适,如果延长到 100 m 就十分不便了。

(五)棚间的距离

集中连片建造大棚,但又是单栋式结构时,两棚之间要保持 1.5～2 m 及以上的距离,前后两排间距离要保持在 3.5～4 m 及以上,以利于通风、作业、开沟排水和避免相互遮阳。

(六)大棚的方位

大棚主要是通过温室效应将太阳辐射转变为热能并储存在大棚里。为了尽可能地增加阳光的辐射,一般最好采用南北方向建造塑料大棚,即塑料生产大棚南北方向是长、东西方向是宽。这种建造方法可以使塑料大棚内东西两侧的光线比较均匀,气温较均衡,棚内白天温度变化比较缓和,温度调节管理方便,同时透光量不受连栋栋数的影响。也有按东西方向建造大棚的,即大棚的东西方向是长、南北方向是宽。这种方法建造的塑料生产大棚由于北侧太阳光线较差,作物光合作用差,直接影响蔬菜生长质量。而南北方向建造的塑料生产大棚,光照充足,光合作用好,所以蔬菜长势好,保证了稳产和高产。

四、大棚抗雪力的设计

大棚的雪荷载能力受多种因素影响,如棚体曲率小,积雪不易自然滑落,势必加重负荷,甚至把大棚压垮。我国目前的竹木结构大棚的顶部弧形弧度小,多用压杆固定,而且用铁丝穿透棚膜连接在拉杆上,这样就使得棚面出现凹陷,阻碍雪的滑落。因此,在多雪的地区应考虑适当增加矢高。如积雪达 30 cm 时,雪荷载则要求达到 200～225 N/m^2,所以在设计大棚的时候，决不能不考虑雪荷载的问题。而且在积雪未曾全部滑落时大棚常常还要受到风的袭击，为了保护大棚，适时扫除积雪也是必要的。

五、大棚的通风设计

大棚的通风，主要是调节棚内气体成分和调整温度、湿度。我国目前的大棚通常采用自然换气的方法进行通风，而且一般采取顶部中缝通风和两侧通风的方法（图 3-14，图 3-15），通风面积的机动性较大。为了提供适宜的生长环境，在自然通风的条件下，通风面积一般相当于栽培面积的 20%～40%。

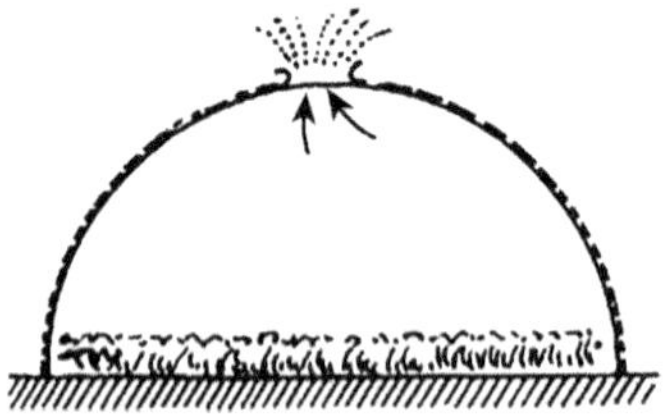

图 3-14　大棚放顶风

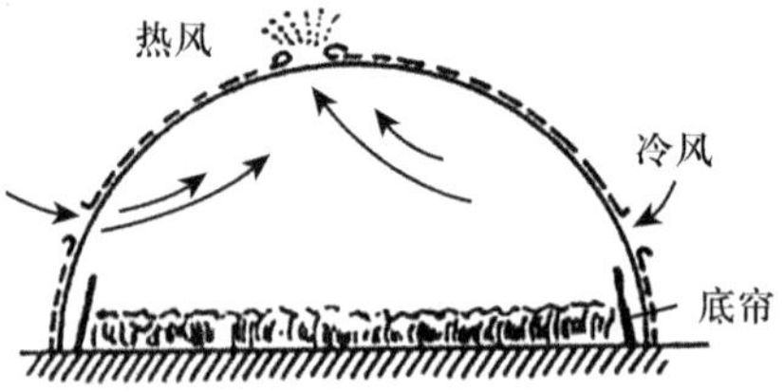

图 3-15　大棚放顶风和侧风

（一）天窗

1. 圆形天窗

根据大棚跨度大小，在大棚的棚脊部和棚顶两侧安置 3～5 排圆形天窗，呈梅花形排列。每个圆形天窗的直径在 0.5 m 左右，窗口边缘卷贴 5 cm 宽的塑料薄膜，以防止窗口破裂。在窗口内侧的一边贴上一块比天窗宽出 20 cm 的窗帘，在相对的另一边卷上细棍和帘绳，便于开关天窗。天窗面积应占棚顶总面积的 1/10 左右。

2. 开膛天窗

开膛天窗又名扒缝放风口，把棚顶的棚布焊成两大块，再把每块棚布覆盖大棚脊部的边缘卷焊上一条细绳（耐湿耐损的尼龙绳或麻绳）。覆盖棚布时，把这两大块棚布顺风向重复 30 cm，并把细绳拉紧固定在大棚两端的棚头桁架上。通风换气时，根据棚内温度、湿度状况，可以灵活掌握各部位的扒缝放风口大小，通风换气效果好，抗风能力强。如果大棚跨度大，仅靠一道这种天窗是不够的，必须在棚脊两侧增加一些圆形天窗。

（二）侧窗

塑料大棚的侧窗是大棚降温降湿和更换新鲜空气的窗口，根据大棚类型与建材的不同，有各式各样的侧窗。

1. 围裙式侧窗

围裙式侧窗是把棚顶的棚布下垂，覆盖住大棚的肩部，再把边缘附有细绳的另一块棚布固定在大棚肩部以下的棚边，好像是大棚的“围裙”。这样一来，下垂的肩部棚布与“围裙”之间形成了大棚的围裙式侧窗。随着大棚内外气候变化，白天揭开下垂的肩部棚布进行通风换气。如果需要加大侧窗口，还可把围裙下降。

2. 撂底脚式侧窗

撂底脚式侧窗是把“围裙”固定在大棚棚边内侧，并与大棚棚边的棚布留有一定空间。每当通风时，撂起棚布的底脚，地面冷空气（扫地风）进入棚内，又被围裙挡住，使冷气与棚内热空气中和，进而调节棚内温度，以免扫地风直接吹到棚内蔬菜植株上，产生风害。这种方式通风效果较好，已在我国北方地区广泛应用。

任务三　竹木结构大棚的建造

✓ **任务目标**

1. 了解竹木结构大棚的结构特点。
2. 熟悉竹木结构大棚的建筑材料和建造方法。
3. 掌握竹木结构大棚的建造技术。

✓ **知识与技能**

一、竹木结构大棚的结构

这种大棚的跨度为 8～12 m、高度多为 2～2.5 m、长 40～60 m，每栋生产面积为 333～667 m^2，由立柱、拱杆、拉杆、棚膜、压杆（压线）和地锚等构成（图 3-16）。

1. 立柱

立柱能支撑拱杆和棚膜的重量，并且有承载雨雪的负荷和承受风压与负风压的作用，纵横呈直线排列。大棚内立柱的排列：纵向每隔 1 m 左右装一根立柱，设置在拱杆的正下方，因此，立柱之间的距离与拱杆间距一致；横向每隔 2 m 左右装一根立柱。立柱不需要太粗，用直径为 8 cm 的圆木杆或木方即可，但一定要直。

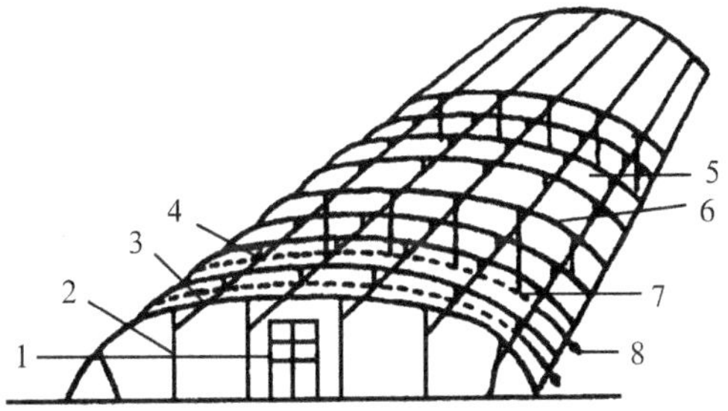

1. 棚门　2. 立柱　3. 拉杆　4. 吊柱　5. 棚膜　6. 拱杆　7. 压杆　8. 地锚

图 3-16　竹木结构大棚示意图

2. 拱杆

拱杆是支撑棚膜的骨架，横向固定在立柱上，构成了大棚横断面的形状，也使立柱横向成为一体。拱杆可用直径 3～4 cm 的竹竿或宽约 5 cm、厚约 1 cm 的毛竹片，北方许多地方用直径 6 cm 左右的木杆。

3. 拉杆

拉杆是纵向连接立柱的木杆或竹竿，使立柱与拱杆构成的每一组大棚拱架“手拉手”连在一起，使所有的大棚骨架成为一个整体，提高其稳定性和抗荷载能力。拉杆的材料规格与拱杆的材料规格相同。

4. 压杆

压杆是在大棚膜的上面位于两拱杆之间的木杆或竹竿。压杆压在棚膜上，起到压住棚膜并使之绷紧的作用。压杆的两端用 8 号铁丝或绳子在大棚的两侧与地锚相连。压杆可以采用与拱杆相同的木杆或竹竿等材料，也可以用8号铁丝、聚丙烯塑料绳、尼龙绳两端直接固定在地锚上来代替。目前有专用的塑料压膜线，截面为宽约1 cm、厚2～3 mm的扁平形的带状长条，内镶有细钢丝或尼龙丝，既柔韧又结实，压在大棚上面，与棚膜贴得牢，还不易损坏棚膜，这是最理想的大棚压线，特别是用在钢架大棚上效果更好。

5. 棚膜

塑料棚薄膜要求选择无毒、无滴、透光率高、拉力强、使用寿命长、保温及增产性能好的薄膜。一般采用聚氯乙烯(PVC)或聚乙烯(PE)无滴塑料薄膜，也可以采用质量更好的乙烯-乙酸乙烯共聚物(EVA)塑料薄膜。

6. 地锚

位于大棚外面的两侧，对着两个拱杆之间的压杆，用于固定压膜线。

7. 门、窗

大棚两端各设一个供出入用的大门，门的大小要方便作业，太小不利于进出，太大不利于保温。大棚顶部可设天窗，两侧设侧窗，用来通风换气。到了高温季节，棚门也都打开通风，加快散热。门、窗上的棚膜应事先固定好。这种结构简单的竹木大棚往往在扣棚时将门、窗都先扣在里面，大棚将要使用前(将要整地做畦时)，才在棚门处将大棚膜按“丁”字形剪开，分别固定在两侧和上方的门框上，称为“开棚门”。在高寒地区最重要的问题是如何增温保温，因此，有许多大棚根本不设通风窗。

二、竹木结构大棚的建造

1. 备料

竹木结构大棚建筑材料的准备，应根据确定的规模和采取的棚型来考虑，既不能浪费材料又要考虑使用年限(表3-2)。

表3-2　竹木结构大棚所需材料(面积667 m²)

材料	规格	数量	单位	备注
中柱	直径6～7 cm、长2.7 m硬杂木	106	根	两排
第一排腰柱	直径6～7 cm、长2.5 m硬杂木	106	根	宽度10 m以内的棚用两排
第二排腰柱	直径6～7 cm、长2.3 m硬杂木	106	根	宽度10～12 m的棚用两排
边柱	直径5～6 cm、长2 m硬杂木	10	根	两排
边柱支杆	直径5～6 cm、长2 m硬杂木	106	根	两排
拱杆	小头直径3～4 cm、长3 m木杆	153	根	长度不足连接
纵向拉杆	直径5～6 cm、长5 m木杆	52	根	纵向连接立柱
12号铁丝	直径0.12 cm	30	kg	拧拉杆、地锚拉线
压杆	小头直径3～4 cm、长6 m竹竿	100	根	长度不足连接
18号铁丝	直径0.18 cm	5	kg	固定拱杆用
铁钉	长12 cm	5	kg	加固边柱用
塑料薄膜	厚0.1～0.12 mm、耐低温、抗老化农用棚膜	160～170	kg	

2. 放线

在大棚建设的规划地段，根据大棚的跨度，用指南针先引出一条南北方向的中心线，并以此线作为基准线，在中心线的东西两侧确定支柱的位置，跨度 10 m 的大棚设 6 行支柱，行间距离为 1.5 m；跨度 15 m 的大棚设 8 行支柱，行间距离为 1.8 m；两棚边柱距边缘均为 1.2 m。确定好每行支柱的位置后，再从一端开始按 1～1.2 m 的距离确定每个支柱的位置，可采用以白灰画十字的方法进行标记。放线一定要做到平直而准确。

3. 原材料的加工处理

作为支柱的竹、木材料先按中、边、侧三种支柱的长度进行挑选(包括埋入土中的部分)，将过长的部分截掉，使用的中、侧、边三种支柱整齐一致，支柱顶部的口要平。然后对每根支柱上的枝杈进行刨光处理。在距顶部 5 cm 以下的正中用木钻钻孔，以便穿铁丝固定拱杆。支柱的下部为入土部分，为了防止腐烂，可涂刷沥青进行防腐处理，对于带皮的木杆，涂刷沥青之前，要先将皮剥掉。此外，将各排 1/3 的支柱在距基部(埋入端)10 cm 左右处固定一个长约 20 cm 的横木，以使支柱埋得更加牢固。用作拱杆和压杆的竹材要把每个节部的残留枝杈刨光，以免扎破薄膜。

4. 挖柱基坑

根据确定的柱坑点，深挖 30～40 cm，坑底要平(图 3-17)，尽量少留松动土，挖出的柱基土应暂时堆放在柱的东西两侧，以免影响埋柱前的拉线作业。如柱基坑底较湿，须经晾晒后再行施工。

5. 埋支柱

埋支柱前在南北两端临时竖起高于支柱的木杆，位置与各行立柱相对，按照支柱设计高度在上面固定一条标准线，靠近地面位置也固定一条标准线，在下部标准线上可以按规定的距离栓布条做好标记，然后安排摆放支柱(图 3-18)。摆放支柱时，靠棚端的第一、第二根支柱要求粗而直，并每隔两根支柱放一根下部固定横木的支柱，支柱立好后埋土，土要分次回填，每次填土后都要踩压或夯实，保证每排支柱根根垂直、柱位准确、高度一致。两侧的边柱可以直立也可向外倾斜，倾斜可以增强支撑力，各柱的倾斜角度必须一致。绑完立柱后撤去两端的临时立柱。

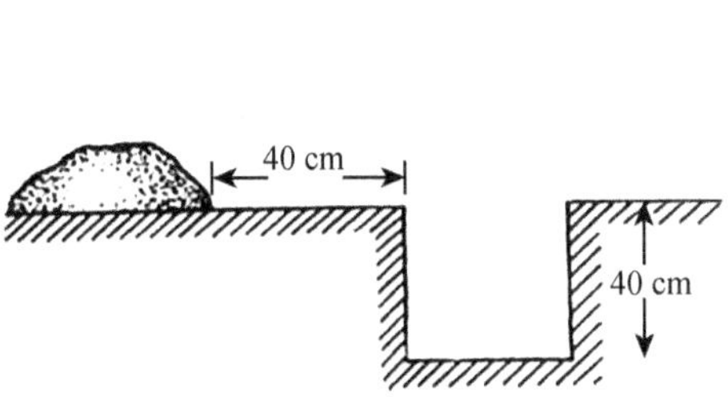

图 3-17 挖柱基坑

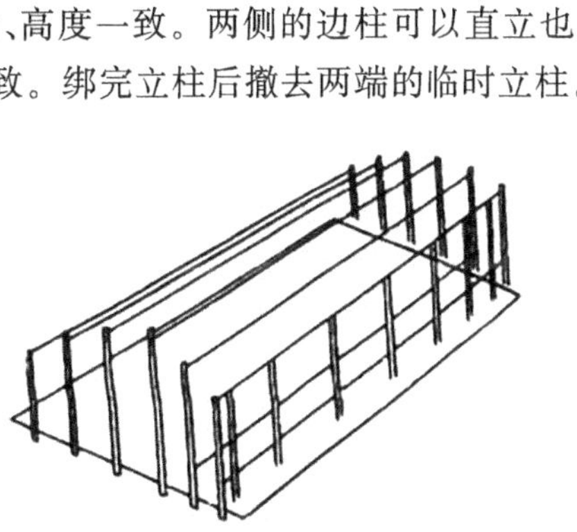

图 3-18 埋支柱

6. 绑拉杆

拉杆(图 3-19)的作用是沿棚向把支柱连接起来，使之牢固。除两行边柱外，都要绑扎拉杆。拉杆一般与柱采用相同材料，便于材料调配，并尽可能选用长料，用料过短不仅费工、费料，而且还会影响固定的效果。绑扎拉杆前应把拉杆按排进行摆放。绑扎的方法是在距顶部 30～40 cm 处，如果拉杆距顶部过近，那么将来拴拉杆的拉线就会受到限制，棚膜就难以绷紧。

从一端开始用铁丝把拉杆和立柱拧紧，当接续第二根拉杆时，能重叠 1 m 以上更好。

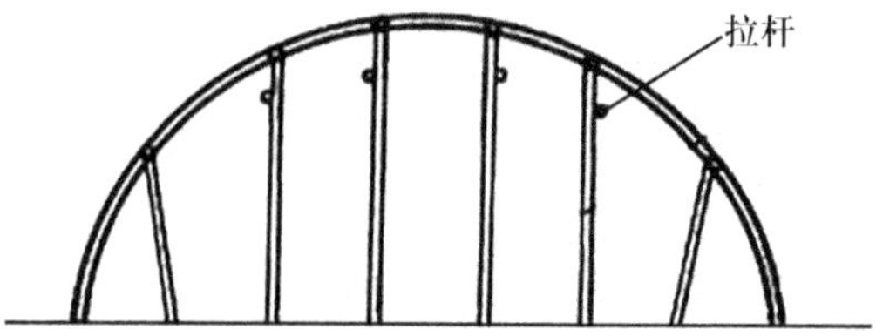

图 3-19　大棚的拉杆

7. 绑拱杆

拱杆的作用在于支撑覆盖的塑料薄膜，拱杆和压杆互相配合才能把覆盖的薄膜绷紧。在绑拱杆之前应在棚的两侧立好标志线，然后将拱杆在标志线上对准支柱入地 30 cm 以上，并弯成弧形，在立柱的顶部用 16～18 号铁丝，通过立柱上的孔眼把拱杆绑牢。两侧拱杆的接头处，或长度不够需要接换时，都要用铁丝或其他材料捆扎结实（图 3-20）。对于两拱杆间的接头也应用铁丝绑好后，用布条或湿稻草绳缠好（图 3-21）。拱杆绑扎时所有的铁丝或其他材料接头都要朝下，以免扎破薄膜。此外，为了保持大棚的弧度，也可在边柱到两侧标志线这一段采用竹片，边柱以上仍用竹竿。固定好后，用布条或湿稻草绳将连接的部位缠好，以防止有棱角的部位刺破或磨坏棚膜。大棚的跨度较大，拱杆的长度一般不够，拱杆的两端要埋入事先挖好的 30～50 cm 深的坑里，拱杆、立柱组合好后，横向都应在一个平面上，并与地面垂直。

8. 埋设地锚

在大棚两侧距边缘 30 cm 左右的地方，要固定一条与大棚长度相等的 8 号铁丝，以便固定压杆，为了将铁丝固定牢固，可先将木橛上部用木钻打孔，铁丝穿在其中，木橛下部钉一段横木，按 8～10 m 的距离挖坑埋好（图 3-22）。

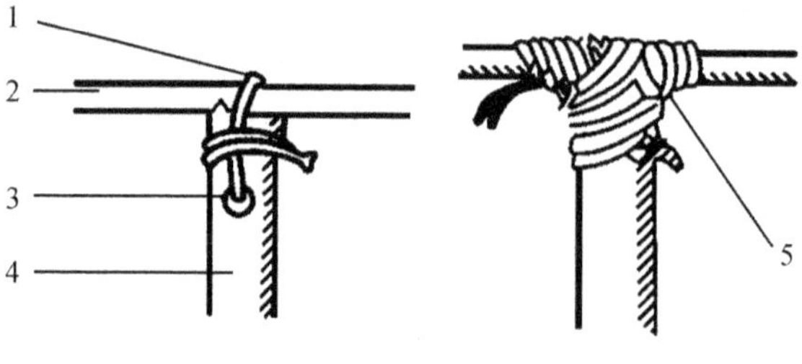

1. 铁丝　2. 拱杆　3. 钻孔　4. 支柱　5. 缠布或湿稻草

图 3-20　大棚骨架连接处处理示意图

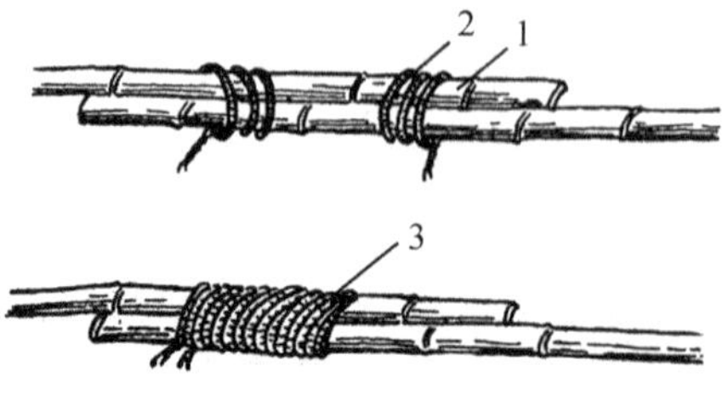

1. 拱杆　2. 铁丝　3. 稻草绳

图 3-21　拱杆的连接方法

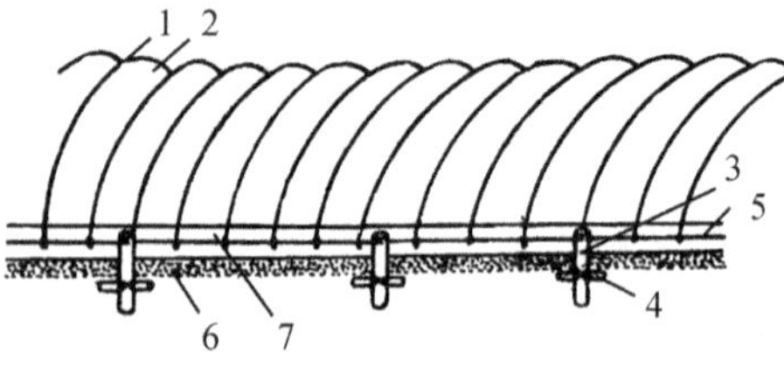

1. 压膜线　2. 棚膜　3. 木桩　4. 横木
5. 8 号铁丝　6. 地面　7. 大棚边缘

图 3-22　大棚地锚设置示意图

9. 绑棚头

棚头的形状大体有三种：弧头棚、齐头棚、缩头棚。做弧形的棚头，在选材上要仔细，一定要选顶梢容易弯曲的竹材，并在与最外面那行支柱相距 1 m 处固定好，再把它弯成拱形，绑在拱杆下面。齐头棚有两种方式，即垂直和倾斜。倾斜的齐头棚在棚膜固定后的受力情况较好，安装的门不和地面垂直，大风不易将门吹开；缩头棚靠近两端 4～5 行的立柱要依次降低 15～20 cm。这种方式对大棚内部空间有一定影响，而且棚膜在两端容易出现皱褶，非多风地区一般不宜采用。另外，在门框两侧还要横向绑 3～4 道横杆加以固定。扣棚以后在薄膜外面再用竹竿紧贴棚头的横杆将膜压紧，并用细铁丝穿透薄膜将竹竿和横杆捆紧，这样才能抵御风害。

10. 掘压膜沟

在大棚的四周边缘掘好 15～30 cm 深的压膜沟，掘出的土要放在外侧，待扣棚膜时再回填沟内。

11. 扣棚膜

(1)扣棚膜的时间最好在秋末上冻前，但必须注意冬季防雪。秋季扣棚棚内冻土浅，翌春化冻早，可早定植、早收获。

(2)扣棚膜应选晴天中午或上午无风时进行。

(3)扣棚时先将已焊接好、捆好的大棚膜顺着大棚延长方向放在上风口一侧。将棚膜解开后，确定好应哪面向上，哪面向下。

(4)确定好正反面后，一部分人应先把棚膜一侧的底边压住，另一部分人把棚膜的另一边向上拉。如果棚架太高，可以事先在棚膜边内衬布团、鹅卵石并用绳子系住，向大棚另一侧拉，并在下面用工具向上托。要求进度一致，速度不要太快，避免弄破棚膜。

(5)棚膜完全覆盖棚架后，将棚膜校正，使大棚四周所留的棚膜边宽窄均匀。

(6)首先用土将棚膜的北端边缘在事先挖好的棚沟里埋好，再在棚南端由若干人用光滑竹竿卷住薄膜边缘，把棚膜纵向充分拉紧抻平，同样将其压入沟中。然后把棚膜横向拉紧，用土埋好，将四周埋棚膜的土踩实。

12. 上压杆

上压杆时可先隔几道拱架上一根，然后再上中间的压杆，充分压紧或拉紧后，将其固定在大棚两侧的地锚上，把棚膜压成钝锯齿状。如使用 8 号铁线或塑料压膜线代替压膜杆，则可直接固定在地锚线上。如果在棚膜刚刚扣在棚架上展平时突然起风，这时不要急于拉紧棚膜，应及时上压杆或压膜线，防止棚膜被风刮起，待风停后或以后选择晴好天气，再重新将压膜线松开并拉紧棚膜(图 3-23)。

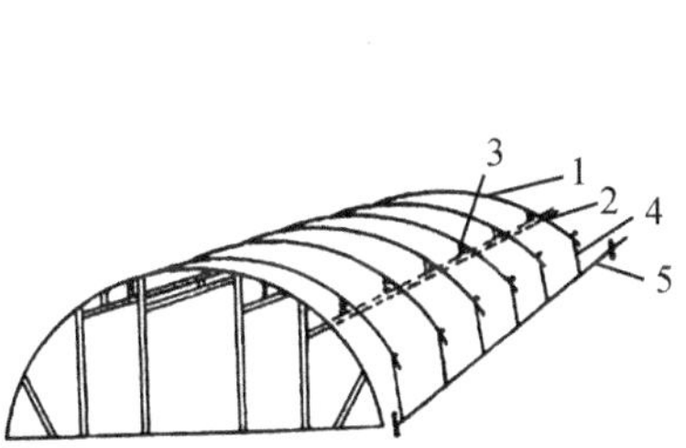

1. 压杆　2. 棚内纵向横梁　3. 穿过棚膜将压杆固定在纵向拉梁上的铁丝
4. 固定压杆两端的铁丝　5. 地锚线

图 3-23　上压杆(或压膜线)

13. 安棚门

塑料大棚的门，不仅是通风换气口，也是运输管理的出入口。应根据大棚大小与棚内气流分布状况来考虑门的设计。在棚的两端位于两排中柱之间，各安装一扇门，即是通道，又是大棚的通风口，门大小为 2 m×0.8 m 即可。先割开装门处的棚膜，装上门框和门，再用黏合剂或木条把棚膜单独固定在门上，门边缘的棚膜也要钉牢封好，防止棚内进风鼓破棚膜(图 3-24)。

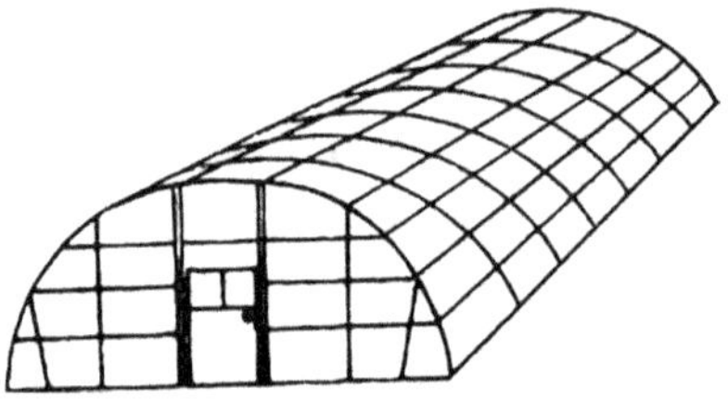

图 3-24 安棚门

大型大棚的门：为了机械作业运输，可在南部棚头设立大门(2.2 m×3 m)。为了冬春严寒季节防寒保温，永久性大棚应当注意门的严密度，除了门口的缝隙要小之外，还可设两重门，防止进出时冷气侵入。

任务四 钢筋骨架大棚的建造

✓ **任务目标**

1. 了解钢筋骨架大棚的结构特点。
2. 熟悉钢筋骨架大棚的建筑材料和建造方法。
3. 掌握钢筋骨架大棚的建造技术。

✓ **知识与技能**

钢筋骨架大棚的骨架采用普通钢筋焊接成网状构架，构架焊于预埋在混凝土基础中的钢筋或连接钢板上，因用塑料薄膜覆盖，其屋顶常做成圆弧形或其他拱形。为了使拱架在大棚纵向保持稳定，其横断面常焊成三角形，其跨度可达 12 m 以上(图 3-25，图 3-26)。

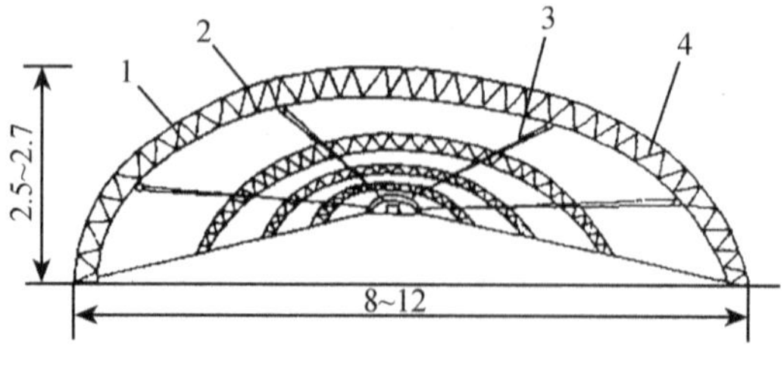

1. 上弦 2. 下弦 3. 纵向拉梁 4. 拉筋

图 3-25 钢筋无柱大棚示意图(单位：m)

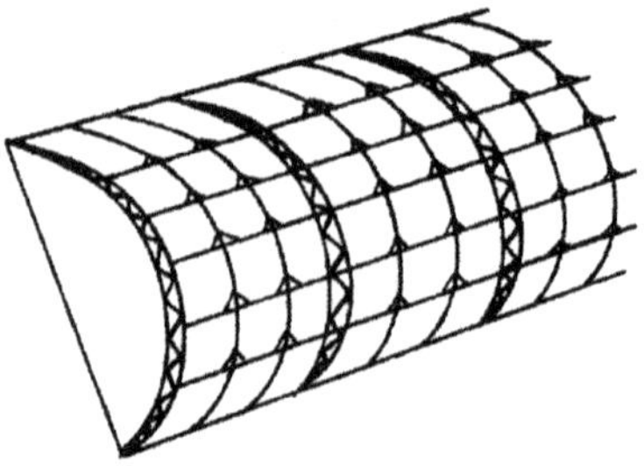

图 3-26 钢筋无柱大棚透视图

一、拱架形式的确定

除了前面介绍的流线调整型和三圆复合拱型拱架的放样方法外，在这里再介绍另外一种放样方法(图 3-27)。

(1)以拱架的设计跨度为长边(AB)、以拱架顶高(CD)为短边做一长方形。在长边 AB 的中点 C 至棚的设计高度做垂线 CD。

(2)以 D 为圆心,AC 为半径,画弧线与 AC 相交于 E 与 BC 相交于 F。先在 E 点固定一根细绳,经过 D 点后将另一端固定在 F 点处。

(3)将绳的 E、F 两点固定不动,将 D 点先后分别向 A 点及 B 点移动,即可画出一圆滑的弧形曲线。

(4)在 A、B 两点根据设计的肩高和与基线 AB 的夹角画两条斜线,即可得到拱架的下弦线或上弦线。

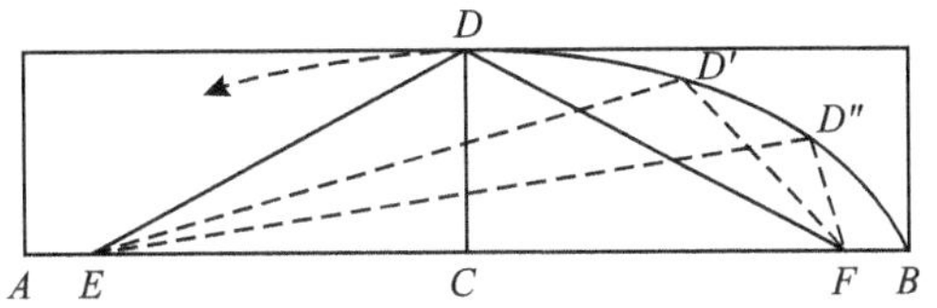

图 3-27　拱架放大样的简易画法

二、地基与基础建造

钢架大棚的桁架基部和立柱基部固定在混凝土制成的墩形基础上。在墩形基础中预埋地脚螺栓或角钢。一般墩高 50～60 cm,上端面 30 cm×30 cm,下端面(40～50)cm×(40～50)cm。但在基础底部必须用三七灰土夯实地基。深埋基础墩,露出地表面 10～15 cm。

三、拱架的焊接

1. 焊接步骤

将上下弦按模具弯成需要的形状并固定好,然后焊接好上下弦及腹杆。上下弦的连接方式如图 3-28 所示。

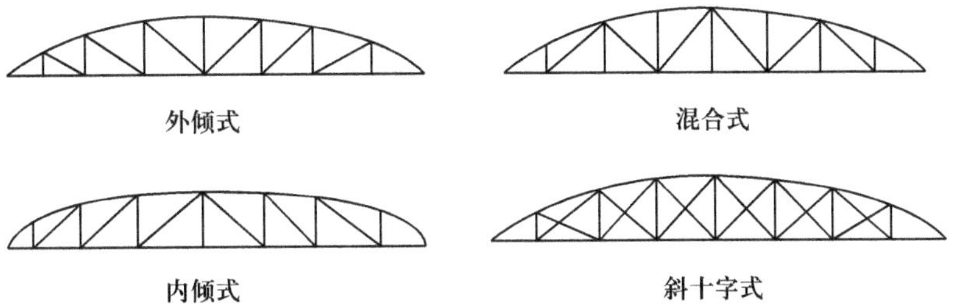

图 3-28　钢筋拱架的上下弦连接方式

2. 焊接要求

(1)根据钢材类别规格,选用适用的焊接接头类型,如电阻点焊、搭接焊、贴角焊等(图 3-29)。

(2)应防止焊接过程中可能出现的钢筋咬边、气孔、夹渣、熔化不良等缺陷。

(3)连接螺栓时应防止螺栓的余隙过大和与边缘端的距离过短。

四、拱架安装

安装步骤：按安装拱架的位置挖坑埋好预制的混凝土基础（或现场浇筑），然后将焊合好的钢筋桁架垂直焊接在基础墩上的钢筋上面，保证钢筋桁架相互平行且与地面垂直。再焊接纵向拉杆及稳定上弦的三角形钢板（图 3-30）。

1. 平台及模具　2. 骨架

图 3-29　拱架的焊接

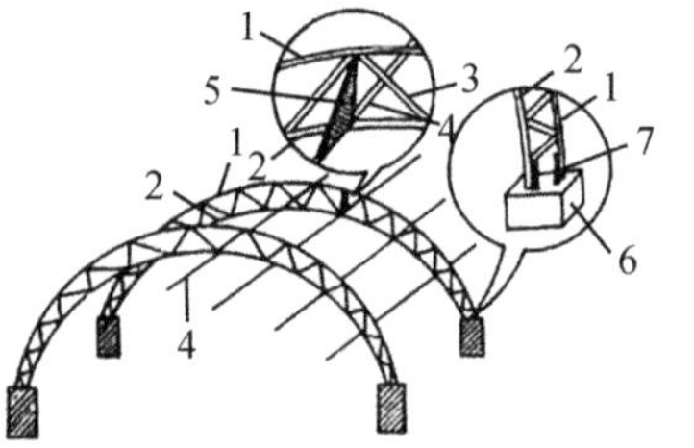

1. 拱架上弦　2. 拱架下弦　3. 腹杆　4. 纵向拉杆　5. 稳定上弦的三角形钢板　6. 混凝土基础　7. 基础内预埋钢筋

图 3-30　拱架的安装

五、拉筋的焊合

1. 纵梁的焊合

纵梁又名纵向拉杆，实际上它相当于一般建筑物的檩条。纵梁把大棚的桁架连接起来，使大棚构架成一整体，保证大棚的纵向稳定性，因此必须重视纵梁的设计施工，防止在大风、雪荷载作用下，造成纵梁失稳而使大棚倒塌。施工时将纵向拉杆均匀地焊合在桁架的下弦上，纵向拉杆两侧剩余部分经弯曲处理后埋入地下。

2. 单杆梁的焊合

在桁架大棚中，用钢筋单杆梁连接平面桁架时，要把桁架的上下弦都连接起来，使棚架的整体性好。它们的连接形式有斜交式和加固斜交式、平行式、交叉式（图 3-31）。千万不可仅连接下弦杆，不连接上弦杆，以防止平面桁架失去平衡而歪扭坍塌。

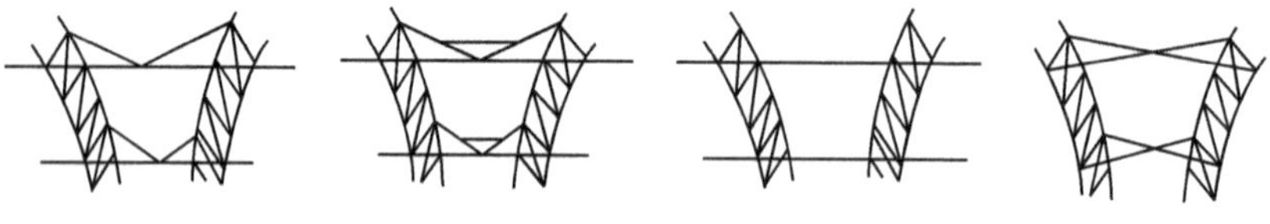

图 3-31　单杆梁的连接

六、焊棚门

在大棚的一侧端面安装两扇门，门框采用焊合方法，门采用两扇对开形式，单扇门的宽度为 0.6 m，总宽度为 1.2 m，门高 2.2 m。

七、覆盖塑料薄膜

将塑料薄膜覆盖在桁架上弦上，大棚的两侧用焊合方法将塑料薄膜连接成与大棚两侧相同的形状。压紧薄膜，在塑料大棚的棚膜覆盖拉紧以后，将多出的塑料薄膜用土压实在大棚四周，以免漏风。再用压膜线将棚膜压紧，压膜线可以采用直径为 2 mm 的镀锌钢丝。

任务五　钢管装配式大棚的建造

✓ **任务目标**

1. 了解钢管装配式大棚的结构特点。
2. 熟悉钢管装配式大棚的建筑材料和建造方法。
3. 掌握钢管装配式大棚的建造技术。

✓ **知识与技能**

一、钢管装配式大棚的结构

钢管装配式大棚均采用内外壁热浸镀锌的碳锌钢管作为主体构件材料，整体骨架由拱杆、纵横向拉杆、立柱等三种主要零件和专用连接卡具构成(图 3-32)。

拱杆是构成拱形的基本零件，两件拱杆相对连接构成一"拱"，呈现出所设计的棚型。两拱之间的距离为拱间距，一般为 0.5～1 m，主要由骨架设计的承载能力决定。因此，拱架是整个大棚骨架的主体。一座大棚由若干个拱架组成，拱架与拱架间由纵向拉杆用专用卡具连接，使各拱架与纵向拉杆形成网状结构。纵向拉杆的数量多少，可决定大棚整体刚性的强弱，影响骨架整体抗风雪荷载的能力，根据使用要求的不同，各规格型号产品的纵向拉杆数量不尽相同，一般为 3～5 根。立柱用在两端，构成端墙，形成门框，必要时可将各立柱与纵向拉杆用专用卡具连接，以增强刚性。为了使塑料薄膜牢固地覆盖在骨架上，常采用燕尾形卡槽和蛇形弹簧固膜。另外，为了使膜更牢靠，不致被风张开以及利于排水等，在拱杆中间位置再以专用压膜线或 8 号铅丝压紧，两端固定于地锚上。

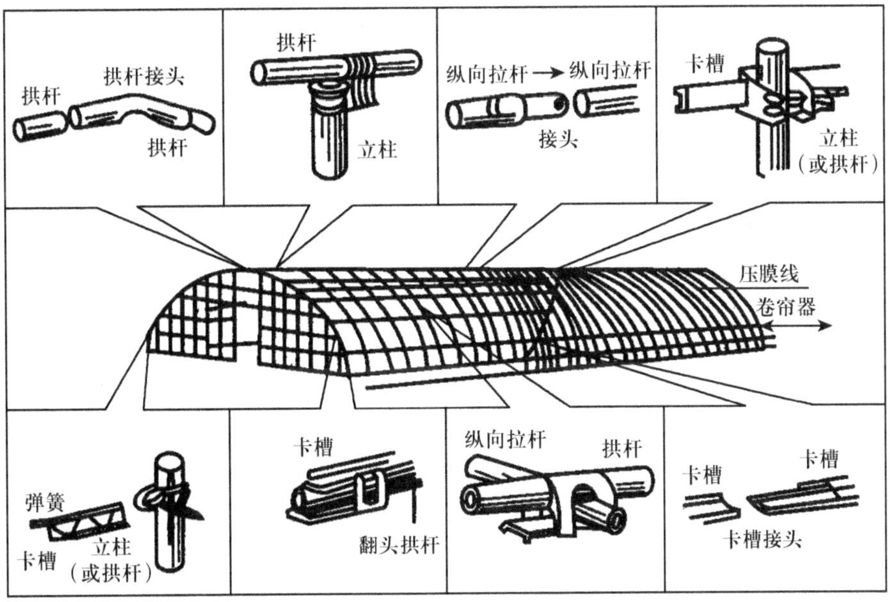

图 3-32　镀锌钢管装配式大棚结构示意图

二、钢管装配式大棚棚型

棚型是指塑料大棚横断面的几何尺寸。合理的棚型应能满足农艺、抗灾、制造与使用等多方面要求。从农艺角度看，希望大棚能适应多种作物生长，要有良好的采光和通风条件，侧壁肩高应不影响作物生长和操作要求；应能发挥最佳的保温性能；对于风的阻力应尽可能小，便于雨、雪下滑，不能因棚型不合理造成荷载增加。

从工厂制造的角度，大棚应工艺性能好、便于制造，且成本要低，运输、安装、使用方便。钢管装配式大棚系列的产品，主要是圆弧落地拱型(图 3-33)和倾斜侧壁拱圆型(图 3-34)两种类型，经大量用户十多年的使用，能满足上述各项要求。

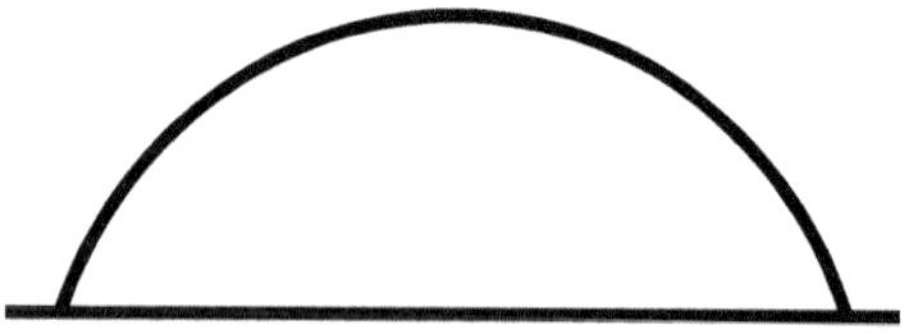

图 3-33　圆弧落地拱型大棚

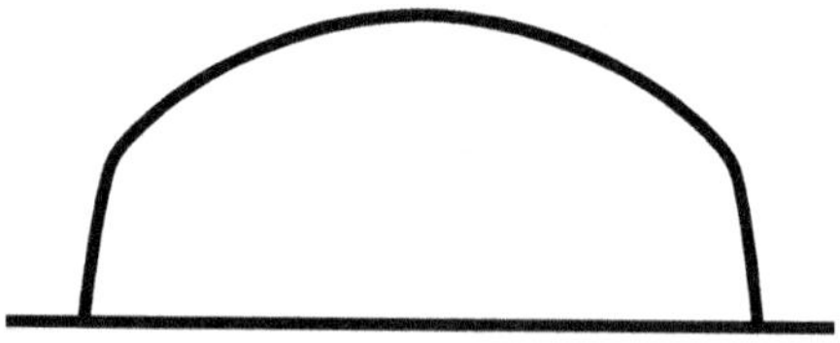

图 3-34　倾斜侧壁拱圆型大棚

三、镀锌钢管装配式大棚的类型、基本参数和主要性能

自 20 世纪 80 年代以来，我国一些单位研制出了定型设计的装配式管架大棚，目前这类大棚主要有以下几种类型：

(一)GP 系列镀锌钢管装配式大棚

该系列大棚由中国农业工程研究设计院研制成功，骨架采用内外壁热浸镀锌钢管制造，抗腐蚀能力强，使用寿命 10～15 年，抗风荷载 310～500 N/m^2，抗雪荷载 200～240 N/m^2。经使用证明，其结构合理，抗风、雪荷载能力强，安装简便，固定薄膜可靠，光照、通风良好，农艺效果显著，节省钢材(图 3-35)。

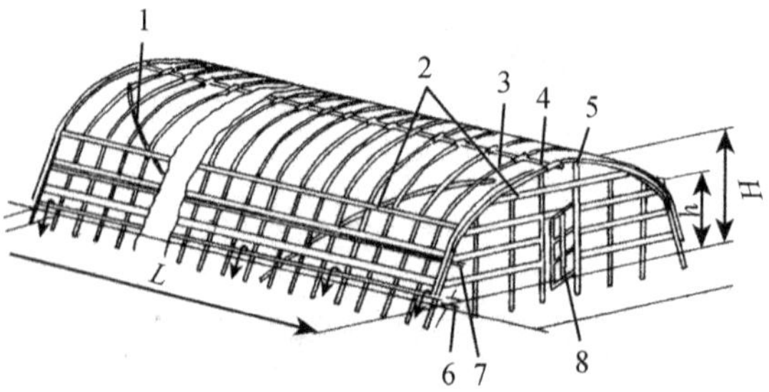

1. 剪刀撑　2. 卡槽　3. 拱杆　4. 纵向拉杆　5. 棚头立柱
6. 压膜线张紧机构　7. 摇膜机构　8. 门

图 3-35　GP622C 和 GP622CA 型管棚示意图

1. GP 系列产品规格

为了适应各地气候条件的差异，以及农艺、科研的不同要求，使产品系列化、标准化、通用化，中国农业工程研究设计院在 GP-Y8-1 型镀锌钢管装配式大棚的基础上设计出了 GP 系列产品(表 3-3)。

表 3-3 GP 系列镀锌钢管装配式大棚规格 m

型号	长度	跨度	脊度	肩高	拱架间距
GP-Y8-1	42	8.0	3.0	—	0.5
GP-Y825	42	8.0	3.0	—	0.5
GP-C1025-S	39	8.5	3.0	1.0	1.0
GP-C1025-S	66	10.0	3.0	1.0	1.0
GP-C1225-S	55	12.0	3.0	1.0	1.0
GP-C625-Ⅱ	30	6.0	2.5	1.2	0.65
GP-C825-Ⅱ	42	8.0	3.0	1.0	0.5

2. GP 系列产品基本参数

(1)管径:Φ25 mm×1.2 mm。

(2)跨度:4～12 m。

(3)肩高:1～1.5 m。

(4)脊高:2.5～3.0 m。

(5)长度:30～66 m。

3. GP 系列产品主要性能指标

(1)承载风压:310～350 N/m^2。

(2)承载雪压:230～250 N/m^2

(3)承载作物吊重:150 N/m^2(投影面积)。

(4)耐久年限:15 年以上(主体结构)。

4. GP 系列产品的编号

根据国家标准《农用塑料棚装配式钢管骨架》(NY/T 4176—1984)中的规定,其编号表示方法如下:

GP-棚型代号-棚宽-主体管件公称外径-变型号

(1)棚型代号以汉语拼音字母表示:Y 表示圆弧落地拱型,C 表示具有平面侧壁的拱顶型,D 表示单坡屋面型,L 表示连栋。

(2)棚宽(跨度)以棚宽长度(m)表示,10 以下的以一位数表示,大于等于 10 的以两位数表示,如 8、10 等。

(3)主体管件公称外径以长度(mm)表示,如 22、25 等。

(4)变型号为变型产品的编号,以罗马数字Ⅰ、Ⅱ或英文字母表示,如 S 表示双拱、R 表示日光温室、F 表示方钢管、YZ 表示养殖棚、ZH 表示种养综合棚。

(二)PGP 系列镀锌钢管装配式塑料大棚

PGP 系列大棚是在借鉴国外技术的基础上,结合我国具体情况而研制的(表 3-4)。其特点是结构强度高,具有较强的抗风、雪荷载的能力。设计抗风荷载为 375～560 N/m^2,相当于 24.5～56 m/s 的风速。棚面拱形矢跨比为(1∶4.6)～(1∶5.5),故棚面坡度大,不易积雪,棚温在 3 ℃以上时,落雪能沿棚面自动下滑。耗用钢材少,平均耗钢量为 30～31.5 t/hm^2,比钢筋结构塑料大棚耗钢量少 1.5～2.5 t。防锈蚀性能好,钢管骨架及全部金属零件均经镀锌处理。拱管落地部分采用聚氯乙烯薄膜套管保护，以避免土壤中的酸、碱、盐对钢管的腐蚀。棚膜上采用专用塑料压膜线，既牢固可靠，又不易损坏薄膜。拆装省工、简便，装配连接完全采用承插和卡具方式，易迁移，便于换地进行倒茬轮作，有效地避免了连作危害。该系列大棚管理起来也很方便，附设有侧部卷动换气窗，天窗和幕帘式双层覆盖保温装置，可方便地进行通风、换气、去湿、降温及保温等环境调节管理。

表 3-4　PGP 系列镀锌钢管装配式大棚规格

型号	跨度/m	脊高/m	肩高/m	拱架管径/mm	拱架间距/m	棚长/m	抗风荷载/(N/m²)
PGP5.0-1	5	2.1	1.2	Φ20×1.2	0.5	30	560
PGP5.5-1	5.5	2.5	1.5	Φ20×1.2	0.5	30	375
PGP6.5-1	6.5	2.5	1.3	Φ25×1.2	0.5	30	560
PGP7.0-1	7	2.7	1.4	Φ25×1.2	0.5	50	560
PGP8.0-1	8	2.8	1.3	Φ25×1.2	0.5	42	560

(三)GG 系列大棚

该系列大棚采用圆拱型棚型，具有较强的抗风、抗雪荷载的能力，设计抗风荷载为 500 N/m²，相当于风速 27.32 m/s，棚温在 3 ℃以上时，落雪能沿棚面自动下滑，超过 5 ℃时，雪荷载接近于零。防锈蚀性能好，大棚所有骨架、零部件及其金属夹固件均经镀锌处理。外形光亮防锈，延长了大棚的使用期限。其拱管落地部分也采用了聚氯乙烯薄膜套管保护。棚膜均采用塑料压膜线、压膜钢槽加蛇形簧等固定方式，棚膜固定得牢固。压膜时简便易行，拆换方便，压膜后牢固可靠，且不易损坏薄膜。装配连接也完全采用套插和卡具方式，便于拆装和迁移。通风性能好，大棚附设有侧部卷膜机，以及安装于棚顶的天窗。

尽管以上这些类型的镀锌钢管装配式大棚目前造价较高，但由于它具有重量轻、强度高、耐锈蚀、易于安装拆卸、中间无立柱、采光好及作业方便等特点，同时其结构规范标准，可大批量工厂化生产，所以在经济条件允许的地区，可以大面积推广应用。大棚实现标准化后，也有利于进一步实现机械化。

四、镀锌钢管装配式大棚的建造

镀锌钢管装配式大棚是工厂化生产的工业产品，成套供应给用户，由用户自行安装使用。因此，用户要必须很好地了解它的结构与性能，并要重视安装环节，以达到安装符合要求，连接可靠，外形美观，保证正常使用和延长寿命，提高经济效益。

(一)建造前的准备

1. 场地选择

应选择地势开阔、附近四周无高大建筑物及林带的地区，以保证采光良好。建棚场地既需要有良好的通风环境，又要防止强大风力侵袭，因此棚址应避开风口，或主要风向有天然屏障，或建造挡风设施。棚址应交通便利、方便管理。

2. 大棚基础的准备

为防止塑料大棚受到大风袭击时被拔离地面，钢管装配式大棚在拱杆下部都钻有 Φ8 mm 的小孔，用于与基础相连。系列产品的基础都是一样的，均按各型号的尺寸挖好棚沟，在沟底和外侧面垫砖(或只在放拱杆处垫砖)，以防止拱杆向下和向外移动。再用 Φ6 mm 以上的圆钢或竹木杆以铅丝与各拱杆系牢，使一侧的拱杆连成整体。可再在拱杆根部浇灌混凝土，待干后填土夯实，效果更好。牢靠的基础是建造大棚的关键，基础可靠不仅有助于抵抗风雪的侵害，而且大棚在使用中不易变形。

3. 人员、工具与材料的准备

要安装一栋大棚，人员以 6～8 人为宜。技术骨干要熟悉大棚的结构和构件的作用、用法、安装方式。正式安装前，应全面检查零部件是否齐全，有无在运输中造成损伤，并指定专人保管，以免丢失。

安装前应准备好工具，如卷尺、钢锯、螺丝刀、钳子等，以及安装棚顶时登高所需要的"人"字梯或木板等，还要准备好安装压膜线的小木桩、铅丝等。为提高镀锌钢管的防锈能力，可准备好沥青及熔化工具，安装前将拱杆埋入地下的部分涂上沥青。

(二)钢管装配式大棚的建造顺序与方法

1. 整地开沟

在选好的场址平整地面画线开沟。整地时在棚的全长上取水平或顺着的地势可有一定的坡度。确定大棚的位置后，平整地基，确定大棚的四个角，用石灰画线，画线时在四角打桩牵线。为保证端线与侧线垂直，可用简单的"勾股定理"方法检验，应用此方法时应在一端的两个角分别进行，使两侧线与端线都垂直。

定位后用石灰确定拱杆的入地点，同一拱杆两侧的入地点要对称。画好线后，开两边侧沟。沟底应夯实，沟底平面应与地面平行，沟的侧面也应调直，垫砖后仍要保持平直，要特别注意两侧沟深一致，调平时用木工水平尺与牵线进行。

2. 安装棚头

(1)立棚头。立棚头时拱杆连接由三人进行。两人各持一根拱杆置于地平面，另一人在中间装拱杆接头，当拱杆插抵接头弯部后，两根拱杆组成的拱架经目测应在同一平面。拱杆与拱杆对接时采用"八"字连接(图 3-36)，这种连接方式属于承插式连接，连接后一方面使两拱杆相接形成一个拱架，另一方面使其构成棚顶，能起分雪分水作用。

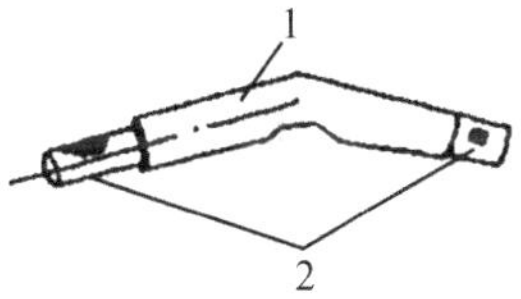

1. 拱杆接头　2. 拱杆

图 3-36　"八"字连接

(2)安装棚头立柱。拱架连接后，三人同时用力立起拱架，将两侧下端置于基础上。两侧由两人扶正，由中间开始向两侧依次装立柱，按尺寸在中间立柱上套入上下门座，用圆卡箍连接立柱与拱杆，拧紧螺丝。立柱与拱杆采用"丁"字连接(图 3-37，图 3-38)。"丁"字连接是指

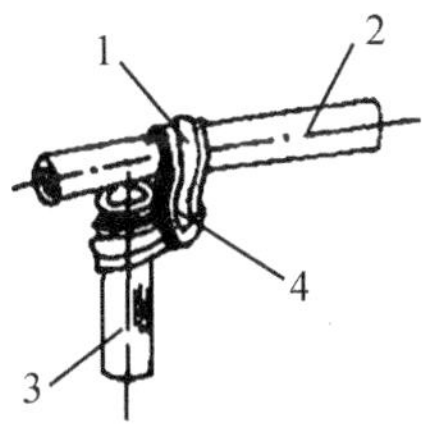

1. 圆卡箍　2. 棚头拱杆　3. 立柱
4. M5×30 螺丝、M5 蝶形螺母

图 3-37　"丁"字连接(一)

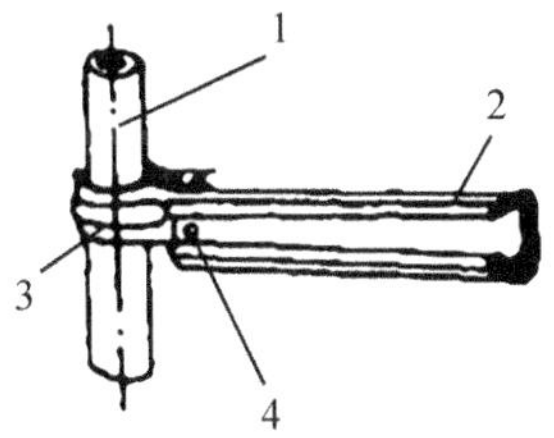

1. 立柱(或拱杆)　2. 有孔卡槽　3. 圆卡箍
4. M5×20 螺丝、M5 蝶形螺母

图 3-38　"丁"字连接(二)

用圆卡箍和蝶形螺母进行连接，用于一根管的端部与另一根管的中部的连接。有时拱杆的弹力会使圆卡箍脱开立柱，因此可将立柱上端扳成喇叭口形以防滑脱。

(3)棚头的安装要求。棚头是整栋大棚的基准，一定要达到以下要求：

①尺寸要准确　选择两根完全对称的拱杆装棚头，安装好后应符合该型号棚头所规定的高、宽尺寸。

②形成的平面应平整　立柱按量定的位置打入地下，使每一根立柱都处在同一平面内。两边对称位置的立柱高度一定要一致，以保证棚头外形标准、平整。

③棚头平面应与地面垂直　要求插入地下的每根立柱都要垂直。在安装棚头的过程中出现的一切问题都应先消除，才能继续下面的安装，否则将会使整个棚型不够规范，若勉强凑合，问题会越来越显著，最终难以纠正过来。

3. 安装卡槽

卡槽由下向上依次安装。凡与拱杆、立柱接头处要用端部有孔的卡槽；按图 3-39 的形式，用圆卡箍和蝶形螺母把卡槽的端头与管连接起来。这种连接方式也属于“丁”字连接。卡槽可以锯断使用，以适应各处的长短，但应避免在装固定器处接头，两段卡槽相接需用卡槽接片。卡槽与卡槽在使用中只有接长使用一种连接方式，用专用接片把两根卡槽连接起来。

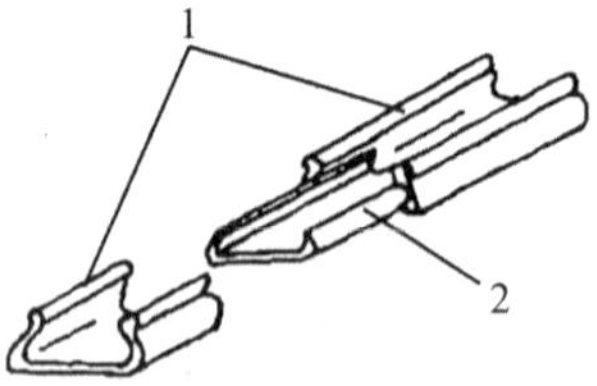

1. 卡槽　2. 卡槽接片

图 3-39　卡槽与卡槽连接

4. 钢管与卡槽连接

钢管与卡槽连接是通过卡槽固定器来进行的。卡槽固定器可以从端部套入，也可以从卡槽中间任何部位转入，用以将卡槽与钢管连接。钢管与卡槽的连接有三种方式。分别是“十”字连接和“平行”连接(图 3-40 至图 3-42)。“十”字连接，分别采用两种专用卡具，构成两种连接方式。两种方式都是楔紧结构，使用效果相同。前一种安装时较方便，后一种可以与平行连接通用，以减少专用卡具的种类。平行连接是卡槽与钢管平行紧贴连接，即使钢管呈圆弧状，也可以很方便地将卡槽连接上去。

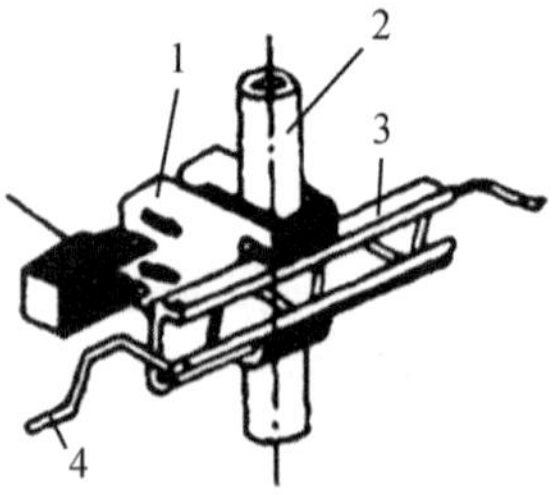

1. 固定器　2. 立柱(或拱杆)　3. 卡槽　4. 弹簧

图 3-40　“十”字连接(一)

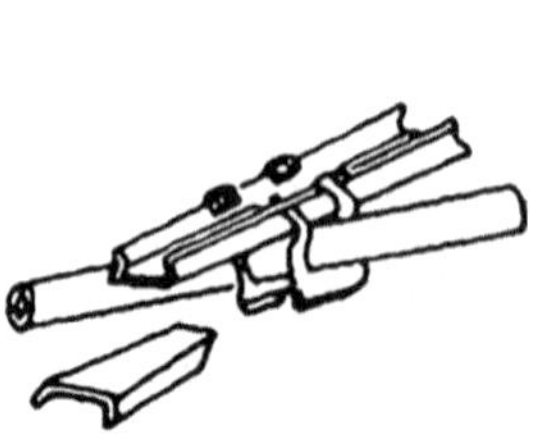

图 3-41　“十”字连接(二)

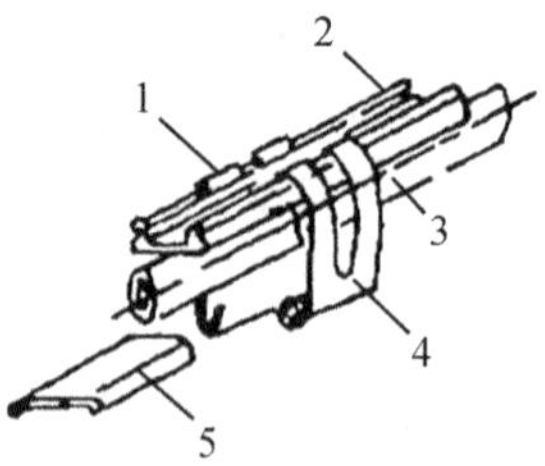

1. 平行卡(右)　2. 卡槽　3. 棚头拱杆　4. 平行卡(左)　5. 楔形卡子

图 3-42　钢管与卡槽的“平行”连接

5. 安装横担

上下门横担可以在装棚头时安装，也可在门安装上后再安装。上下门横担与门的上下处有 10 cm 的重叠，上膜后能保证密封和保温。整个棚头装好后，将基础埋牢，如一时不便埋牢，可用其他支持物固定，最后与棚沟一起埋牢。

6. 安装棚体

棚体由中间拱杆和纵向拉杆组成。按顺序立起中间拱杆，用纵向拉杆将其连接起来，构成笼形总体（图 3-43）。当一根管的中部与另一根管的中部连接时，可构成“十”字形（图 3-44），“十”字连接是楔紧结构。用于拱杆与纵拉杆的中部连接和端头横拉杆与主柱的中部连接；销夹楔入后应将一尾略扳弯，以防松脱。

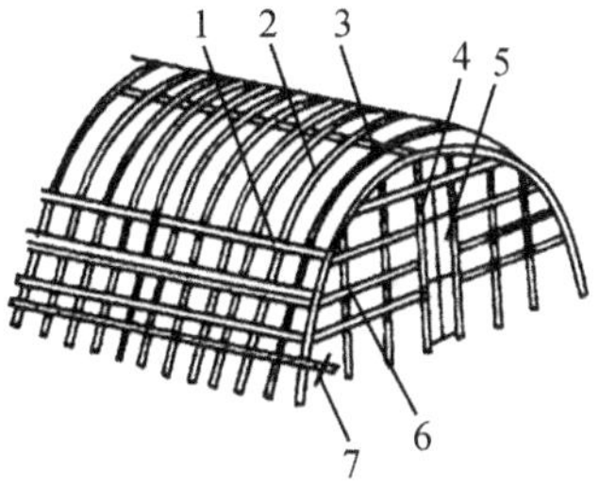

1. 卡槽　2. 拱杆　3. 纵向挂杆　4. 棚头立杆
5. 门　6. 卷膜机构　7. 压膜线张紧机构

图 3-43　镀锌钢管装配式大棚笼形总体

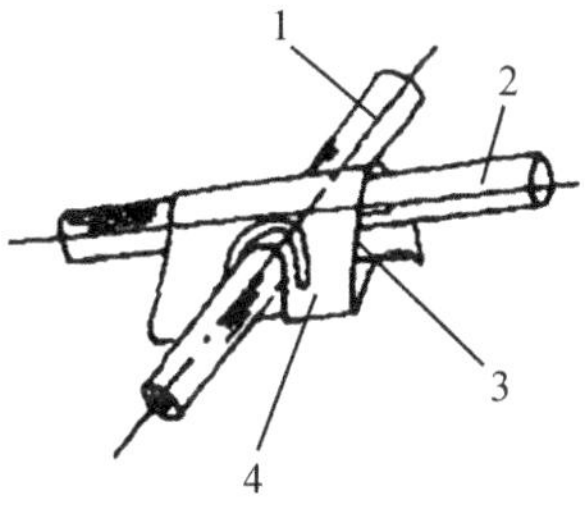

1. 纵向拉杆　2. 拱杆　3. 连接片　4.“十”字接头

图 3-44　管与管中部的“十”字连接

棚体安装总的要求是保持每个拱架与棚头平行，高低一致。具体步骤如下：

(1)为保证在全长上纵向拉杆的直线性，安装前在两棚头间按规定的定位尺寸牵线为基准。如果只装了一个棚头，或有风影响牵线，可以按尺寸在各拱杆上画线为基准。

(2)安排好纵向拉杆。使长短错开，不让纵向拉杆的接头位于同一拱间内，允许在同一拱间内有两个接头，但应与无接头的纵向拉杆横向相向错开。纵、横向拉杆的连接方式有两种，为“一”字连接和“二”字连接。“一”字连接又分为楔紧连接和销连接（图 3-45，图 3-46），主要是将两根以上的钢管连接成一体的直线钢管，楔紧连接使连接管成一刚性整体，而销连接虽连接可靠，但连接后较松散，纵拉杆的两端与棚头连接处应扩成喇叭口状，以防脱开。

图 3-45　楔紧连接

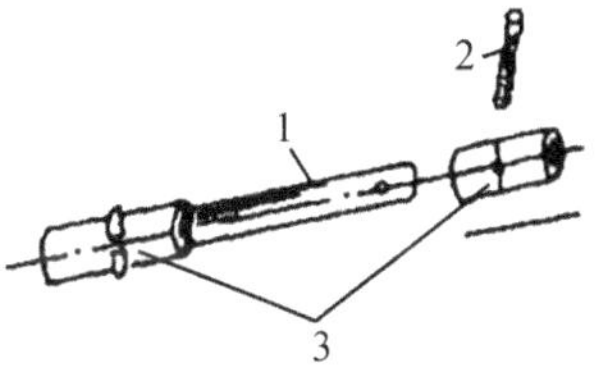

1. 接头　2. 开口销　3. 纵向拉杆

图 3-46　销连接

“二”字连接也用于连接长钢管，如纵向拉杆的接长处，其与“一”字连接的区别是相接的钢管中心线不在同一直线上（图 3-47）。

(3)纵向拉杆应同时从一头向另一头安装，如条件不允许，也应两侧各一条同时安装，下方的基础也应同时安装，这样棚体的有关尺寸易于掌握。每装一拱都应向前一拱瞄准，不要走形，不然以后调整就很困难。连接时各拱之间的距离应按备型标准控制一致，这不仅是要保证外形美观，也是保证棚体强度、刚性所必需的，为此，应按各型的尺寸自制若干等长的木尺，安装时两边同时控制，紧固连接件。

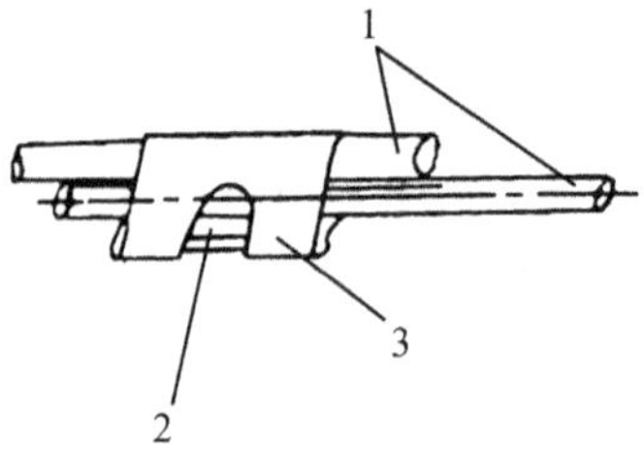

1. 纵向拉杆　2. 连接片　3. "十"字接头

图 3-47　"二"字连接

7. 安装棚体卡槽

卡槽是固定薄膜用的，安装前要按照选用的薄膜幅宽与安装方法来决定卡槽的位置。如果薄膜是焊成整张使用，就可完全按规定尺寸、位置安装，为适应薄膜幅宽，也可不按规定的尺寸、位置安装，原则上应使薄膜安装后均匀一致。

棚头上方装一道卡槽，由一侧向另一侧安装，安装前先将卡槽沿拱杆的圆弧压弯，如遇圆弧较小处可用木榔头轻轻敲击，不可急压成弯。

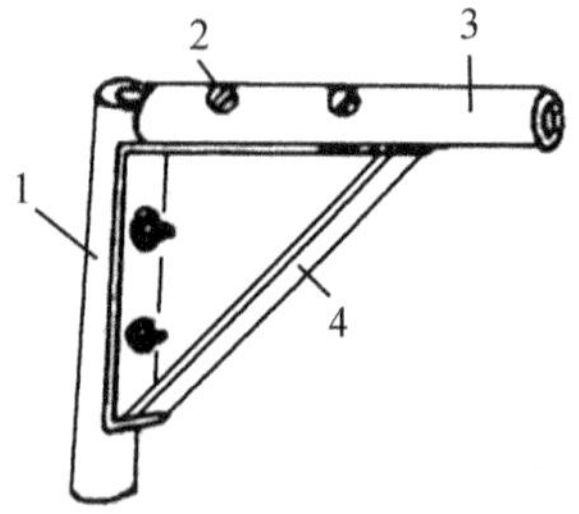

1. 门立柱　2. M5×35 螺丝、M5 螺母、Φ5 mm 弹簧垫圈　3. 上横担　4. 角掌

图 3-48　门角的连接

8. 门的安装

门不在本体上，装配式的各型骨架的门在结构上是一样的，只有大小的区别。为了使门连接牢靠，门角由角撑用螺栓连接(图 3-48)。门框是固定在棚头立柱上的，其余部分为管与管、管与卡槽的连接。门闩是装配成套出厂的，按安装说明安装，可以后装也可先装。装好门框，将立柱上的下门座紧固，固定门框，套入上门座，调整位置后紧固上门座。装好后，门框应平整、对称，门转动灵活，拴上后无晃动。

9. 安装薄膜

塑料薄膜的作用是保温、防风、防雨雪，因此要求密封、绷紧。安装薄膜有两种方法：一种是将棚体部分按总体尺寸焊成一整张并安装；另一种是按幅宽算好距离安装卡槽，在两卡槽间安装一幅薄膜，两幅薄膜在卡槽处相接(图 3-49)。棚体薄膜的宽度每边应多出 0.2～0.4 m，以便装卷膜机。

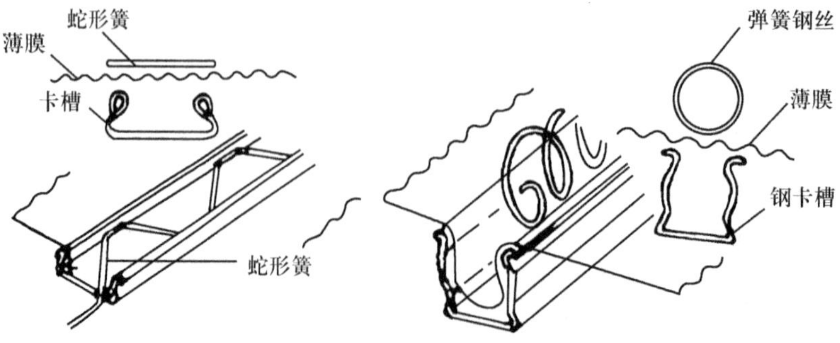

图 3-49　塑料薄膜的固定方法

(1)绷紧薄膜时,注意各个方向都要拉紧。放入卡槽内用弹簧压紧时注意让薄膜适当松一些,否则弹簧容易戳破薄膜。

(2)为使新膜经久耐用。可在安装时在弹簧卡与薄膜间垫一层旧膜或防潮纸,这样能减少弹簧与薄膜间的摩擦,防止薄膜被磨坏,同时被太阳晒得灼热的弹簧不会直接烫伤新膜,能减缓老化。

(3)卡入弹簧时,应将弹簧由卡槽口部上方一节节地左右扭动卡入,不要使弹簧与卡槽口摩擦造成薄膜破损。如果薄膜与棚头薄膜在棚头拱杆正上方的卡槽内重叠,弹簧在使用中不要重叠,可按需要剪断使用,剪断处应用钳子弯圆,以免挂破薄膜。

10. 安装压膜线

专用压膜线呈扁平状,分 A 型(8 mm)和 B 型(16 mm)两种,一般地区选用 A 型,在大风地区应选用 B 型,以增大拉力。另外,也可用 8 号铅丝作压膜线。压膜线是与卡槽配合压紧薄膜,在每两拱杆中间横向拉一道压膜线,两细端固定于地下,不但能压紧薄膜,还能增强整栋大棚的稳定性。一般在棚的两侧约 0.3 m 处固定一道 8 号镀锌铁丝,用木桩或地下的重物拉住,压膜线的两端扎紧在铁丝上。

11. 卷膜机的安装

(1)手动卷膜机。卷膜机是一种手动卷膜开窗机构,其通过手动卷膜器带动卷膜轴转动,从而将薄膜卷在卷膜轴上,形成通风口,实现开窗(图 3-50,图 3-51)。

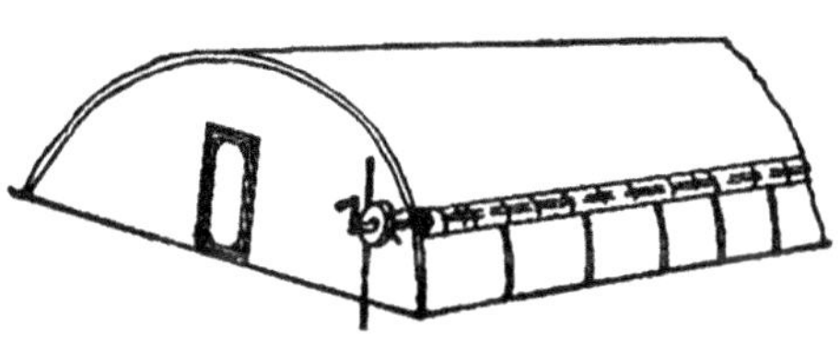

图 3-50 手动通风卷膜示意图

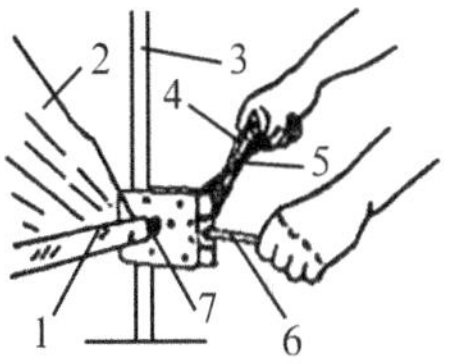

1. 卷膜杆 2. 薄膜 3. 立柱 4. 手柄
5. 棘爪手杆 6. 固定把手 7. 棘轮轴

图 3-51 手摇式卷膜机

(2)电动卷膜机。这种塑料大棚卷帘机,主要由减速箱、卷帘轴、控绳游杆、支架等组成。从电机到减速箱输出轴实现四级减速,其中减速箱是链轮、链条传动的三级减速箱。减速箱输出轴带动卷帘轴。减速箱和卷帘轴都固定在支架上,支架固定在大棚的主梁上。游杆通过支座也固定在支架上。这种卷帘机停电时可实现手动作业,并备有刹车装置。

电机通过小皮带轮和皮带带动大皮带轮,大皮带轮带动由链轮和链条传动的三级减速箱,减速箱的输出轴连接卷帘轴,卷帘轴安装在主支架顶部的轴套内,减速箱固定在减速箱支架上,控绳游杆安装在支座内,支座固定在卷帘轴下方的主支架和减速箱支架上,主支架和减速箱支架底部设置有棚梁固定角钢,在主支架和减速箱支架之间通过两根存帘拉线连接在一起,在卷帘轴上设置有绳环,对应绳环在控绳游杆上设置有绳滑轮。

五、镀锌钢管装配式大棚的拆迁

镀锌钢管装配式大棚的一大优点是可以拆卸后重新安装。由于安装一次后,所有的卡具都有一定程度的变形,要尽量避免重复拆装。当土壤发生连作病虫害,或设施栽培区重新规划,或因其他需要不得不迁棚时,可在适当季节进行。

迁棚的第一步是拆棚，切不可轻视，往往由于不重视而使零件损坏、丢失，使重新安装工作无法进行。

(1)拆棚人员应是会安装的人员，拆棚按安装的相反顺序进行。

(2)正确使用工具，一件件逐步拆卸，切不可随意拆卸，以免造成零件损坏。

(3)拆卸下来的零件要分类放好、清点，并检验修复。

迁棚的第二步是修复、配齐零件。修复零件的工作应认真进行，否则会影响使用寿命。对于损坏严重不能修复的零件，要补充配齐新件。棚的再安装应与装新棚一样，按要求组织进行。

任务六　大棚的维护

任务目标

1. 了解棚膜的粘接的方法和过程。
2. 掌握棚膜、大棚结构及卷膜器的维护技术。
3. 掌握钢管装配式大棚的维护技术。

知识与技能

一、棚膜的粘接

(一)粘接棚膜的意义

1. 提高棚膜的透光性能

粘接棚膜可以减少棚膜的遮光量，增加光照。传统叠压法覆膜，两薄膜间的叠压缝较宽(20 cm 左右)，遮光量相对较大(双层膜的透光率仅为单层膜的60%左右)，而粘膜法的棚膜接缝宽仅 5 cm 左右，因此有利于增强温室的光照。

2. 有利于提高覆膜的工效和质量

粘接棚膜一般为 1～2 块，以 1 块为多。薄膜块数减少，覆膜所需要的时间也相应减少，因此覆膜较快。一般粘接棚膜所需工时可比传统的叠压法覆膜节省 20%～30%。粘接棚膜可以边放膜，边用铁丝压住，受风的影响小，有利于提高覆膜质量。此外，粘接棚膜拉平、拉紧后，整个棚膜均处于紧张状态，而叠压法因膜边不易拉紧，易松弛、质量差。

3. 减少叠缠宽度，节省薄膜

在温室规格相同的情况下，用粘接棚膜覆盖可较叠压法减少用膜 3%左右。

(二)粘接方法

粘接棚膜有热粘法和黏合剂法两种。由于目前尚缺乏聚乙烯塑料薄膜的有效黏合剂，市场上出售的黏合剂虽然能暂时把薄膜粘在一起，但易开裂，持久性差，所以生产上更多使用热粘法。

(三)热粘法操作过程

(1)选无风或微风晴暖天粘接棚膜，风过大时(风速 3 级以上)要在室内粘膜。在室内粘膜时，要注意保持室内通风良好，以免加热时棚膜散发出的有毒气体浓度过高影响人体健康。粘膜前，先准备一块长 3～5 m，宽、厚各 5 cm 的木架，木架表面要刨平滑(也可用板凳和木条代替)。在木架上铺一层细网(铁网或铜网)，网的长和宽要比木板的长和宽各多出 4～5 cm，铺平网后，把网四边多出的部分压到木板的两端和侧面，用钉钉住。

(2)把棚膜按要求的长度截好，棚膜长度与温室等长(或稍长些)。截好膜后，新棚膜可直接粘接，旧棚膜要先用湿布擦净膜的两边，再粘接。棚膜上有水时，要擦干或晾干后再粘膜。

(3)把木架放平，高度至人腰处为宜。把棚膜的一边放到木架上，两人从木架两头拉直拉平膜边。膜边伸出木板外 0.3 cm，以防止因上一层膜对不齐，出现单层膜而烫破棚膜。取另一幅膜，从木板的另一侧压到第一幅膜上。上、下两膜对齐后，用宽 10 cm、与木板长接近的长条牛皮纸或厚挂历纸垫在薄膜上，把电熨斗压到其上向前推动。电熨斗要用调温型的(开关型电熨斗不易控制温度，粘膜质量差，不宜使用)。

(4)熨斗温度的检查方法。

①直觉法　把电熨斗的底面靠近脸腮，距离脸面 3 cm 左右，如果脸腮先感觉到热，然后稍有烤感，表明温度适宜；如果电熨斗一靠近，就感到明显的烤感，表明温度偏高，应调低；如果电熨斗靠近时面部只有热感而无烤感，表明温度偏低，应调高温度。

②粘膜质量检查法　根据热烫后上下两膜的粘接情况来判断电熨斗温度的高低，具体判断标准是：如果两层膜只变软，不粘连，或粘连面小，稍微用力就能分开，说明温度偏低或电熨斗推移太快；如果上层膜已烫破，并粘到纸片上，而下层膜只变软，不与上层膜粘连，或粘连面较小，说明电熨斗温度过高；如果上、下层膜都被烫破而且纸片也被烫坏，并且粘接部分发软，说明电熨斗推移速度太慢。适宜的温度和推移速度应使粘接部分透明，趁软用力才能把两层膜揭开。

(5)电熨斗的推移速度。电熨斗推移时，底面要平放到木板上，底面不平时，易使薄膜受热不均匀，降低粘膜质量，出现薄膜一侧粘不住或烫破的现象。电熨斗的推移速度要均匀，推移速度要根据电熨斗的温度高低及薄膜的新旧来确定。温度高时速度要快，温度低时速度要慢；新薄膜易熔化，速度宜快，旧薄膜不易熔化，要适当放慢速度。为安全起见，要先做温度和速度试验，确定出适宜的温度和推移速度后，再正式粘膜。

(6)粘膜方法。第一幅膜粘好后、再按同一叠压方向，顺序地粘接上第三和第四幅薄膜。薄膜间的叠压方向不得相反，以免阻碍膜面水的流动，使水沿翘起的膜边滴到菜上，影响蔬菜的正常生长(图 3-52)。粘接完膜后，再在膜的上边(有窄幅膜时在窄幅膜一边)向里折叠 6～7 cm 宽。用电熨斗沿叠压缝的内侧，把两层膜粘住，外侧留出 1～2 cm 宽的缝不粘，以备穿铁丝加固膜边，避免通风时，上下拉动使膜边破裂。对粘膜过程中出现的破裂处，要及时打补丁粘补好。破处小时，可直接在破口上盖一块薄膜，把破口粘死；破口大时，要用一大块薄膜盖住破口，用电熨斗把破口四边粘住，再用剪子剪掉多余的膜，避免影响透光和流水。薄膜全部粘好后卷起备用。

图 3-52　两大块或三大块棚膜的粘膜方法

二、棚膜的维护

(1)竹木骨架扣棚前先除掉尖锐部位或加以包扎，以防划伤棚膜。

(2)加强棚膜使用中的维护与管理。不能用硬物或树枝钩挂。若有破损、要及时进行修补。修补棚膜使用中因划伤或扎破而在局部出现的破损时，PVC膜可用专用胶粘补，FVA膜可用线缝合或用胶带粘补。

(3)加强通风口的管理，防止大风将通风口处刮破或大风从通风口袭入将棚膜吹破。进入高温季节，棚膜变干松动，应使用紧线器将压膜线拉紧，以防在风力作用下棚膜大起大落而受损。

(4)防止含氯、硫农药加速棚膜老化。含氯、硫等酸性农药渗入棚膜，与棚膜内添加的耐老化剂发生反应，从而加速棚膜的老化，日前生产使用的棚膜多数没有防止农药破坏功能，因此，施含氯、硫等酸性农药时，应防止喷洒到棚膜表面上，尽量减少烟剂的使用，严禁使用硫黄熏棚。

(5)酌情采用翻膜覆盖方法。翻膜覆盖是指棚膜使用一段时间后，将棚膜外表面翻过来覆于温室骨架。

(6)大棚薄膜的清洗。长期使用的大棚薄膜会沾上灰尘，其透光率会大大降低。因此，应根据各地区的污染情况，定期对大棚薄膜进行清洗，以保证棚内应有的光照。特别是越冬的塑料大棚，早春低温时此项工作尤为重要。清洗棚膜应在晴天的中午和下午气温较高的时段进行。可用自制的长把软毛刷，用软管将清水喷到棚顶，一段一段地清洗，可搭三角梯子或脚手架以便清洗。

三、结构的维护

1. 对基础的维护

大棚在使用中要注意基础的变化情况。大棚安装完，经过第一场雨后，应再次培土夯实；经过大风后应仔细观察基础有无变化，并根据实际风力大小与基础变化情况判断其抗风能力，必要时加固基础。

2. 异常天气维护

使用中在大风、雨雪天要注意检查结构件，如发现折断、损坏，应及时修补、粘接，以防裂口继续加大。对主柱、纵梁等各部位也应经常检查，发现问题及时处理。

3. 骨架维护

钢制骨架应提前进行表面涂覆处理，非镀锌简易钢管应每隔2年涂刷一次防锈漆，以防锈蚀。

4. 地锚的维护

地锚埋设时风大的地区要深些，风小的地区可适当浅些；沙性土壤应当稍深些，较黏重的土壤可适当浅些，防止风大时将地锚拔起。在寒冷地区，如果是早春扣大棚，应在前一年大地封冻前完成地锚的检查和埋设工作，否则第二年扣棚时无法埋设地锚。

四、手动卷膜器的维护

手动卷膜器是一种结构紧凑、实用的卷膜工具，成本低、使用方便，能够一次性将塑料薄膜大面积卷起或放下。但因为它为塑料制品，又安放在室外，所以使用时不得用金属物敲打，更不可将其从高处突然坠下。同时要注意防酸、防碱，不必用油类物质进行保养或润滑，这样会适得其反(因油类物质属碱性，会腐蚀塑料)。

五、钢管装配式大棚的维护

钢管装配式大棚是一种较先进的栽培设施，在使用中往往处在一些恶劣的环境下，因此要按使用说明书的要求正确使用和维护，并与栽培管理紧密结合，以延长使用年限。钢管装配式大棚的维护主要从以下几方面进行。

(一)主体及构件的维护

1. 对零部件和膜的维护

钢管装配式大棚骨架的零部件是经过热镀锌防锈处理的，抗腐蚀性强。如发现零件表面泛出白点属正常情况，不必除去。如表面出现锈蚀，应及时修复，小件可换下来重新镀锌，大件可除去锈后涂防锈漆保护，如情况严重时应找厂家修复；经常观察各种专用卡具，如有损坏、丢失，要及时购买更换。

2. 通风换气时维护

在正常使用下，应根据栽培作物的要求和气候变化情况，盖好或卷起薄膜，一是可以适当调节棚内气温，二是通过通风换气减少棚内湿度。春秋季节，为保证棚内温度，卷膜通风应在中午和下午气温较高的时段进行。另外，应观察天气变化，注意天气预报，遇风雪天气要先对大棚全面检查，楔紧各连接件，放下卷起的薄膜，特别注意棚头接头处的膜要卡紧。压紧压膜线。

(二)灾害天气下的大棚维护

在利用塑料大棚进行生产的过程中，遇到各种灾害性天气几乎是不可避免的。因此，要认识各种灾害性天气的特点，因地制宜地采取有效防护措施，树立预防为主、积极抗灾护棚的思想，这是生产管理不可缺少的环节。

1. 风灾

钢管装配式大棚的防风措施主要是绷紧棚膜，四周薄膜埋入土内。要特别注意，各部位的薄膜不应有破裂，即使是很小的孔也应消除，否则将被大风撕裂将导致大的裂口，一旦大风进入棚内，大棚有被全部拔起的可能。因此，所有的压膜线都要压紧，必要时适当增加压膜线。

当预报的风力大于棚的设计抗风能力时，应及时设置防风屏障，减少棚的荷载；或在棚的四角及中部每隔一段距离拴拉索固定于地下，用以加固；当棚内无作物或价值不大时，可事先除去薄膜。

2. 雨灾

暴雨能在短时间内倾注大量雨水，对单栋棚，应在得到预报后，迅速检查棚顶和各处薄膜，使其绷紧并拉紧压膜线，使雨水能顺利下滑，不使棚顶兜水。如出现兜水现象，最好及时修理或把膜重新安装好，如一时不便修理，可用平滑的物件从里面托起排水，切不可从棚内用竹竿去顶，因为这样不仅不能排除积水，且易将薄膜捅破。在暴雨时应有值班人员来回巡视，疏通水道，防止形成积水或冲坏基础。

3. 雪灾

大雪覆盖使棚架承受很大的压力，如遇大风，棚顶单面积雪更为危险。在大雪天气时应有值班人员来回巡视，适时组织人员清理棚体积雪，不断清除棚根积雪。如果棚体上积雪较厚，要注意从两侧同时清除，避免造成单面受力而使棚体被压塌。对于南方地区的雨夹雪，更应注意清除，因为这类雨夹雪的密度比雪大，下滑能力差，破坏力较大。

4. 雹灾

大的冰雹能击穿薄膜、击毁作物，对塑料大棚生产是极为不利的，而一般情况下，塑料大棚对此是无法进行防范的。如果预报确切，冰雹不是很大时，事先可在棚顶覆盖草苫、麻袋等物，可以减少损失。

(三)建造材料的检验与维护

1. 拱杆的修复

各型号大棚骨架的拱杆都有一定的弧度，以此构成棚型。由于运输过程中的挤压，或在使用中的受力，可能会造成变形，使各拱杆弧度不一致。因此，在安装前或在使用中发现此类问题，要进行检验和校正。

检验拱杆时，可以把一套中大多数一致的拱杆作为标准，从中选出一根为样板。将变形的拱杆与样板拱杆重叠比较，并扳正修复。

拱杆的局部扭曲，应该用木槌或方木棍矫正；圆弧变形的拱杆，应该在两根固定的距离适当的圆管或圆木间别住矫正。

2. 卡槽接片的修复

由于零件堆压等，造成卡槽接片角度的改变，会影响安装使用。当卡槽接片插不进卡槽时，可将卡槽的两端点用木槌敲击，使卡槽接片能顺利插入卡槽。当卡槽接片插入过松以至于不能有效连接两段卡槽时，可将卡槽接片两端点用钳子扳开一点，使其卡入后有一定的紧度，不致自动脱出即可。

3. 左右平行卡的修复

左右平行卡在安装前应配对检验使用，其长短应一致，安装时楔形卡子楔入时要有一定的紧度，否则应予修复。左右平行卡伸长后安装不紧，可以立起来敲击端面；过短会安不上，可平放敲击弯曲顶点。要注意任何修复工作都不要破坏两端的钩形。

4. 其他零件的修复

骨架中其他零件结构都不复杂，一般专用卡具轻微变形、起毛刺、压扁等影响安装使用时，可对照正确的零件校正。小型零件锈蚀时，可用备件换下来重新镀锌。

自测训练

一、填空题

1. 根据棚顶造型分类，可将大棚分为 8 种类型，有________、________、________、________、充气型、拱圆连栋型、三角连栋型和单坡连栋型。

2. 根据大棚骨架结构分类，可划分为________、________、________和特殊结构大棚。

3. 塑料大棚的棚型是由________、________和________等数据的相互关系决定的。

4. 既有理论基础，又有实践基础的棚型有________、________和________三种。

5. 大棚的骨架由________、________、________、________等部件组成，俗称“三杆一柱”。

6. GP 系列大棚管与管的连接主要有 4 种方式，分别是________、________、________、________。

7. 从实验得知，南北走向的塑料大棚透光量比东西向的________，光照分布也较________。

8. 粘接薄膜有________和________法两种。

9. 风速加大时，棚外靠近薄膜处空气的压强________，而棚内压强________，于是出现了棚内外压强差。

10. 钢管装配式大棚均采用内外壁热浸镀锌的碳锌钢管作为主体构件材料。整体骨架由________、________、________等三种主要零件和专用连接卡具构成。

二、判断题

1. 在大棚结构设计时，应满足风荷载大于当地 20 年一遇风压要求，以保证大棚结构的稳定性。（　　）

2. 三圆复合拱型与流线调整型相比，给棚两侧创造了更为宽松的作业空间。（　　）

3. 大棚的长度一般以 70～90 m 较合适。（　　）

4. 集中连片建造大棚，又是单栋式结构时，两棚之间要保持 2 m 以上距离，前后两排间距离要保持 4 m 以上。（　　）

5. 为了尽可能地增加太阳光的辐射，一般最好采用东西方向建造大棚。（　　）

6. 大棚的通风，主要能调节棚内气体成分和调整温度、湿度，大棚宽度在 10 m 以上时多采用 2 道通风口。（　　）

7. 支柱的下部为入土部分，为了防止腐烂，可涂刷沥青进行防腐处理，对于带皮的木杆，涂刷沥青之前，皮不需要剥掉。（　　）

8. 在大棚的四周的边缘掘好 15～20 cm 深的压膜沟，掘出的土要放在外侧，待扣膜时再回填沟内。（　　）

9. 跨度较大的钢筋结构大棚采用桁架式。（　　）

三、选择题

1. 高跨比高于（　　）时，棚面过陡而使风荷载增大，影响大棚的稳定性。

A. 0.3　　B. 0.2　　C. 0.4　　D. 0.1

2. 流线型大棚的高跨比为（　　）比较适宜。

A. 0.2～0.25　　B. 0.15～0.2　　C. 0.25～0.3　　D. 0.3～0.35

3. 无柱大棚的长跨比应等于或大于（　　），大棚比较稳固。

A. 3　　B. 4　　C. 5　　D. 6

4. 如积雪达 30 cm 时，雪荷载则要求达到（　　）N/m^2。

A. 100～155　　B. 150～190　　C. 160～225　　D. 200～225

5. 为避免棚顶变形损坏，大棚如需加大跨度，必须焊接（　　）的桁架。

A. 四边形　　B. 三角形　　C. 平行　　D. 垂直

6. 缩头棚靠近两端 4～5 行的立柱要依次降低（　　）cm。

A. 5～6　　B. 5～10　　C. 15～20　　D. 20～30

7. 镀锌钢管装配式大棚管与管的连接主要有（　　）种方式。

A. 5　　B. 4　　C. 3　　D. 2

8. 棚体薄膜的宽度每边应多出(　　)m,以便装卷膜机。

A. 0.2～0.4　　B. 0.1～0.2　　C. 0.1～0.3　　D. 0.4～0.5

9. 粘膜法的薄膜接缝仅有(　　)cm 左右宽,因此有利于增强温室的光照。

A. 10　　B. 15　　C. 5　　D. 20

10. 预制弯曲形水泥柱时,其柱内横剖面上钢筋应呈(　　)排列,以使水泥柱上弯曲部位能承受较大压力。

A. 五边形　　B. 菱形　　C. 正方形　　D. 三角形

四、名词解释

1. 高跨比　2. 塑料棚　3. 多拱式塑料大棚　4. 棚型　5. 流线调整型　6. 拱间距。

五、简答题

1. 大棚的长跨比与大棚的稳固性之间有什么关系?

2. 大棚建造时采取哪种方位比较合理?

3. 镀锌钢管装配式大棚棚头的安装有哪些要求?

4. 镀锌钢管装配式大棚的特点有哪些?

5. 如何对零部件和棚膜进行维护?

六、综合题

若建造一个大棚,其跨度为 10 m、矢高为 2.5 m,请你选择一个合理棚型,并画出草图。

技能训练　棚膜的粘接

一、技能操作目标

根据大棚的实际规格计算出塑料薄膜的用量,并且能够运用工具完成棚膜的粘接任务。

二、材料及场地

1. 材料

塑料薄膜、皮尺、钢卷尺、木架、可调温电熨斗、导线、插座、硫酸纸、牛皮纸等。

2. 场地

室内、室外均可。

三、技能操作与方法

1. 计算棚膜用量

(1)对大棚骨架进行测量,测量的内容主要有长度、跨度、棚高、拱杆长、大棚表面纵长等。

(2)根据前面测量出的大棚骨架的长度和宽度,计算出能够完全覆盖大棚表面的棚膜的长和宽,再将扣大棚时四周埋入土中的部分算在内,计算出实际需要棚膜的长和宽。根据所使用塑料膜单位面积的质量,计算出所要扣的大棚需要多少棚膜。

2. 棚膜的剪裁与焊接。

(1)棚膜的剪裁。

①根据测量与计算，确定应裁棚膜的长度。要根据热胀冷缩、不同薄膜的延展性来考虑棚膜的剪裁长度，实际剪裁长度一般比计算结果长些。

②根据前面的测量与计算确定所需棚膜的宽度，再根据薄膜的宽度来确定应剪裁几幅等长的薄膜进行粘接。

③根据所需的尺寸，在准确测量的基础上，剪裁薄膜。

(2)棚膜的焊接。

把电熨斗通电加热，一般粘接聚乙烯薄膜不低于 110 ℃，聚氯乙烯薄膜不低于 130 ℃。先用电熨斗在木架上空走一遍，使木架充分预热。然后将要粘在一起的两块薄膜的两个边重叠置于木架上。把事先准备好的纸条铺在重合的薄膜上，手持加热好的电熨斗，平稳、匀速地在铺好的纸条上从木架一端移向另一端。熨烫后，将纸条揭起，如果粘接的部分略有变色，而且气泡分布均匀，说明粘接好了。如此一段接一段地重复，就将两幅薄膜粘接到了一起。

项目四　日光温室的建造与维护

项目导读

日光温室是节能日光温室的简称，又称暖棚，由两侧山墙、后墙体、支撑骨架及覆盖材料组成，是我国北方地区的一种温室类型，是一种在室内不加热的温室，通过后墙体对太阳能的吸收实现蓄放热，维持室内一定的温度水平，以满足蔬菜作物生长的需要，是我国独有的设施。日光温室产业作为我国设施农业产业中的主体，近20年来已成为农业种植中效益最高的产业。

知识目标

1. 了解日光温室的类型及基本结构。
2. 熟悉屋面采光角、后屋面仰角及高跨比的设计依据。
3. 了解日光温室骨架材料及覆盖材料的种类及性能。
4. 了解日光温室日常使用的注意事项和维护方法。

能力目标

1. 能熟练识读工程施工图。
2. 能完成日光温室的放线测量工作。
3. 参与日光温室的建设。
4. 掌握日光温室的建造及维护方法。

素质目标

1. 弘扬工匠精神、树立职业理想。
2. 培养团队合作和承受挫折的能力。

任务一　温室的认知

✓ 任务目标

1. 了解温室的概念。
2. 熟悉温室的主要类型。
3. 明确温室的性能和应用。

✓ 知识与技能

虽然我国温室栽培历史悠久，但到20世纪60年代，我国的温室产业始终徘徊在小规模、低水平、发展速度缓慢的状态；70年代初期地膜覆盖技术引入我国，其能对保温、保湿起到一定的作用；随着经济的发展和科技的进步，70～80年代，我国出现了日光温室，我国温室产业也开始驶入快车道，随后连栋温室、智能温室、植物工厂、低碳物联网温室、智慧菜园等方面不断有新的技术突破。由于各地区生产状况、经济条件和应用目的等差异，至今各阶段不同类型的温室依然并存。

温室(greenhouse)又称暖房,是以采光覆盖材料作为全部或部分围护结构材料,并附有环境调控设备,具有透光、保温(或加温)、降温等环境调节功能,用来栽培植物的建筑设施。

一、温室的主要类型

(一)根据温室的屋顶形状分类

1. 单屋面温室

这是温室中数量最多的一种,在园艺栽培中最为常用。单屋面温室主要由墙体、前屋面(透明屋面)、后屋面(也叫后阴坡或不透明屋面)、保温覆盖物及加温设备等组成,高寒地区多数还在温室墙体的四周设置防寒沟。

微课　温室

2. 双屋面温室

通常是南北延长,屋顶有 2 个长度相等的采光屋面。倾斜角一般为 28°～35°,跨度 8～10 m。

3. 连栋温室

连栋温室是温室的一种升级形式,其实就是一种超级大温室,即用科学的手段、合理的设计、优秀的材料将原有的独立单间模式温室连接起来。

(二)根据温室的建筑建材分类

1. 土筑结构温室

后墙全部为土堆砌,前屋面有竹木,也有钢结构,温室部分下卧或不下卧。

2. 钢架结构温室

砖混后墙+苯板保温(内夹、外挂),前屋面为钢架结构。

3. 异质复合体温室

后墙为钢结构+苯板+水泥抹灰或者发泡浇筑,前屋面为钢结构。

4. 改良型双拱结构温室

前屋面为双层拱架、后墙形式多样。

5. 太阳能一体化日光温室

全钢架温室,前屋面双拱、双膜、双层防寒被,墙体为多层复合式,最外层为大理石型烤漆彩钢,里层依次为苯板复合保温层、聚氨酯喷涂层、相变蓄能层。

(三)根据透明覆盖物材料分类

(1)玻璃温室。

(2)塑料薄膜温室。

(3)PC 板(阳光板)温室。

(4)玻璃-PC 板混合温室。

(5)塑料薄膜-PC 板温室。

(四)根据温室热量来源分类

1. 加温温室

温室具有加温设备,加温的形式有热水管道加温、热风加温、电热加温等。

2. 日光温室

日光温室是指无人工加温设备,靠太阳辐射为热源的温室。

二、温室的性能与应用

(一)温室的性能

采光、蓄热、保温等性能好;作业空间大;环境条件控制能力强,受外界影响小。

(二)温室的应用

温室的应用范围广,主要用于种植业,以蔬菜生产为主,也可用于花卉、果树、食用菌等经济作物的生产。

温室在解决蔬菜供应、增加农民收入、促进农业产业结构调整等方面发挥着重要作用,具有广阔的市场空间与发展前景。

任务二　日光温室的设计

✓ 任务目标

1. 了解日光温室的概念。
2. 熟悉日光温室的基本结构、型号和规格。
3. 掌握日光温室的设计要求和方法。

✓ 知识与技能

日光温室是指以日光为主要能量来源的温室,一般由透光前坡、外保温帘(被)、后坡、山墙和操作间组成。基本朝向为坐北朝南,东西向延伸。围护结构具有保温和蓄热的双重功能。适合于冬季寒冷,但光照充足地区反季节种植蔬菜、花卉和瓜果。

一、日光温室的基本结构、型号和规格

(一)基本结构

所谓基本结构,是指组成日光温室本身必不可少的、在施工中一次完成的部分,主要有承重骨架、墙体、基础、后坡、防寒沟、门窗、覆盖薄膜、作业间等。

(二)日光温室的型号

日光温室型号按以下规定编制(JB/T 10286—2013):

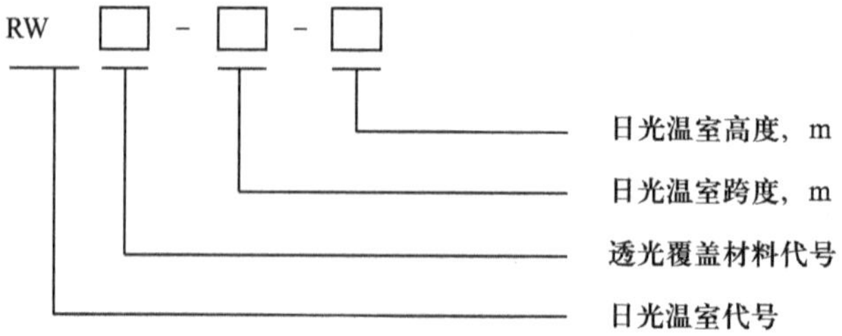

透光覆盖材料代号:S 为塑料薄膜,B 为板材,G 为玻璃。例如,RWS-7-3,表示日光温室透光覆盖材料是塑料薄膜,跨度 7 m,高度 3 m。

(三)日光温室的规格

按跨度 B、高度 H 组成标准型日光温室规格,见表 4-1。

表 4-1 日光温室规格

跨度 B/m	高度 H/m					
	2.6	2.8	3.0	3.2	3.4	3.6
6.0	○	○	○			
6.5	○	○	○			
7.0		○	○	○		
7.5			○	○		
8.0			○	○	○	
8.5				○	○	○
9.0					○	○
9.5					○	○

二、日光温室的设计

(一)温室设计的原则及要求

1. 光照要求

温室与普通房屋的最大区别是它的围护结构的相当一部分或全部由透光材料所覆盖,从而给作物的光合作用提供必要的光照强度,同时把射进温室的短波辐射转变为长波辐射,长波辐射不易透过围护结构,因而这部分热能积存在温室里,以提高室内气温和地温,这就是通常所说的"温室效应"。设计温室时要根据使用条件、不同作物对光照的不同要求综合加以考虑。

2. 保温要求

越冬生产的温室,其保温性能是关系运行成本和环境保护的重要指标。温室保温性能的好坏与围护结构的设计关系密切,温室围护结构要有足够的储热能力。总之,设计温室时应尽量减少夜间室内的热量通过围护结构向外散失。

3. 内部空间要求

随着农业科技的进步,新品种的不断引进,如无限生长型的番茄、甜椒等,这些植株要求较大的空间。采用盆栽等立体栽培时,也要求较大的空间,设计时应充分注意。

4. 抵御灾害性天气的要求

在多雪、多雨、多风及风大地区设计温室时,对承重结构的承载能力及对覆盖物的紧固措施都要充分考虑,以保证温室在其使用期内不遭受大的破坏。

5. 环境调控及减轻劳动强度方面的要求

设计温室时要同时考虑环境调控方面的要求,如加温方式及设备、降温方式及设备、灌溉施肥方式及设备、加湿或除湿方法等。为减轻劳动强度,提高劳动生产率,还要考虑设置一些附属设施,如机械卷帘设备及外覆盖保温被、施肥装置、内部的天幕、环境监控装置等。

(二)日光温室的平面、立面、剖面设计

1. 日光温室的平面设计

设计温室时,一般都先画出平面图,如图 4-1A 所示。它的作用是使人对房屋的平面布局、各部分的功能及尺寸等有基本的了解,并在平面图上画出剖面图的剖切位置,平面图上还

应将真北(即真子午线在该点的切线北方向)的方向用指北针表示。对于日光温室,还应在平面图上用文字说明该温室的具体方位。定位轴线沿纵、横两个方向布置。尺寸标注一般有3层:最外层标明建筑物的总长、总宽,中间一层是各定位轴线间的距离,最里面的一层是门、窗的平面位置及宽度。根据需要还可标出其他尺寸,如墙的厚度、变形墙的位置及地面的标高。

2. 日光温室的立面设计

温室的立面图表示温室的外部形象,分为正立面(南立面)、背立面(北立面)和侧立面(东立面、西立面)。立面图上应画出必要的定位轴线,注明各部分的标高,如屋顶、门、窗的上标高,窗的下标高及地面标高等,不必注明各部分的水平距离,还应注明外墙面、屋面、墙脚等的材料、做法及颜色。

3. 日光温室的剖面设计

日光温室剖面图表示温室在垂直方向上各部分的组合关系,如图4-1B所示,应能反映出必要的标高,如屋顶、门窗洞口及室内、室外地坪等,被剖切到的实体结构(如屋面板、门面过梁等)应涂黑。为了简明清晰,有些构造做法可引用标准图,或用文字说明。有时为了不使剖面图过大,可在需要给出详细做法的部位采用索引的办法局部放大。

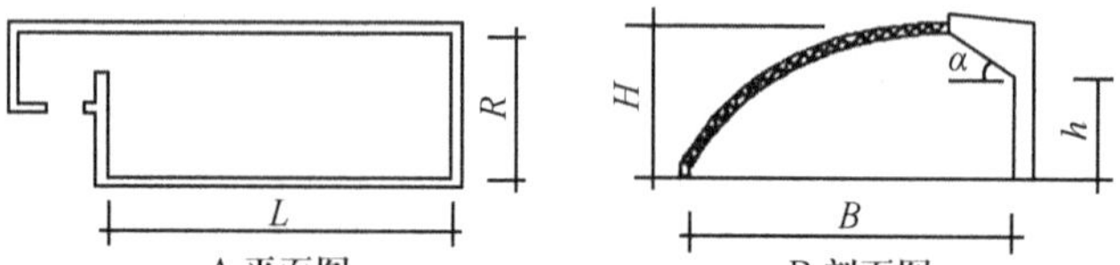

图4-1 日光温室几何尺寸定义

(三)日光温室的建筑与结构设计

1. 总体结构尺寸设计

(1)日光温室的面积为333~667 m^2。

(2)跨度和高度。

跨度:日光温室后墙内侧至前屋面骨架基础内侧的距离,以字母 B 表示。

日光温室根据种植的作物及栽培方式选择不同的跨度。种植果菜、果树等高棵作物以及多层立体栽培或盆栽时均宜选择较大的跨度。跨度的增加也不是无限度的,随着跨度的增大,相应的脊高、后墙高增加,造成建筑材料用量增加,同时,骨架的受荷面积增加,因此带来北墙底部的厚度增加或需提高砌筑砂浆的强度等级等问题。

日光温室适宜跨度为6~9 m,南方地区取值大些,北方地区取值小些(表4-2)。

表4-2 不同纬度地区日光温室的适宜跨度 m

北纬	35°以南	35°~40°	40°以北
跨度	8~9	7~8	6~7

高度:日光温室基准地面至屋脊骨架上侧的距离,以字母 H 表示。

(3)温室长度。由温室面积和跨度确定温室长度,一般认为,温室长度以60 m左右为宜。随着温室配套设施的完善,操作管理不断简化、劳动强度不断降低,也有按栽培面积667 m^2 来设计温室的,其长度较长,作为生产温室也比较适宜。总之,若长度过小,则两端山墙遮阳面积相对较大，影响产量，单位面积造价增加；若长度过大则管理不便。

(4)后屋面水平投影长度。日光温室后屋面水平投影长度 b 随跨度 B 不同而不同，参考表 4-3 确定。

表 4-3　日光温室跨度与后屋面水平投影长度　　m

跨度	水平投影长度	跨度	水平投影长度
6.0	1.4	8.0	1.8
6.5	1.5	8.5	1.9
7.0	1.6	9.0	2.0
7.5	1.7		

(5)拱架间距。拱架间距通常依据拱杆强度、覆盖材料性能及当地风雪荷载情况确定，一般拱架间距为 0.9～1.5 m。

(6)后墙高度。日光温室的后坡内表面和后墙内表面的交线与温室内地平面之间的距离称为后墙高度，用 h 表示。

确定的后墙高度应便于人员行走。有一定的蓄热面积(体积)并参照后坡仰角来确定，一般不宜小于 1.8 m(指骨架后支座处的高度)。温室跨度较小时，后墙高度可适当降低，但也不宜小于 1.5 m，否则人员行走不便，日光温室的后墙高度一般为 1.5～2.1 m。

(7)地坪高程。北纬 45°以南地区将温室内外定为相同高程；在北纬 45°以北地区将温室内地坪降低 0.3～0.5 m。

(8)前屋面弦高比。推荐日光温室前屋面弦高比为(9∶1)～(8∶1)。

2. 结构形式设计

(1)前屋面形状。前屋面形状有立坡式、二折式、三折式及拱圆式，如抛物线、摆线、圆弧等形状(图 4-2 至图 4-4)。

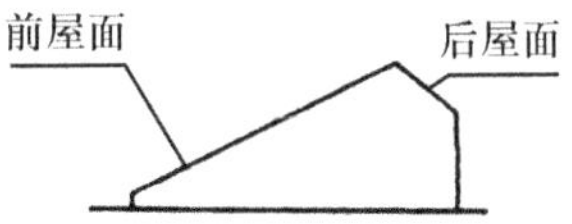

图 4-2　立坡式前屋面

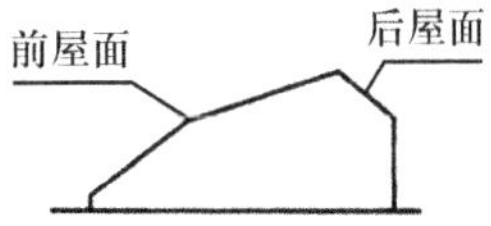

图 4-3　二折式前屋面

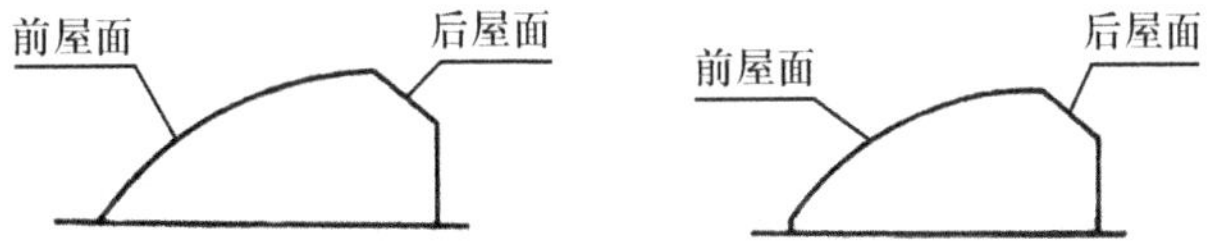

图 4-4　拱圆式前屋面

(2)后屋面形状。后屋面采用平面形或稍微起拱即可。

(3)骨架结构。骨架是前、后屋面及装在上面的设备的承载体。骨架由拱架、纵梁及连接件等组成。骨架结构有竹木结构和钢结构的，钢结构骨架在现代日光温室建造中应用较多。下面简单介绍日光温室钢骨架结构的几种形式(图 4-5 至图 4-7)。

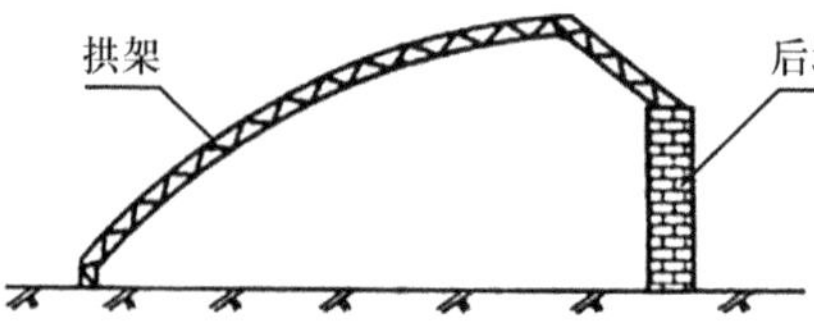

图 4-5 全钢拱架结构

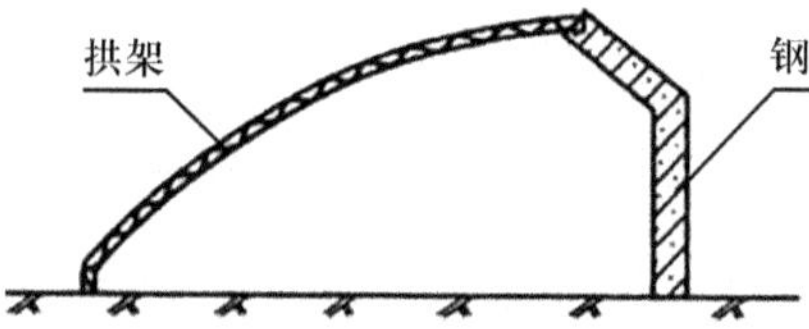

图 4-6 钢-钢筋混凝土结构

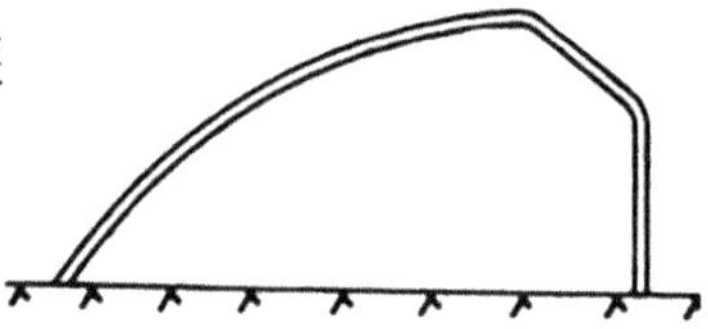

图 4-7 全钢拱架立柱结构

①全钢拱架结构 前屋面和后屋面承重骨架做成整体式拱架,后檐架于墙体上。

②钢-钢筋混凝土结构 用一根钢筋混凝土弯柱直立于地面基础之上,形成墙体内立柱和后屋面拱架,前屋面拱架与后屋面拱架搭接于屋脊处。

③全钢拱架立柱结构 全钢拱架后檐垂直向下延伸至地面基础,成为整体拱架立柱结构。

(四)日光温室的采光设计

日光不仅是日光温室的主要热源,也是绿色植物进行光合作用的必备条件,温室必须保证植物受到合理的光照。因此在设计温室时,应首先解决温室采光问题,特别是太阳辐射强度较低的季节,应让尽可能多的阳光透射到温室中来。

1. 影响温室采光的因素

影响温室采光的因素很多,大体上可分为客观因素和主观因素。

(1)客观因素。包括温室所处的地理纬度、海拔高度、季节变化和天气状况等。通常随着地理纬度的增加,到达地球表面的太阳辐射强度越来越低,并随着季节的变化而呈周期性变化:冬至—春分—夏至逐渐增强,夏至—秋分—冬至逐渐减弱。日光温室生产的关键时期是冬至前后,这正是太阳高度角最低、光照最弱、日照时间最短的时期。同纬度地区海拔高度越高则光照越强。此外,大气透射性越高,则地面受到的太阳辐射强度越高;如果大气中含水量高、密度大,则地面辐射强度低;晴天时高,阴、雨、雪、雾天气时低。

(2)主观因素。在温室规划设计中应该考虑的因素,如日光温室的几何参数、采光面形状、承重骨架对光线的遮挡程度、前屋面覆盖薄膜的透光率等,都会影响日光温室的采光性能。在管理上是否适时揭放外保温覆盖物以及卷放的速度也直接影响温室的采光。以上因素可以通过科学的规划、设计来控制。

2. 日光温室采光设计要点

(1)温室的方位设计。就日光温室而言,温室的方位是指其延长方向的法线与正南方向的夹角。日光温室一般坐北朝南、东西延长。在纬度较高的寒冷地区,日光温室方位以偏西为好,这样可以延长午后的日照时间,有利于夜间保温;在纬度较低的地方,可以采用正南或偏东的方位。但不论偏东还是偏西,均以 5°为宜,不应超过 10°。此处的南、北指的是真南、真北,即真子午线所示的南、北,而不是磁子午线所指的磁南、磁北。

（2）日光温室间的距离设计。如图4-8所示，可用下式计算前后两栋日光温室间的距离

$$D=\frac{h_{max}}{\tan\theta}-L+r$$

式中：

D——前后两栋日光温室间的距离，m；

h_{max}——温室屋脊高度（包含保温被卷部分），m；

$\tan\theta$——当地冬至正午太阳高度角的正切值；

L——温室最高点向下垂直地面点到后墙外侧的距离，m；

r——修正值，避免或减少前栋温室的影响，取1 m。

以哈尔滨为例，查$\theta=20°53'$，取$h_{max}=3$ m，则$D+L\geqslant3.0/\tan20°53'=7.85$ m，扣除后坡水平投影长度和后墙厚度（D）约1.85 m，再加1 m，温室间距为7 m左右。

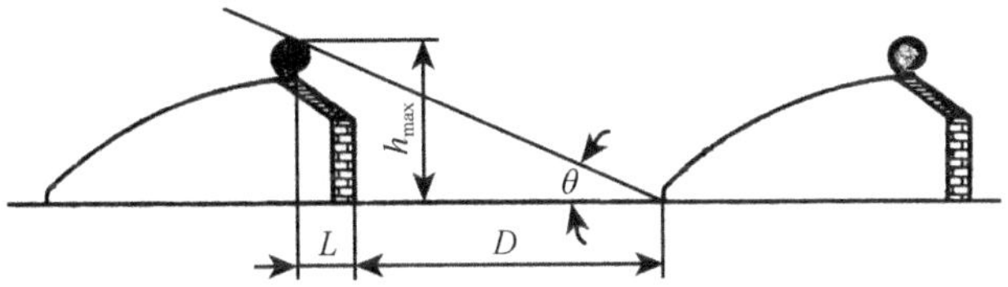

图4-8　前后两栋日光温室间的距离

（3）屋面采光角的设计。屋面采光角指日光温室横截面上采光屋面与地面的交点与屋脊的连线和地平面的夹角，以α_F表示。《日光温室技术条件》（JB/T 10286—2013）中规定日光温室的跨度B、高度H与前屋面角α_F的对应关系如表4-4所示。

表4-4　日光温室的跨度、高度与前屋面角的对应关系

跨度/m	高度/m					
	2.6	2.8	3.0	3.2	3.4	3.6
6.0	29°29′	31°20′	33°07′	34°49′	36°28′	38°03′
6.5	27°28′	29°15′	30°58′	32°37′	24°13′	35°45′
7.0	25°43′	27°24′	29°03′	30°39′	32°12′	33°41′
7.5	24°09′	25°46′	27°21′	28°53′	30°23′	31°50′
8.0	22°45′	24°18′	25°49′	27°18′	28°44′	30°08′
8.5	21°30′	22°59′	24°27′	25°52′	27°15′	28°37′
9.0	20°23′	21°48′	23°12′	24°34′	25°54′	27°13′

（4）后坡仰角的设计。后坡仰角是日光温室后坡内表面与地平面之间的夹角，以α_R表示。

北墙高和（北坡）仰角有关，二者互相制约。当跨度、脊位比和脊高确定之后，后墙越高则后坡仰角越小。JB/T 10286—2013中规定后坡仰角应比当地冬至日正午的太阳高度角大5°～8°，这样才能使温室后坡成为暖后坡，冬季全室无光照死角。

(5)承重骨架的设计。应尽量采用室内无柱的轻型骨架作为日光温室的承重骨架，使其遮光的程度最低。例如，采用钢平面骨架比采用实心单一截面骨架能显著减少构件的截面积，从而大幅度减少骨架对光线的遮挡，而且前者的承载能力还远远高于后者。

(6)透光覆盖材料的设计。前坡的覆盖材料应选择透光率高、吸尘少、耐老化的材料，在使用中经常清洗，以保持较好的透光率。

①塑料薄膜(S)

单层塑料薄膜：厚度 0.08 mm 以上，透光率 90%以上，使用寿命 1 年以上。

单层无滴长寿塑料薄膜：厚度 0.1 mm 以上，透光率 90%以上，使用寿命 3 年以上。

双层膜层间充气：单层膜厚度 0.1 mm 以上，平均充气厚度 100 mm，透光率 90%以上，使用寿命 3 年以上。

②透光板材(B)

PC 板：又称聚碳酸酯板，有波浪板、双层中空板和三层中空板等样式，透光率应在 80%以上，使用寿命 10 年以上。

PE 板：用聚乙烯材料制成双层中空板，透光率应在 75%以上，使用寿命 6 年以上。

③平板玻璃(G)　日光温室用玻璃厚度为 3～5 mm，透光率 90%以上。平板玻璃怕锤击和剧烈震动，遇骤冷骤热易破碎。如没有外力作用，它的使用时间可能很久。

(五)日光温室的保温设计

温度是保证作物生长发育的最重要的环境因子，包括气温和地温。射进温室里的阳光转化为热量，提供作物生长所需的温度，白天从太阳辐射转化的热量远大于透过围护结构向外散失的热量，室温升高很快。夜间和阴天，转化的热量少并不断散失，造成室温下降至较低，因此加强保温设计，尽可能减少散热损失十分重要。

1. 日光温室围护结构的设计

日光温室围护结构是指把室内空间与室外空间分隔开来的结构，包括墙体、后坡和前坡。

(1)日光温室墙体的设计。墙体的作用除承重外，还兼蓄热、散热、保温的功能。温室后墙和两侧山墙的好坏，直接影响温室的总耗热量和能源消耗。常见的墙体种类有以下几种。

①带有空气间层的空心墙体　墙内侧采用 24 砖墙沙泥砌筑(内皮抹 20 mm 厚沙泥)，墙外侧采用 12 砖墙砂泥砌筑(外皮抹 20 mm 厚麦秸泥)，中间设 50～70 mm 厚空气间层，这样把热容量大的结构材料放在高温一侧(室内)，白天吸收太阳能，晚上释放给室内，可使温室内温度不致很快下降，对温室内的热稳定性有利。

②空心墙　在北纬 45°以北的寒冷地区，为了提高日光温室墙体的保温性能，墙体可以砌成空心墙。空心墙的砌筑方法是，首先砌筑日光温室墙体的外表部分，其厚度是 24 cm 或 37 cm，墙体中间部分留 12 cm 的空隙，墙体内部再砌筑 12 cm 的砖墙。砌筑这种墙体时，要将日光温室墙体的总长度分成几段来砌筑，每段分界位置砌筑一实体墙，也称为砖柱，以增加日光温室墙体的整体强度。为了使日光温室内墙壁和外墙壁连接牢固，在砌筑墙体时，水平方向每隔 1 m 左右在内、外两墙壁之间加砌几块连接砖，垂直方向每隔 4～5 层再砌一块连接砖。在两层墙体中间的空心部位，可以填充各种保温、绝热材料，如珍珠岩、木屑、炉渣、稻壳等材料。空心砖墙的砌筑断面，如图 4-9 所示。

③带有保温层的复合墙体　两侧采用一砖或半砖实心墙体，中间夹保温隔热材料。如果用苯板作保温材料，苯板的厚度可根据当地情况确定，一般为 50～200 mm 厚，如图 4-10 所示。

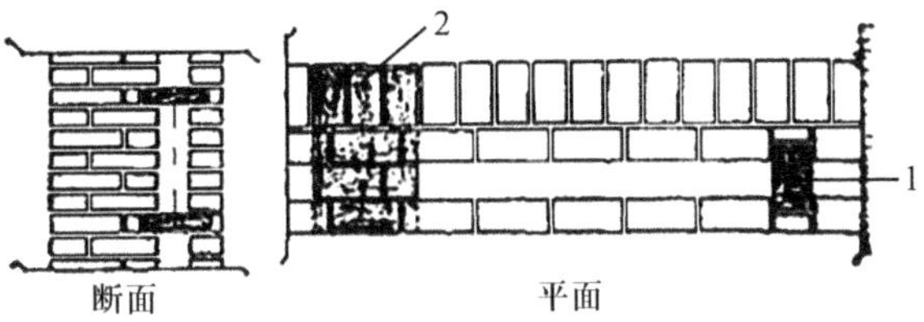

1. 连接砖　2. 砖柱

图 4-9　厚空心砖墙砌筑

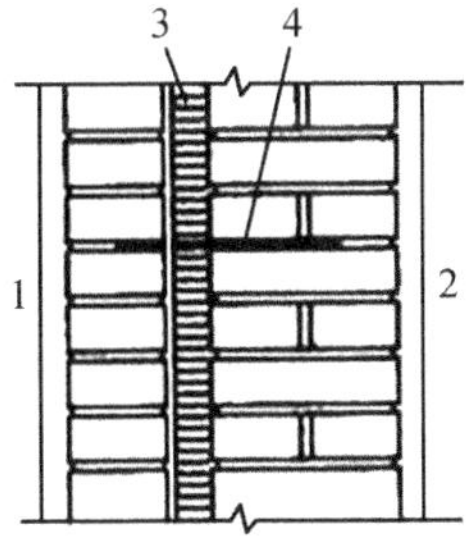

1. 外墙　2. 内墙　3. 拉筋　4. 保温层

图 4-10　日光温室复合墙体

④墙外侧培土　在高纬度地区，有的温室采用半地下式，这时可将挖出的土方堆在外墙后侧，堆土作为保温层，这样既保温，又不增加造价(图 4-11 至图 4-13)。

图 4-11　后墙内侧为石头、外侧为土

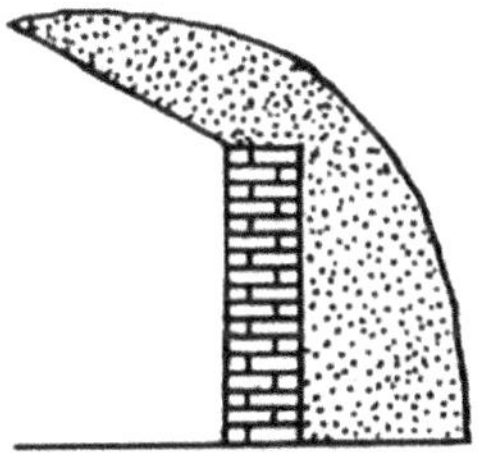

图 4-12　后墙内侧为砖体、外侧为土

图 4-13　砖体夹心墙

(2)日光温室后坡的设计。温室后坡保温的好坏也将影响温室的耗热量，通常也采用苯板作保温层，厚度由各地区自行确定。温室后坡的承重材料采用木板，主要是从减轻自重从而减轻对承重骨架的荷载并进而减小对北墙体的压力来考虑的。事实上，单从蓄热的角度看，采用钢筋混凝土薄板更好，但由于其自重大、造价高、施工不便而较少采用(图 4-14)。

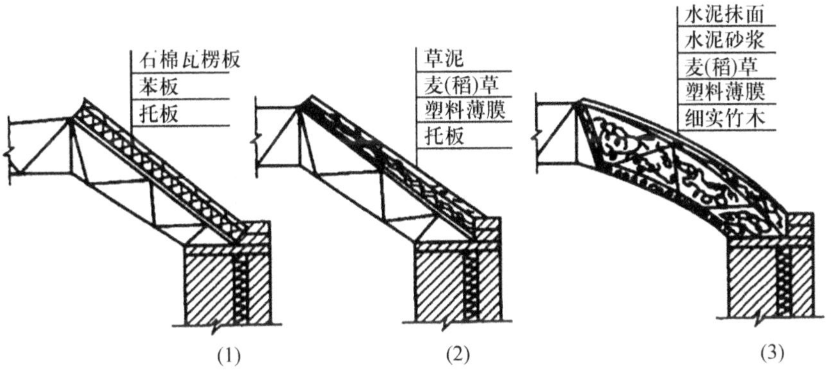

图 4-14　日光温室后坡设计

(3)日光温室前坡的设计。前坡除固定的透光材料覆盖外，为加强夜间保温，要加活动的外保温覆盖物，如草帘、纸被及各种保温被。由于前坡较薄，其保温性能只与热阻有关，因此，在可能的情况下，应尽量增加外保温覆盖物的热阻。

2. 防寒沟的设计

防寒沟在北纬 45°以北地区，由于室外气温低，冻土层深，为防止室内热量通过地面传至室外而影响温室地温，可在温室外面的四周设置防寒沟，以加强温室的保温性能。防寒沟在夏季还能起到隔热的作用。从理论上讲防寒沟的深度和宽度应不小于当地冻土层的深度和宽度。但由于在防寒沟内填充隔热或发热物质，故其深度和宽度可以减小。从实际使用效果以及经济水平和施工方便来考虑，防寒沟深 0.8 m、宽 0.3 m，内填隔热物即可。

3. 温室作业间的设计

作业间是管理人员休息、放置小型农具、生产资料，进行产品分级包装的场所。更主要的是通过作业间进出温室，可减少缝隙放热，有利于保温，所以作业间是不可缺少的辅助设备。作业间应设在日光温室的山墙外侧，以靠近道路的一侧为宜，以便于运输产品。作业间应在建造温室的同时建成，面积 20～30 m^2，跨度 5 m，长 4～6 m。在山墙外适当位置靠后建造。作业间通向温室的门应紧贴温室后墙。

在北方寒冷地区，作业间的外墙采用 37 cm 厚的黏土砖墙，如果采用钢筋混凝土屋面板作为门斗屋面，其设计尺寸应符合建筑设计模数，以便能选用合适的空心板型号。一般为 3 的倍数，如 3.0、3.3、3.6 等，或者是 4 的倍数，如 4.0、4.4、4.8 等。最小门斗尺寸为 3.0×2.7，一般为 3.0×3.6。

（六）日光温室的采暖设计

在我国北方地区，自深秋至春季，为了使园艺设施内的气温、地温保持在作物生长发育的适宜范围内，就必须进行补充加温，所以要进行采暖设计。日光温室的采暖主要采用集中供暖系统。集中供暖系统可分为热水和热风两种。

1. 热水供暖系统

热水供暖系统是用锅炉将锅炉内水加热，通过循环泵将锅炉加热的热水通过供热管道送到温室中，并均匀地分配给室内设置的散热器，通过散热器来加热室内的空气，提高温室的温度，冷却了的热水回到锅炉并重新被加热。

热水供暖系统运行稳定可靠，是目前最常用的采暖方式。其优点是温室内温度稳定、均匀、系统热惰性大、节能。缺点是系统复杂，设备多，造价高，设备一次性投资较大。

2. 热风供暖系统

通过燃烧不同的燃料（如油、天然气、煤等），释放出热量，经过换热器，将周围空气加热，再用送风机将热空气送到温室内。通常，燃烧油料或气体的燃烧器体积较小，与换热器、送风机、控制器等共同组成热风机，可安装在温室内。但是燃烧后的烟气多含有有害气体，需用烟道将其引向室外。燃煤的燃烧室体积较大，且有较高的烟囱，一般都安装在温室外。

（七）日光温室的基础设计

基础是温室的重要结构之一，它设置于地面以上，承受上部墙体传来的荷载并把它们传给地基。因此设计基础时，应保证基础和地面的承载力，并且不产生过大的变形。日光温室北墙较厚，为防止不均匀沉降，当地长超过 60 m 时，设一道变形缝。日光温室的基础多做成条形。用毛石或黏土砖砌筑，称为刚性基础。

影响基础埋深的因素很多，浅基础的设置应考虑以下几点：

(1)在满足地基稳定和变形要求的前提下，基础应尽量浅埋，但也不应太浅，因为地表土常受风化、侵蚀，并有植物根系及腐殖质，不宜用作天然地基。

(2)基础底面应位于冰冻线以下 50～60 mm,以免季节交替时冻融循环引起墙体沉降和倾斜。

(3)基础底面应在地下水位以上,如不能满足要求时,则基础底面应在最低地下水位以下 100～200 mm。

(4)基础顶面应在室外设计地面以下 250～200 mm,以保证基础不受外力的碰撞和大气的影响。

一般日光温室基础宽度:当墙厚为 600 mm 时,可采用宽 700 mm 的毛石基础或宽 620 mm 的砖基础(考虑模数);由于基础宽度不大,可不分阶,即做成一阶即可。值得注意的是,当地基条件不好时,或者基础所受的弯矩较大时,对基础要进行专门设计,以免造成基础倾斜、墙体破坏。

承重墙体的基础应为连续基础,骨架为钢-钢筋混凝土结构或全钢立柱结构时允许采用墩式基础。基础地面夯实,回填厚度为 200 mm 的干砂和三七灰土。基础埋置深度应符合 GB 50007—2011 的规定。

(八)温室通风设计

日光温室采用自然通风时有放风口和通风窗两种形式。冬季通风面积占覆盖面积的 3%～5%,春、夏、秋季通风面积占覆盖面积的 15%～25%。

1. 放风口

在温室的顶部或底部开放风口。放风口可采取手工开缝、卷膜开缝、装设放风口等适宜方式。

2. 通风窗

在仅用放风口不能满足作物正常生长要求时,可开通风窗,从北面进风,窗口尺寸在(300 mm×300 mm)～(600 mm×600 mm),应开在后墙上部。栽培区是否设北通风窗应因地制宜,严寒地区可不设,一般寒冷地区在北面设窗,间距 5～6 m 即可,冬季要严密封堵。一般用双层平开木窗,现在也有用塑钢窗的。

任务三　土木结构塑料薄膜日光温室的建造

✓ 任务目标

1. 了解日光温室的概念。
2. 熟悉日光温室的基本结构、型号和规格。
3. 掌握日光温室的设计要求和方法。

✓ 知识与技能

目前,我国北方地区土木结构温室仍占有一定比例,现将这一类型温室的建造做一介绍,其大致结构如图 4-15 所示。

一、施工前的准备

施工前主要进行材料的准备和加工,塑料薄膜的粘接等工作,土木结构温室所需材料见表 4-5。

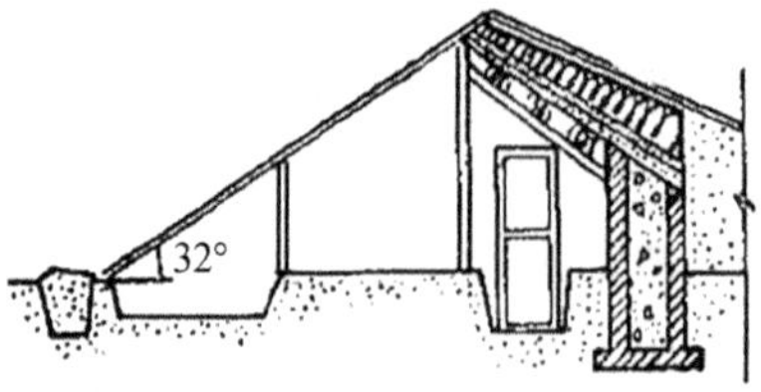

（1）一面坡式

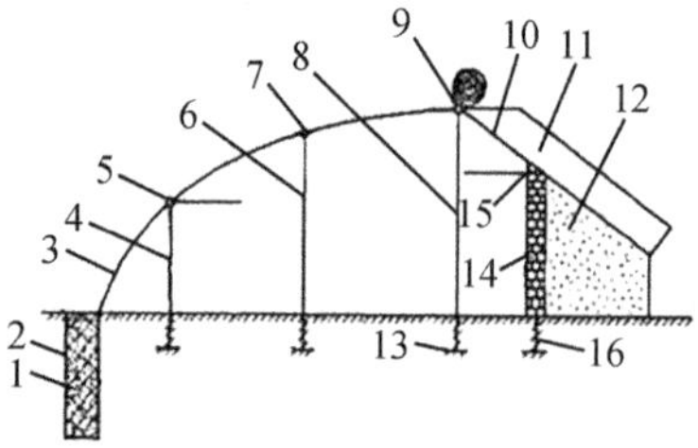

（2）半拱圆式

1. 防寒杂草 2. 塑料薄膜 3. 竹片 4. 前立柱 5. 前梁 6. 腰柱 7. 腰梁 8. 中柱 9. 中梁 10. 后坡檩木 11. 后坡覆盖材料 12. 防寒土 13. 柱基础 14. 砖墙 15. 后梁 16. 后立柱

图 4-15 土木结构日光温室剖面

表 4-5 5 m 宽土木结构日光温室所需材料

材料	单位	规格		66 m² 温室	100m² 温室	150m² 温室
		长/m	直径/cm	数量	数量	数量
檩子	根	6.5	12～15	15	22	33
立柱	根	3.5	20～25	15	22	33
立窗柱	根	0.7	20～25	12	18	26
立柱横担	根	3.2	20～25	12	18	26
后屋面板皮或架条	m^3	1.6		2	3	4.5
压杆	根	6.5	2～3	11	16	24
砖	块			200	280	420
圆钉	kg			1.5～2.5	2.5～3	3～4
铁丝	kg			1～1.5	1.5～2	2.3～3
绳子	根	1.4	1.5～2	14	21	32
草	捆		100～110	20	30	45
棚膜	kg		长寿膜	10～15	15～20	25～30
棉被或草苫	个	8		8	12	17
塑料绳	kg			1	1.5	2.3

二、场地定位及平整地面、测量放线

建造温室应在秋天封冻之前进行，根据建造面积，进行场地定位，平整地面，钉桩放线，确定出温室的后墙和两侧山墙的位置。

首先用罗盘仪测出磁子午线，再根据当地磁偏角调整并测出真子午线，然后测出垂直方向的东西延长线。

(一)日光温室方位的确定

通常用指南针测定的南北方向是地球的磁子午线。由于受地球两极磁场的影响,真子午线与磁子午线一般不能完全重合,而且随着位置不同(即不同的地区),二者之间的偏差也在变化,磁子午线与真子午线的夹角称为磁偏角。表 4-6 给出了我国北方地区主要城市的磁偏角,施工中可作参考。

表 4-6 我国北方地区主要城市的磁偏角

城市名称	磁偏角	城市名称	磁偏角
漠河	11°00′	徐州	4°27′
齐齐哈尔	9°54′	太原	4°11′
哈尔滨	9°39′	包头	4°03′
长春	8°53′	郑州	3°50′
满洲里	8°40′	许昌	3°40′
沈阳	7°44′	乌鲁木齐	2°44′
大连	6°35′	银川	2°35′
北京	5°30′	西安	2°29′
天津	5°50′	兰州	1°04′
济南	5°01′	西宁	1°22′
呼和浩特	4°36′	拉萨	0°21′

在没有仪器的情况下可用立杆法测出真子午线。在温室定位点(或周围其他地方)立一垂直于地面的木杆,于 10～14 时每 10 min 测一次木杆的影长和位置,其中木杆最短的阴影线便是当地的真子午线。再用"勾股弦"法做真子午线的垂直线,便是正东西方向线。所谓"勾股弦"法就是利用勾股定理做垂线。具体方法是用钢尺或测绳,在测绳上找出 3 点,由任意端点 O 开始,量 3 m 为 A 点,再量 4 m 为 B 点,最后量 5 m 为 C 点。测量时,将测绳 3 m 段 OA 与已知直线重合,并将测绳的 C 点与 O 点重合,捏住测绳上的 B 点朝已知直线(OA)的垂直方向走,直到将测绳的 AB 和 BC 两段都绷紧,以定位 B 点,此时的 AB 方向就是已知直线的垂线(图 4-16)。

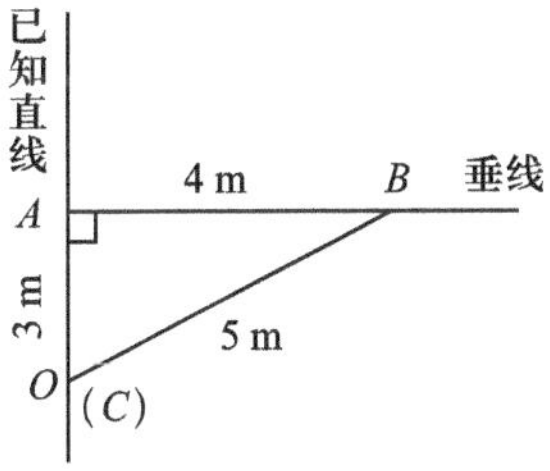

图 4-16 用"勾股弦"法做已知直线的垂线

如果温室施工图要求温室建设不是坐北朝南,而是偏东或偏西一定角度 α,则温室施工放线要在当地正南、正北方向的基础上首先找到 α 偏角的位置。

如图 4-17 所示,如果温室朝向偏 α 角,这可用三角函数计算测出温室偏 α 角的方向线,即先在真子午线上由测点 A 向南量出 L 长(如 10 m)的线段到 B,然后在 B 点处按公式 $L'=L\times\tan\alpha$ 算出对边长 L,再用"勾股弦"法由 B 点处向东做子午

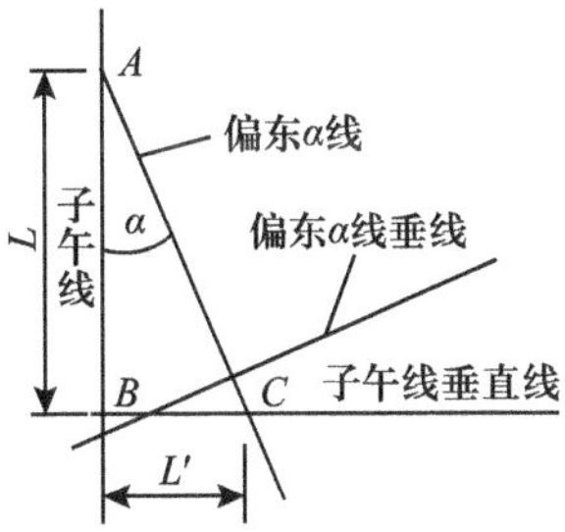

图 4-17 温室发生偏角时的放线方法

线的垂线，并量出 L 长的线段到 C 点，最后将 C 点与初测点 A 连线，这条线便是偏东 α 角的方向线，再用“勾股弦”法做偏东 α 线的垂线，便是温室的朝向方向线。

(二)场地定位及抄平

用水平测量仪或塑料软管盛水，定出基准高度，然后按一定间距打木桩，并测量出各木桩点的标准高度。根据各点地面的实际高度与标准高度的差异情况，抄平地面。抄平地面后，用测绳定出温室的四条边。温室的四角要成直角，可按“勾股定理”画出直角。定出四边后，用白灰画线。

三、竹木结构日光温室的施工

(一)墙体施工

土墙施工要于雨季后进行，雨季施工土墙不易干透，如果遭雨淋，容易倒墙。但打墙也不宜太晚，以免上木杆时墙土湿度较大，降低支持力和保温防寒能力，一般要求土墙施工后至扣膜前要有 20 d 以上的风干时间。先打后墙，再打东西山墙。

1. 墙基施工

按规定尺寸拉线作标界进行墙基施工，墙基要求打牢，土要打实、打硬。土质偏黏的地块，可把墙基整平后直接夯实，墙基宽要比墙体宽多 30 cm。土质黏性差的地块，要把地面下挖 15～20 cm 深，然后与石灰混合成灰土，再填入，整平夯实。需要建“隔潮墙”时，要先把地面下挖 15～20 cm 深，整平沟底并夯实后，再建墙，墙基要高出地面 30 cm 以上。

2. 墙体施工

土墙墙体要下宽上窄，呈梯形，如底宽 0.8～1 m，墙上部宽 0.5 m，墙高 1.5～2 m，这种墙牢固。打土墙墙体有翻板法和拉板法两种方法。

(1)翻板法。用四块活动墙板，每层墙用两块板，板两端固定在木梯(挡土、确定墙宽)与夹杆之间，打完一层墙后，再打上一层，并将第一层墙的墙板翻到第三层来用。四块墙板两两交替，直打到要求高度(图 4-18)。

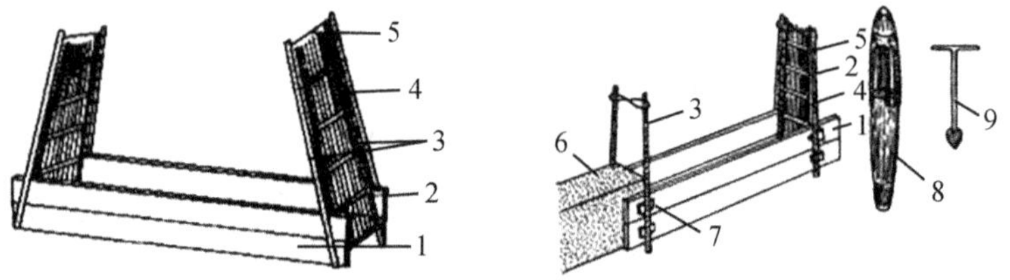

1. 墙板　2. 木梯　3. 夹杆　4. 秸秆或芦苇　5. 松紧绳(拉紧夹杆)
6. 土墙　7. 木楔　8. 夯　9. 芯子

图 4-18　翻板法打墙装置示意图

用该法打墙是把一道墙按木板长分为若干段来打，每次打一段墙，由于一段墙内的上下层墙间的施工间隔时间较短，上、下层墙土的连接较好，墙体牢固。另外，由于墙板两端固定在木梯和夹杆间，而木梯和夹杆位置固定不变，上层和下层墙间的衔接也较好，墙体表面平整。但由于翻板法采取分段打墙法，相邻两段墙间的衔接处留有接口。水平方向上的连接不紧密，整道墙的一体性较差，所以，整体的牢固性较差，易发生倒塌。

(2)拉板法。把两块墙板用木穿条和带有铁制锯齿的横杆连在一起,并通过调节木穿条和横杆的有效长度来调节两墙板的间距,如图 4-19 所示。打墙时,顺着墙的长度,一直向前打,墙板也随着进度向前拉,打墙要一层层打,直到所要求的高度。

拉板法打墙是把一道墙分成几层来打,每次打一层,所以每层墙的连接较好,墙体的东西一体性较强,墙体牢固。采用拉板法打墙最好是几组人同时打一道墙,并且要做好墙顶土的保湿工作。为了加固土墙或便于安放后屋架的柁木,还可在土墙内砌筑砖垛。

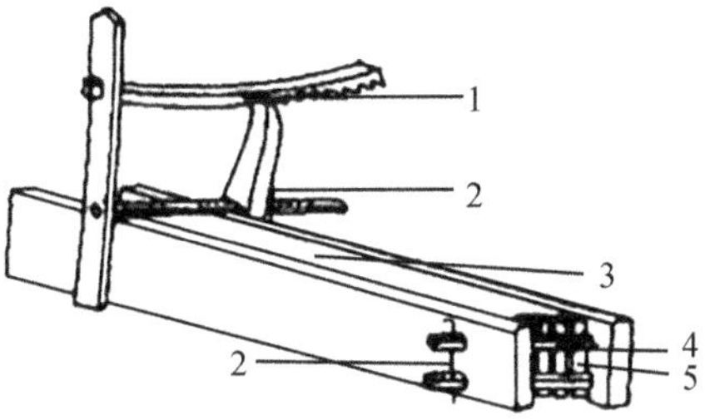

1. 横杆　2. 铁穿条　3. 墙板
4. 木穿条　5. 堵板

图 4-19　拉板法打墙装置

(3)筑土墙时的注意事项。

①墙土湿度要适宜　适宜的打墙用土应用手紧握成团,轻压又能散开。墙土太干,土粒松散,墙体不牢易倒塌;墙土太湿,则易粘墙板,造成墙面凸凹不平,降低施工质量,同时墙体风干后,易产生裂缝,不仅使墙体的抗压能力减弱,而且雨、雪水顺墙缝流入墙内时,裂缝四周的土吸水后膨胀,还易使墙体从裂缝处裂开,造成倒塌。因此,打墙过程中如遇雨,一定要用塑料薄膜防雨保护墙体,尤其要防止雨水从墙顶渗入墙内。

②打墙时如果土过干,可铲除上层干土,取下层湿土打墙,也可以提前几天引水把地面润湿;如果土过湿,要推迟施工日期。

③墙体要均匀夯实　墙体夯不实,墙土间的黏结力弱,容易掉墙皮。此外,墙土间隙较大、雨(雪)水容易渗入而发生裂墙。由于墙的中、下部所承受压力较大,所以中、下部一定要充分夯实、夯匀。通常打第一、二层墙时,要先填半满土,捣实夯匀后,再填满土并夯实、夯匀,以提高夯墙的质量。中、上部墙体的承受压力较小,为节省工时,可只夯不捣。但最上一层墙体要捣实夯紧,以避免雨(雪)水的渗入。

④墙体的上下层间和左右段间,要保持墙面在一个平面上。后墙长度要比温室长多 0.5 m,长出的部分要筑于西端,使后墙包住侧墙,避免西北风由后墙和西侧墙的接缝处透入温室内(图 4-20,图 4-21)。

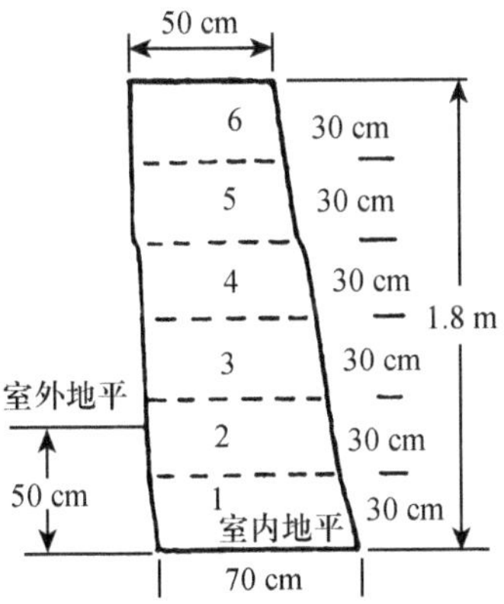

图 4-20　土墙厚度及分层夯实情况

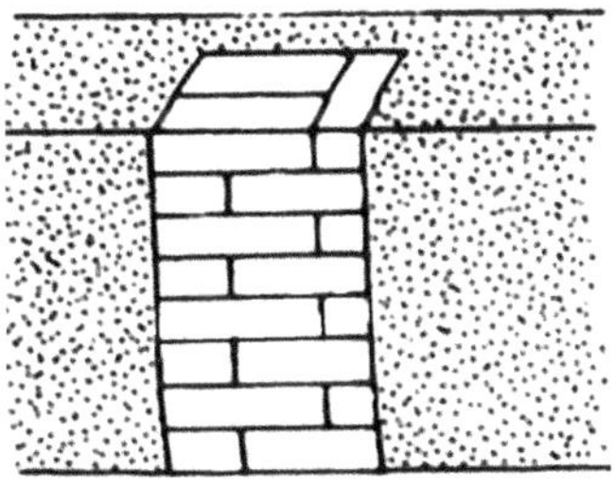

图 4-21　带砖垛的土墙

3. 门洞施工

温室的门有的设于侧墙北部，与温室内的走廊相对应，也有的开在后墙的东部或西部。在后墙上开门，可把小屋建在温室后面，避免与温室争地，提高土地利用率。一般情况下，门应开于靠近公路一侧，但冬季严寒的地区为减少进出温室时造成的散热，应把门开于温室的东部。当打墙打到门的设计高度时，在门洞上横放几根粗木或几块木板作横梁，然后继续打墙。打完后，趁墙土半干时，挖出门洞，并把洞壁修平。

4. 通风口施工

通风口开在后墙上，距地面 1.5 m 左右高，口径 25 cm 以上。可埋瓷管或木框，也可在墙上先埋一根木柱，粗度不够时，可在木柱上包缠麻袋片，在最外边缠几圈塑料薄膜。待墙半干时，取出木柱即成(图 4-22)。有时通风筒也可用塑料薄膜筒(图 4-23)。

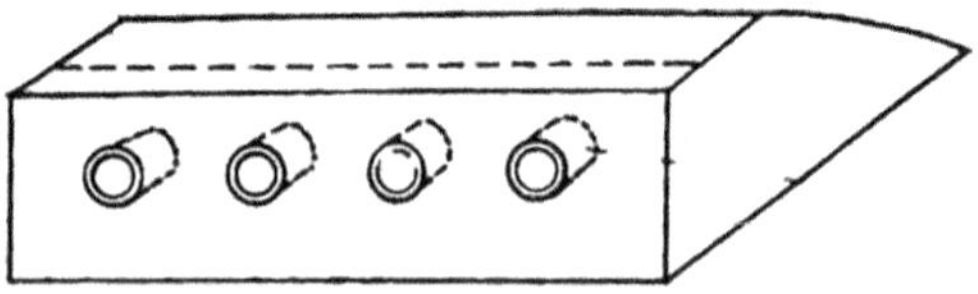

图 4-22　日光温室后墙上的通风孔

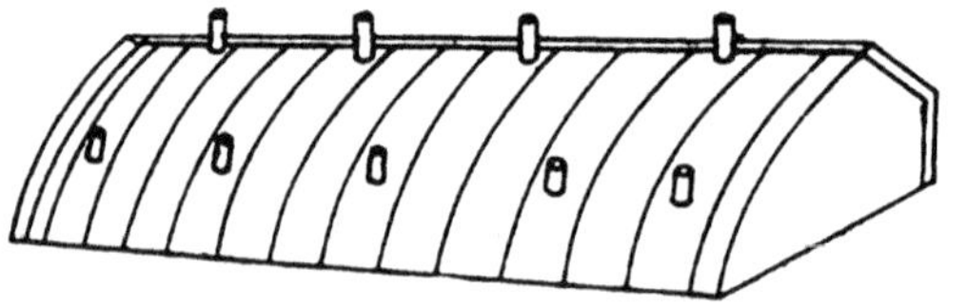

图 4-23　塑料薄膜筒放风

5. 屋脊施工

北墙面施工时，墙板的北端固定，把南端开高，填土夯实，打成斜面。南斜面施工方法与北部相似，唯一不同的是固定墙板南端，抬起北端。

(二)立屋架

温室整体重量都压在屋架上，要求屋架坚固耐久，又不能粗大遮光。屋架主要包括柱、柁(梁)、檩三部分。

1. 埋立柱

(1)立柱是支撑温室屋架的支柱。土木结构温室立柱主要用一定粗度的硬杂木，要求不烂、无虫蛀。安装立柱要高矮一致，排成一条直线，立柱包括中柱、腰柱和前柱 3 排。

(2)埋立柱前先把打墙时取出的熟土运回温室内，并结合回填土施足基肥。回填土后的室内地面要比室外地面低 20 cm 左右，以扩大温室空间，提高温室的保温能力。整平地面后，再用测量仪找平地面。由于温室回填土后，表土层较松，立柱不易埋牢，所以应在抄平地面后，引水浇湿表土，待地面发白，能进入后再埋立柱。

(3)按要求间距，在埋立柱处撒灰做记号。为方便施工，立柱要由里向外埋，即先埋中柱，最后埋前柱。

(4)中柱是支撑温室前后屋面的重要支柱，多用直径 12～15 cm 粗的圆木，长 3 m。中柱距后墙 1 m，中柱之间距离 2.5～3 m，按设计的中柱高度和倾斜角度要求，先埋好东西两端的中柱，作为标准中柱，并在两中柱顶端拉水平线。在地面上依次挖穴，穴深 0.5 m，夯实穴底。为防止中柱下沉，中柱下面埋一个 38 cm×38 cm×38 cm 的砖基础，中柱埋在土里的部分涂沥青或其他防腐剂，按标准线的高度和角度调整所埋中柱的高度和角度，高度要求上齐下不齐。埋中柱时可向后墙稍倾斜些，一般与地面呈 80°角，以平衡后屋面的重量，然后把中柱捣实、立牢。

(5)在温室的中部，立 1 排腰柱，腰柱用直径 10 cm 的圆木，腰柱下面也要埋基石，腰柱埋在土中的部分涂沥青防腐。埋入土中 40 cm，每隔 1.6～2.4 m 立 1 根腰柱。

(6)在温室最前面，每隔 80 cm 立 1 根前柱，露在地面 45 cm，前柱用直径 8 cm 的硬杂木杆，或 6 cm×6 cm 的木方。

2. 柁(梁)安装

柁(梁)也叫脊檩，用直径 15～20 cm、长 3 m 或 6 m 的圆木，最好用松木，把柁搭在中柱上面的槽形口处。圆木相接时，要大头对大头、小头对小头，并用马王钉连接。中柱和柁再用扒锔子钉牢。小头处的中柱应高些，以保持柁处在同一水平上。柁应露出温室两侧山墙 20 cm，以便形成屋檐，防止雨水浇墙。

3. 土檩安装

土檩用于固定后屋面的椽子，也可不设，把椽子直接插到后墙上。土檩用直径 8～10 cm 的木杆，固定在温室后墙顶上，长出温室两侧各 20 cm(图 4-24)。

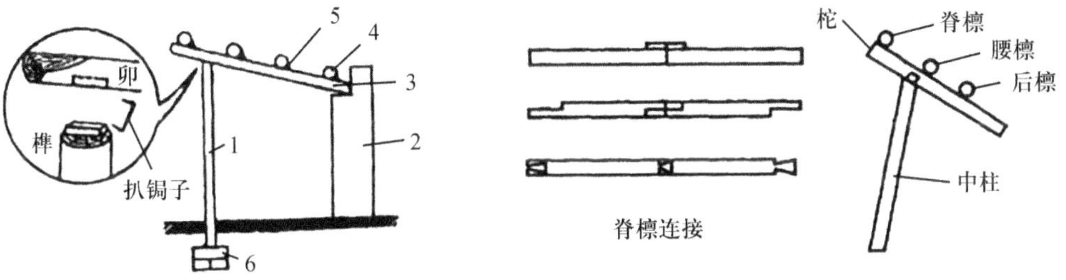

1. 柱　2. 后墙　3. 柁　4. 檩　5. 木块(固定檩木用)　6. 柱脚石

图 4-24　后屋面的柱、柁、檩的架设

(三)后屋面的建造

1. 固定横梁(粗木)

在后墙上，按中柱的东西间距，在与中柱冲齐的地方，开一斜沟，沟的斜度与后屋面的坡度一致。取横梁木，上端(锯有"V"形槽)架到中柱顶端的"V"形槽内，并向前伸出 15 cm，"V"形槽口朝上。用粗铁丝穿过穿丝孔把横梁固定到中柱上。横梁的下端放入斜沟内，调整好斜度后，用土埋住。

2. 拉铁丝

在两侧墙的北斜面上各放两根粗木，粗木上面按铁丝的间距锯有"V"形槽，用于固定铁丝，避免滑动变松。另外还具有保护墙顶，防止被铁丝勒压坏的作用。粗木与斜面同长，为防以后滑动，粗木下端要垫砖顶住(图 4-25)。

在粗木上等距离拉 5～7 道 8 号铁丝，铁丝间距不超过 20 cm，最上一道铁丝拉成双股。铁丝的一端用重 30 kg 以上的两块坠石(或水泥预制柱)坠埋入地下 1.5 m 深处；另一端用简易紧丝机拉紧，拉直后固定到预埋的铁丝接头上，为使铁丝绷紧，铁丝与预埋的接头要用松紧螺丝钩连接。

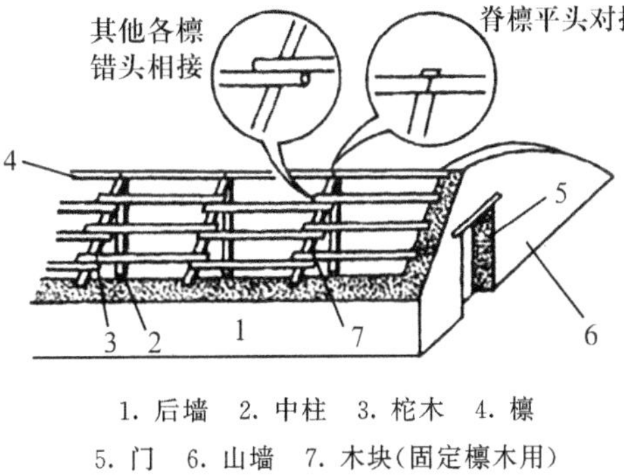

1. 后墙　2. 中柱　3. 柁木　4. 檩
5. 门　6. 山墙　7. 木块(固定檩木用)

图 4-25　温室后屋面的骨架

3. 铺薄膜

取一宽 3 m,长与温室等长或稍长一些的薄膜,铺到铁丝上,薄膜的北边要盖到后墙外(保护后墙,防止雨水从墙顶渗入墙内),南边多出半米以上。铺薄膜的作用:一是增强后屋面的气密性,加强保温;二是阻止温室内的湿热空气进入秸秆层,保持秸秆干燥。

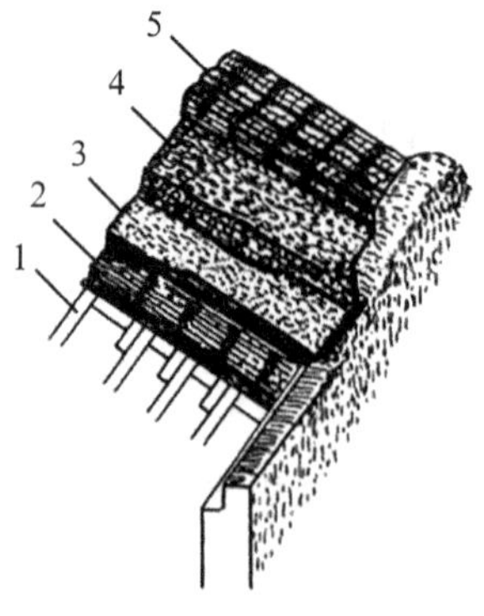

1. 檩木 2. 整捆秸秆 3. 草泥
4. 麦草或稻草 5. 整捆秸秆或稻草

图 4-26 后屋面的建造

4. 铺秸秆

把一定长度的玉米秸、苇秸等捆成径粗 20～30 cm 的草捆,草捆要紧,粗细均匀。在地面上撞齐根部一头后,根朝上紧密地排到支架上,秸秆的上端压到最上一道铁丝上,要求上齐下不齐。如果屋面太陡,不便放草苫,可在屋面的中下部再铺一层秸秆,使屋顶呈缓坡状。铺完后,拍齐秸秆南端,并调整好秸秆层的厚度,使屋面平整。草捆间的缝隙要用麦草、稻草等填塞住。秸秆根部较尖硬,容易刺破薄膜,要用稻草、麦草等软保温材料包住。把南边多出的薄膜翻到秸秆上面来,包住麦草、稻草等,拉紧后,用土压到秸秆上(图 4-26)。

5. 上干土、抹草泥

在秸秆层上均匀地上一层干土,厚约 10 cm。干土的作用主要是隔湿,避免草泥润湿秸秆。有条件的地方,可以在秸秆上先盖一层油毡或薄膜,然后再上干土。干土上完后要抹草泥,草泥厚 15～20 cm,顶面要平滑,以利于排水。

6. 上屋檐

后屋面建好后,在后墙上按 0.5～0.8 m 的间距,南北向排放木棍或竹竿。木棍或竹竿伸出墙外 20 cm,墙上部分用土压住。在伸出的木棍上铺一层苇秸或高粱秸秆,再上一层草泥,然后覆上一层瓦或盖一层油毡,做成屋檐,以防雨(雪)水冲刷、打湿后墙。

7. 加高后墙

把后墙用草泥加高约 20 cm,加宽墙面,以便于行走,同时也有利于卷放草苫。后屋面建好后,如遇雨,要用薄膜盖好。草泥层干透后,要用旧薄膜把后屋面全部盖住。

(四)前屋面的建造

前屋面是温室的采光屋面,具体角度大小根据各地纬度不同而不同,角度必须合适才能透过更多的阳光。日光温室前屋面的建造有两种方法:一种是立窗式,另一种是半拱圆形。

以立窗式前屋面的建造为例(图 4-27,图 4-28)。

先钉横杆,用直径 8 cm 的木杆或 8 cm×6 cm 的木方,分别钉在柁、腰柱和前柱上,两端插在东西山墙里。然后钉前屋面窗框,用直径 6～8 cm 光滑的木杆,每隔 1～1.2 m 分别钉在柁、腰柱和前立柱上面的横杆上。前立柱可呈 80°角向里倾斜,以便增加前屋面的强度。前屋面与地平面成 25°以上夹角,小于 25°时可适当降低前立柱的高度。

按照所要求的角度,在腰柱横杆上和前柱横杆上分别钉一个相应高度的短木杆(立人),然后将直径 8 cm 的光滑木杆或竹竿(拱杆),上端与柁钉牢,在腰柱和前立柱横杆上的立人(短木杆)上围成拱形,下端插入土中,与地面呈 50°夹角。前端也可用竹片围成,拱杆之间距离 1～1.2 m。

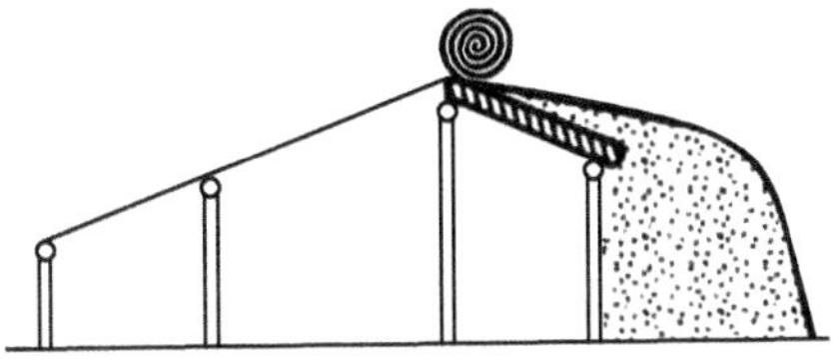

图 4-27　立窗式前屋面

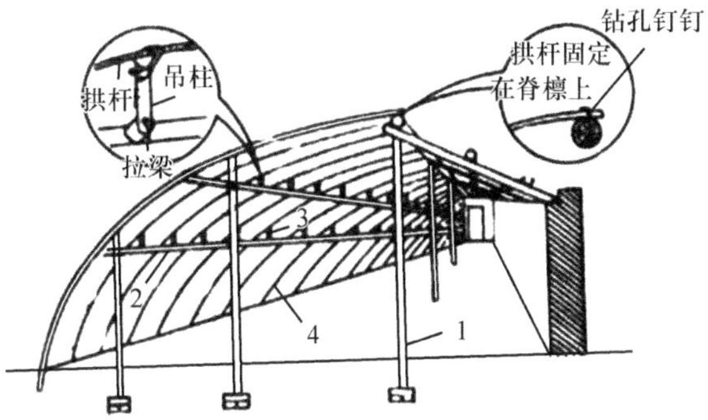

1. 柱　2. 拉梁(腰檩)　3. 吊柱　4. 竹拱杆

图 4-28　前屋面的骨架

(五)盖塑料棚膜

温室用的塑料棚膜，一定要选用耐低温、抗老化长寿大棚膜，按照前屋面大小，四边再多裁出 1 m，用电熨斗热熔接(参看大棚膜粘接法)粘牢后把棚膜卷成筒，从温室顶端先盖，顶端棚膜用架条卷上一段，固定在后屋面上的木杆上，再逐渐放开棚膜，边放边把棚膜拉紧，直到全部棚膜放开、摆正，埋在温室立窗外的沟里，再把棚膜向东、西拉紧，棚膜东、西两边用架条卷一段，卡在东、西两面山墙的拱杆上，棚膜与山墙之间的缝再用泥抹严。盖好棚膜后，用压杆或 8 号铁丝压在两排拱杆之间。压棚膜的方法与大棚相同。

(六)挖防寒沟

在温室四周距温室 0.5 m 处挖深 0.5 m、宽 0.5 m 的防寒沟，冬季沟内填稻壳、麦秸或其他秸秆，防止温室内土壤热量外传，又能阻止外面冻土对温室的影响，并可使温室内土壤温度提高 3 ℃以上。

(七)手动式卷帘机的安装

手动式卷帘机主要应用在竹木结构的日光温室上。在温室后屋面上每 3 m 设一支架，支架用两根 5 cm×5 cm×4 mm 的角钢焊在水泥预制件上，焊接点在预制件的预埋铁块上。支架高出中脊 0.5～0.8 m。支架上焊上轴承，用 5 cm 直径的钢管穿入轴承，钢管两端焊上拐臂，卷放草苫时由两人各站在温室上的一端同时操作，7～8 min 可将草苫卷起或放下。卷起时两端同时用力，放下时手不离开拐臂，防止草苫向下滚动太快。

使用手动卷帘机，温室长度不能超过 60 m，温室太长则两个人卷不动。如果单人操作或温室较长，可分 2～3 段安装。

(八)覆盖草苫

扣膜后，气温下降时，要及时上草苫。草苫宽 1.2～1.6 m。上草苫前要把草苫两端的草把用 2～3 根细竹竿加固，增强抗拉能力。

选晴暖天上草苫，两人一组，把卷起的草苫搬到后屋顶。草苫的排列目前主要有“品”字形和“阶梯”形两种方法。“品”字形排列是把草苫排列成前后两排。前排草苫东西间距为 20 cm。草苫沿屋顶整齐排列。后排草苫排于后屋面中部，前后排草苫位置交错，前排的两个草苫和后排的一个草苫便组成“品”字形。“阶梯”形排列法是把草苫向东倾斜，相邻草苫按“阶梯”状靠压在一起，在后屋顶排成一排。

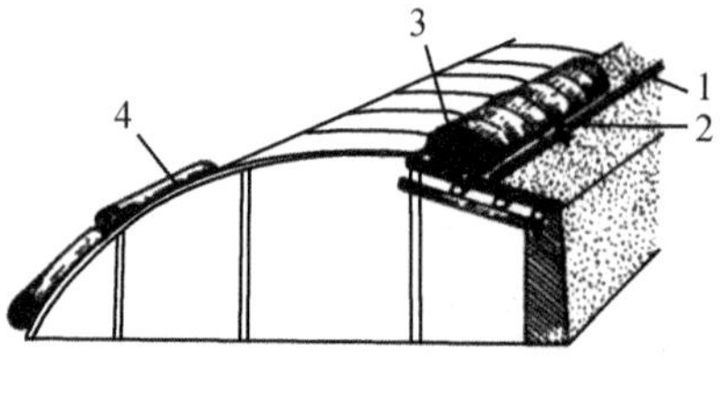

1. 木杆或 8 号铁丝　2. 拉绳
3. 草苫　4. 纸被

图 4-29　安放草苫及纸被

不管采取哪种排放草苫法，温室东、西两端的草苫都要盖到侧墙上，要求至少盖住一半墙。草苫上部要盖住大半后屋面，下部要盖到温室前地面 20 cm 以上宽。每草苫下放 1～2 根麻绳，绳粗 0.8 cm 左右，绳长要大于草苫长度的 2 倍，绳的上端固定到后屋面下部的 8 号铁丝上，并在与草苫上端对应处，用细铁丝把加固好的草把固定到绳上，用绳拉住草苫（图 4-29）。

夜间温室外面盖草苫或棉被保温，也可盖 4～5 层牛皮纸缝制的纸被。温室后面和后屋面上还可堆放农作物秸秆或稻草等，厚度 2 m 左右，保持温室内温度的效果十分显著；但需注意防火，确保安全。

任务四　钢架砖石结构日光温室的建造

✓ 任务目标

1. 了解钢架砖石结构日光温室的建筑材料。
2. 熟悉钢架砖石结构日光温室的建造方法。
3. 掌握钢架砖石结构日光温室的建造技术，会根据图纸施工。

✓ 知识与技能

钢架砖石结构日光温室拱架可用钢筋或钢管焊接成桁架结构，也可以直接用钢管或冷弯内卷边槽钢或冷弯外卷边槽钢弯制而成。

一、材料准备

最新的一些日光温室骨架设计采用了型钢，如矩形钢管、外卷边 C 型钢、工字钢等。加工中应根据设计图纸要求备料。钢筋骨架材料见表 4-7。

表 4-7　钢骨架无柱日光温室所需材料参考

材料	用途	规格（直径×长度）/mm	单位	数量	每米质量/kg	单根质量/kg	小计/kg
镀锌管	拱架上弦	15.24×8.5	根	126	1.782	15.15	1 908.9
圆钢	拱架下弦	12×8.0	根	126	0.89	7.12	897.12
圆钢	腹杆	10×12.0	根	126	0.617	7.4	932.4
圆钢	顶梁筋	10×100	根	4	0.617	61.7	246.8
圆钢	顶梁箍筋	5.5×1.35	根	300	0.187	0.25	75.0
圆钢	横拉筋	14×100	根	3	1.209	120.9	362.7
圆钢	固定拱架	12×100	根	2	0.89	89	178
圆钢	斜撑	10×30	根	252	0.617	18.51	46.65

二、骨架制作

目前中上等温室的建造，大都使用钢筋(钢管)制作骨架(图 4-30)，现将其施工制作方法介绍如下。

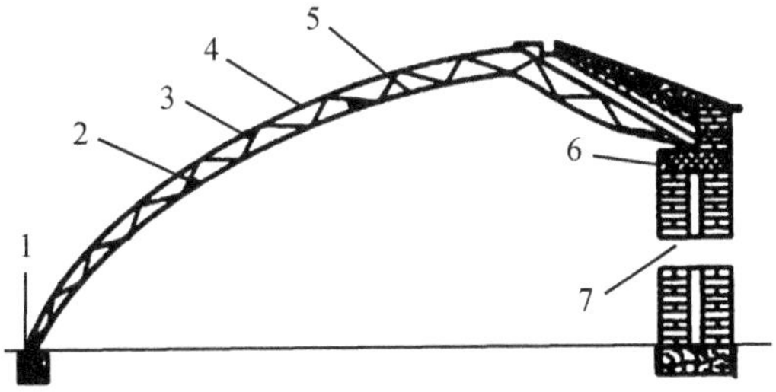

1. 地梁　2. 拉筋　3. 拉花　4. 上弦　5. 下弦　6. 顶梁　7. 通风口

图 4-30　钢骨架无柱温室示意图

(一)骨架制作前的准备

在温室骨架焊接作业之前，首先要有正规的设计图纸，还要准备必要的制作工具和制作场地。制作工具主要包括焊接机、切割机、钢筋整形机、起吊设备和油漆设备等。生产场地包括原材料堆放场、焊接作业平台、钢筋整形车间、成品库和工具库等。

合理安排施工作业工序和人员。作业工序包括钢筋整形、除锈、截断、腹杆成型、钢管焊接、弯曲成型、焊接、剔除焊皮、表面防腐处理等。

(二)准备焊接底胎

制作钢筋焊接骨架首先要有一个平整的基面，可以是混凝土地面，但最好是 10 mm 以上厚度的钢板，根据骨架的大小，可将 2 块或 2 块以上标准规格的钢板焊接在一起，要求钢板底面必须平整、稳定，有足够的承载能力。然后将基面钢板平铺在地面上或架设到操作台上，操作台的高度以 60 cm 为宜，也可适当调整。

准备好操作基面后，开始在基面上放线，也就是要将图纸的骨架形式放样到基面上。首先用钢轨找出图纸表述骨架各构件的轴线，直接刻画在基面平台上。最后根据图纸给定构件的截面尺寸(钢管外径和钢筋直径)找出骨架各构件的平面投影外轮廓线。最后沿外轮廓线焊接一定数量的钢桩，要求钢桩朝向骨架的内皮，正好能贴近骨架的外轮廓线。钢桩可以是钢筋，也可以是钢管，长度以能超过骨架上弦杆外径 1 cm 左右为宜。钢桩布置的数量以直线段(主要为腹杆处)2～3 个为宜，分别布置在焊接构件的两侧，曲线段以曲率较小的地方多设、曲率较大的地方少设为原则，要求分设在焊接构件的两侧，单侧钢桩之间的距离控制在 20～50 cm 为宜。钢桩可以直接焊接在基面表面，也可以是在基面上钻孔，将钢桩插入钢板的基面，并在钢板基面的背面采用塞焊或围焊的方法将钢桩焊牢。

(三)焊接作业

一般在焊接底胎时，腹杆与上下弦杆的连接只是点焊，固定各构件的位置，其后可脱模，在平整的地面或操作台上进行全面焊接，要求对骨架的两侧平面分别进行焊接，以确保各个焊接节点牢固。

焊接作业完毕后，对所有的焊点进行检查，主要检查是否有漏焊、虚焊或焊穿等质量问题，同时应及时将焊接过程中形成的焊皮清除，为后续骨架的表面防腐创造条件。

对于薄壁型钢管，焊接中要注意调节焊接机的电流，过强的电流可能会刺穿管壁，造成管件的局部破坏，加工中，凡是有钢管被焊穿的地方应做必要的修补，否则不能进入安装现场。

(四)表面防腐处理

目前骨架的防腐处理有表面刷漆和表面镀锌两种。在加工现场进行油漆表面防腐处理时首先要将焊接骨架的表面处理干净，这样才能保证油漆能够比较好地与基面结合。处理完基面后，至少要刷两道底漆，再刷面漆，每道漆之间应保证上一道漆已经干燥。刷漆的骨架在运输和安装过程中应尽量避免磕碰，保证漆面不受损伤。

镀锌又分为冷镀和热浸两种。热浸镀锌效果好，但必须由专业的镀锌厂来完成，镀锌之前要经过酸洗除锈等工艺，用吊车直接吊到镀锌池中热浸镀锌。由于是高温作业，镀锌后骨架可能会出现局部变形，施工安装前要对骨架进行校正。

三、温室的放样

(一)确定温室施工的定位点

如果场地内没有已知定位点，则可根据场地情况，在地面上标定其一个端点的位置，确定温室的一个点(一般为后墙与山墙轴线的交点)的坐标位置，这在施工测量上称为“场地定位”。确定温室的定位点是施工测量的第一步。由于定位点位置的不同，引入定位点的方法也较多。精确的测量一般用经纬仪和水准仪，在受到条件限制的情况下也可以用钢尺或皮尺来完成。这里主要介绍两种比较常见的定位点引入方法：一是从建筑物的拐角点引出，二是从道路中心线的交叉点引出。

1. 从建筑物的拐角点引出

从已有建筑物的拐角点 N 引出，首先要确定距离 N 点(a,b)的 A 点的位置，测量的步骤如图 4-31 所示。

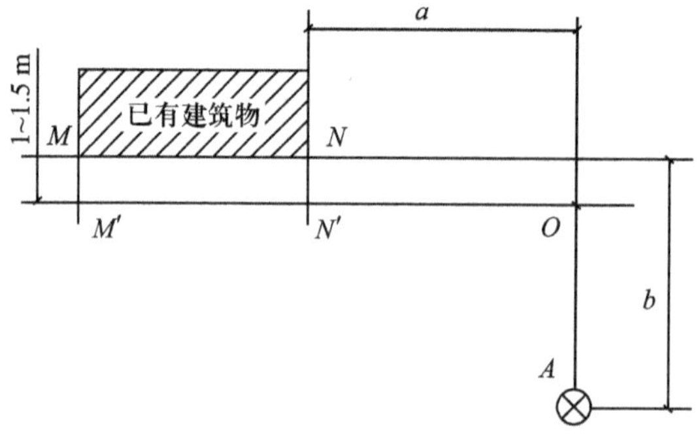

图 4-31 从建筑物的拐角点确定温室施工的定位点

(1)分别过 M 点和 N 点做垂线 MM'，和 NN'，并使 MM' 平行于 NN'(1～1.5 m)，则 MN 平行于 MN'。

(2)在 N 点安置经纬仪，照准 M 点，用正倒镜延长线法做 $M'N'$ 的延长线，并自 N 点起向外量水平距离 a 定出 O 点。

(3)在 O 点设置经纬仪，测设 90°角，并在此方向上自 O 点量取水平距离 OA，使 $OA=b-MM'$，即可测得温室施工的定位点 A。

2. 从道路中心线的交叉点引出

从道路中心线的交叉点 M 引出，确定距离 M 点 (a,b) 的 A 点的位置。测量的步骤如图 4-32 所示：

(1)先用钢尺(或皮尺)找出道路中心线，并标出其交点 M。

(2)自 M 点起沿道路中心线 MN 方向量出水平距离。定出 N 点。在 N 点安置经纬仪测设 MN 的垂线，并自 N 点起在该垂线方向上量取水平距离 b，即可定出要测定的温室施工的定位点 A。

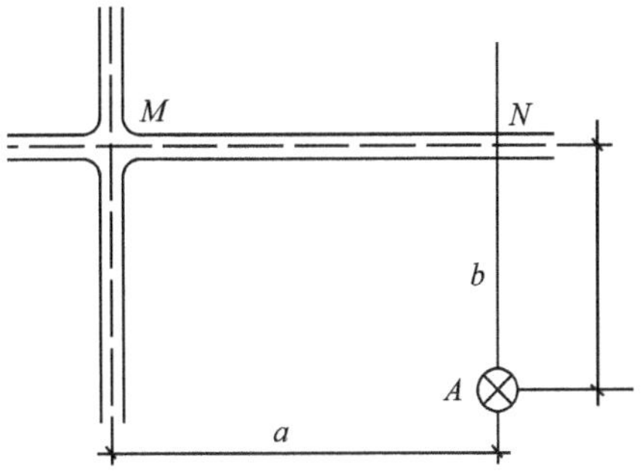

图 4-32　从道路交叉的中心点确定温室施工的定位点

(二)温室墙体轴线施工放线

1. 温室主轴线的测试

在确定温室的定位点后，日光温室施工最重要的一个环节便是确定温室的朝向或方位。即进行建筑物的定位，温室定位首先要将建筑物的主轴线在地面上标定出来，然后根据主轴线将建筑物的各交点测设出来(图 4-33)。

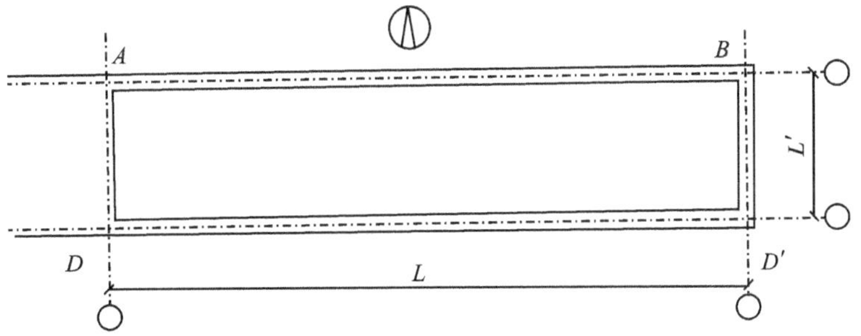

图 4-33　温室墙体轴线放线示意图

一般我们以温室后墙轴线作为建筑物的主轴线，根据场地内已有的控制点 O 的坐标和主轴线上各交点的设计坐标值，将主轴线测设到地面上来，并在其延长线上钉两个大木桩，以便在施工中进行检查或校核各轴线。

日光温室需要最大限度地采光，一般情况下，温室的朝向应该坐北朝南，各地区条件不同，设计时可能要求温室偏东或偏西一定角度。所以，施工中首先应找到当地的真南、真北方向，也就是真子午线的走向。在真子午线方向的基础上，通过温室的定位点，确定温室的墙体轴线，这就是温室墙体施工放线的主要工作内容。

上述工作均可用经纬仪做 90°转角来完成，根据当地的磁偏角测出温室后墙主轴线的方向。然后在该点用钢尺沿方向线量出各交点的位置，并在交点处钉一木桩。桩顶钉一小钉标明点位。主轴线各交点定出后，应检查这些交点是否在一条直线上，点位偏离主轴线不应超过规定值。

2. 建筑物的细部放样

建筑物主轴线确定以后，就可以根据主轴线和建筑物平面图的设计数据，进行建筑物的细部放样。

放线时可沿主轴线和各纵轴线交点处安置经纬仪，照准主轴线上远端点目标，将水平度盘对到 0°00′00″，然后顺时针旋转照准部，将水平度盘对到 90°，沿视线方向，量出各轴线间的长度，即可定出工作间和温室前墙轴线点。在轴线的延长线上量出设计的墙体厚度，即可得到工作间后墙轴线点。这些轴线点都应钉上木桩，并在桩顶用小钉准确地标明其点位。将有关的相邻点拉上白线，就是各墙体的轴线。

其他的轴线桩也按这种方法测设，当所有的轴线桩测设完毕后，还应检查各轴线桩及其对角线长度，即用钢尺丈量各轴线和对角线的长度，其误差不得超过轴线长的 1/2 000。

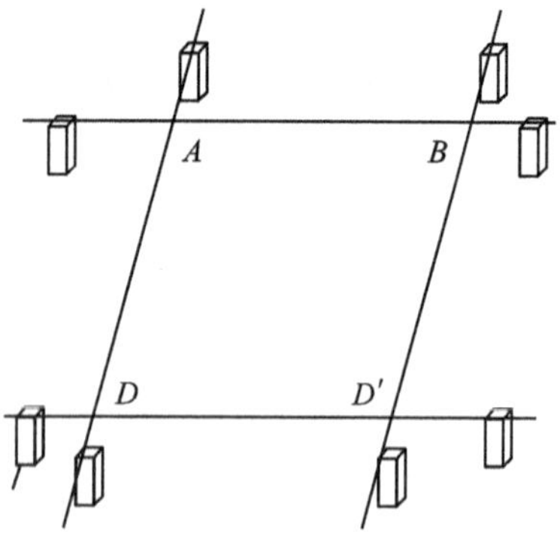

图 4-34　布设引桩

3. 布设引桩

轴线桩在施工时将被挖掉，为了控制和检查施工中各轴线的位置，要求在基槽开挖线外 2～4 m 处的各轴线的延长线上再钉上一个施工控制桩(图 4-34)，也称为引桩，它可作为基槽开挖后各施工阶段中确定轴线的依据。控制桩应钉在不受施工影响、引测方便并便于保存的位置。

4. 布设龙门桩和龙门板

为了较方便地控制▽±0.000 高程、基槽开挖线及基础宽、墙体宽，可在基槽外钉上龙门桩和龙门板，如图 4-35 所示，龙门桩钉在各轴线端，距基槽开挖线 1～2 m 处，应采用大木桩，要求竖直、牢固，桩面应与轴线平行。

龙门桩钉好后，根据场地内布设水准点的高程及设计图纸上给出的室内或室外的设计地坪高，即▽±0.000 标高线，用红蓝铅笔在龙门板侧面画一横线。如果地面高差过大，也可找出比▽±0.000 高出或低出某一整数的标高线。然后根据每一龙门桩上的标高线，将龙门板钉在龙门桩上，龙门板的上边缘的标高应正好为▽±0.000，龙门板钉好后，还应用水准仪去检查其标高。其高程测设允许误差为±5 mm。

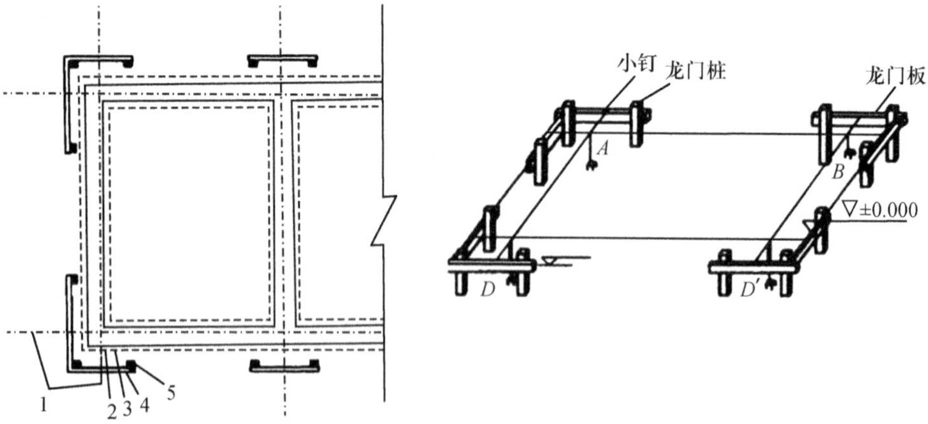

1. 轴线　2. 墙边线　3. 基础边线　4. 龙门板　5. 龙门桩

图 4-35　龙门板、龙门桩示意图

用经纬仪通过轴线桩将各墙体轴线投测到龙门板上，用小钉(或画一记号)作为标志，该小钉称为轴线钉，投点允许误差为±5 mm。轴线钉钉完后，还应用钢尺检查温室各轴线和对角线的水平距离，其相对误差应小于1/2 000。检查合格后，以轴线钉为准，将墙体边线、基础边线和基槽开挖线画在龙门板上。最后根据基槽上口拉线，用白灰在地面上撒出基槽开挖线，以便施工。

四、开挖基槽

灰线撒好后即可开挖基槽。日光温室由于基础埋深较浅，又主要是条形基础，所以，基槽开挖一般采用人工开挖及小型挖掘机挖掘。

（一）人工开挖基槽的方法和步骤

（1）基槽土方开挖，应自上而下分步分层下挖，每步开挖深度约30 cm，每层深度以60 cm为宜，从开挖端逆向倒退按踏步型挖掘。每人应留足工作面，避免相互碰撞出现不安全事故。

（2）所挖土方应置于温室的外侧，避免将生土混掺到温室种植的土壤中、抛于槽边的土方应距槽边1 m以上，高度以1 m为宜，以保证基槽边坡稳定，防止因压载过大而发生塌方。

（3）基槽开挖后，当挖到距离标高还差30～50 cm时，利用水准仪，在基槽壁上每隔3～5 m立一水平桩，用水平桩来控制挖槽深度，如图4-36所示。将水准仪安置在基槽旁，将一根木杆立在龙门板上。用水准仪瞄准木杆，以十字丝横丝为准，在木杆上画一水平红线，如果要定出▽－1.000 m的水平线。则从红线向上，用小钢尺量出1.000 m。画出第二条红线。然后将木杆立着放到需要钉水平桩的槽壁上，上下移动木杆。当望远镜上十字丝的横线与木杆的第二条红线相重合时，在木杆的底部钉一水平桩，以此桩为依据，用小钢尺可以随时检查基槽开挖深度，并可作为以后打基础垫层时的高程控制线。应随时依次检验槽底标高，不得低于标高。由两端轴线引桩拉通线检查槽位和槽宽，最后应修边坡、清槽底并铲平。

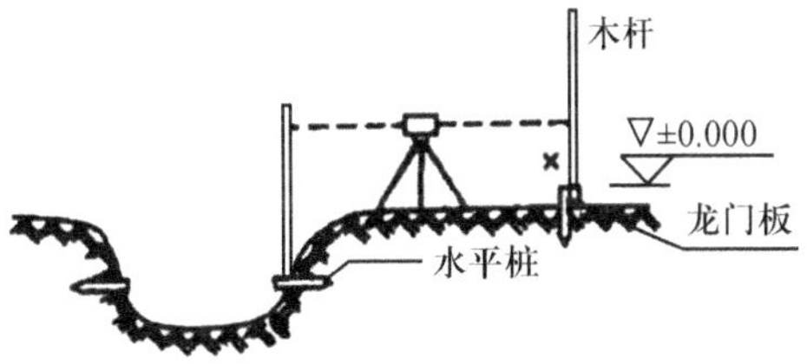

图4-36　水平桩的标定

（4）冬期、雨期挖方，雨期（也包括晾槽时间过长）可在槽底标高以上保留15～30 cm不挖，待下道工序开始前再挖。冬期每天下班前应挖一步虚土并盖草帘保温，尤其挖到槽底标高后，基土不可受冻。

（二）地基验槽

基槽挖到基底设计标高后，必须通知勘察、设计部门会同验槽，检测合格后签证，再进行基础工程施工，这是确保工程质量的关键之一。验槽的目的是检查地基是否与勘察设计资料相符合。

一般作为设计依据的地质勘查资料都取自温室基础的有限的几个点，无法反映钻孔之间的土质变化，其只有在开挖后才能确切地了解。如果实际土质与设计地基土质不符，则应由结构设计人员提出地基处理方案，处理并经过有关单位签署后才能进入下一道工序（基础施工）。

验槽主要根据施工经验观察，而对于基底以下的土层不可见部位，要以钎探、夯音配合完成。

1. 观察验槽

主要通过观察基槽基底和侧壁土质情况、土层构成及其走向是否有异常现象来判断其是否达到设计要求。由于地基土开挖后的情况复杂、变化多样，如果想准确直观地鉴别土质情况，应熟练掌握土壤的野外鉴别法。表 4-8 是常见的基槽观察项目和内容。

表 4-8　基槽观察方法

观察项目	观察内容
槽壁土层	土层分布情况及走向
重点部位	柱基、墙角、承重墙下及其他受力较大部位
槽底土层	是否挖到老土层(地基持力层)
土的颜色	是否均匀一致，有无异常过干、过湿
土的软硬	是否软硬一致
土的虚实	有无震颤现象，有无空穴声音

2. 钎探验槽

对基槽底部以下 2～3 倍基础宽度的深度范围内土的变化和分布情况，以及是否有空穴或软弱土层，需要用钎探验槽的方法探明。

钎探方法：将一定长度的钢钎打入槽底以下的土层内，根据每打入一定深度的捶击次数，间接地判断地基土质的情况。打钎分人工和机械两种方法。

(1)人工打钎时，钎直径为 22～25 mm，钎尖为 60°尖锥状，钎长为 1.8～2.0 m。打钎用的锤重为 3.6～4.5 kg，举锤高度 50～70 cm。用打钎机打钎时，其锤重约 10 kg，锤的落距为 50 cm，钢钎直径为 25 mm、长 1.8 m。

(2)打钎时，每打入 30 cm，记录锤击数一次，并填入规定的表格中。一般每钎分五步打(每步为 30 cm 左右)，钎顶留 50 cm，以便拔出。钎探点的记录编号应与注有轴线号的打钎平面图相符。

(3)钎孔布置形式和孔的间距应根据基槽形状和宽度以及土质情况决定。

(4)对于软弱土层和新近沉积的翻性土以及人工杂填土，钎孔间距不应大于 1.5 m。打钎完成后，要从上而下逐步分层分析钎探记录，再横向分析钎孔之间的捶击次数差异，将捶击次数过多或过少的钎孔，在打钎图上加以圈定，以备到现场重点检查。钎探后的孔要用砂灌实。

五、垫层施工

为使建筑物基础与地基有良好的接触面，从而把墙体基础的荷载均匀地传递给地基。常在基础的底部采用不同的材料作为基础的垫层。根据土质和地区不同，常采用的垫层有灰土、碎石(或卵石)、三合土、砂石或低标号混凝土等。垫层厚度一般根据当地的地质条件、地下水位的高低、上层建筑物荷载的大小以及设计的要求来确定，对于温室来说垫层厚度一般为 20 cm。对于地基松软、地下水位较高的地方，可增加到 30～50 cm。

(一)灰土垫层的施工

灰土是用熟石灰和细土以 2∶8 或 3∶7 的比例配制而成，一般适用于地质条件较好，地下水位较低的地区。

垫层施工步骤如下：

(1)用木夯或石夯(20～40 kg)将基槽原土层拍夯 1～2 遍。确保地基坚实。

(2)将熟石灰和黏土过筛后按比例拌和均匀，水分应适中，检查水分的标准为用手紧握泥土料成团，用手指轻捏即碎。拌和工作一般要提前进行，以便使石灰能充分消解。

(3)垫层应分层填筑、分层夯实，每层厚度根据夯实工具确定，铺垫厚度为 20～30 cm，夯实的层数以垫层达到设计说明的要求即可。灰土垫层若分段施工，接缝应避开墙角和承重窗间墙下，层与层之间的接缝应错开，错开间距应大于 50 cm。

(4)垫层施工完成后，应及时进行墙基础施工并及时回填，防止灰土早期浸水。

(二)二合土垫层施工

二合土是用石灰、黏土和粗砂按 1∶2∶6 的比例拌和而成。一般适用于地质条件较好、地下水位较低的地区。这两种材料粗砂的粒径以 1 mm 左右为宜，加入适量的水分拌合，检查水分的方法与灰土垫层相同，同样也是分层填入，分层夯实，夯实后再铺放第二层。直至达到设计高程。

(三)砂垫层和砂石垫层施工

砂垫层可采用混砂，卵石不宜过多，砂面应清洁，砂质地要坚硬。砂石垫层应注意搭配良好，石子的粒径不宜过大，以 3～5 cm 为宜。砂垫层和砂石垫层适用于地质条件较缓、地基松软、地下水位较高的地区。施工时砂及砂石垫层宜铺在同一标高下，如深度不同时，可采用踏步台或斜坡搭接，搭接处应注意夯实，施工时可先深后浅分段施工，同样每个接头处应错开 50 cm 以上。为使垫层密实，可采用水撼砂。

六、砌筑墙体

(一)基础的砌筑

1. *砖基础砌筑*

(1)弹线定位。基础垫层施工完毕后，经水准仪抄平检查合格后，就可以进行弹线，基础弹线是根据龙门板轴线钉上所挂的轴线，在轴线上悬挂垂球线，将基础轴线点投测到垫层上，再根据轴线点，定出基础砌体的内、外边线以及侧墙上门洞的位置，并用墨线弹出。

(1)立皮数杆。基础埋于地下，因此首要条件是结实、牢固。具体砌筑时，首先将基础小皮数杆(按砖及灰浆厚度画印的直立木条)固定。由墙体的转角开始，先砌好墙角的砖，砌出四层砖后，以两端为标志，在墙角之间拉好小线绳，以线绳为标准砌筑中间的墙体。在砌第一层砖时，如果发现垫层局部水平标高有误差，采用细石混凝土找平，然后开始砌筑。砌完一层，将小线绳按皮数杆向上提升一层，直到设计的高度。

(3)施工砌筑。基础的砌筑总是先从墙角开始。应切实保证墙角的垂直度、水平度，灰浆要饱满，尤其是立缝更应注意。转角处第一块砖要用 3/4 砖，即七分头，七分头分层交替放置，如图 4-37 所示，不管基础多宽，均按此规律进行，达到要求为止(图 4-37)。砌基础时，各层要错缝。利用碎砖填心时砖分散填放，重要部位不可填放。不可用强度不够或外形变化太大的砖。砌完 3～5 层砖应检查一次中心线。墙面要经常靠、吊，砖层与皮数杆标记相差不应超过±5 mm。

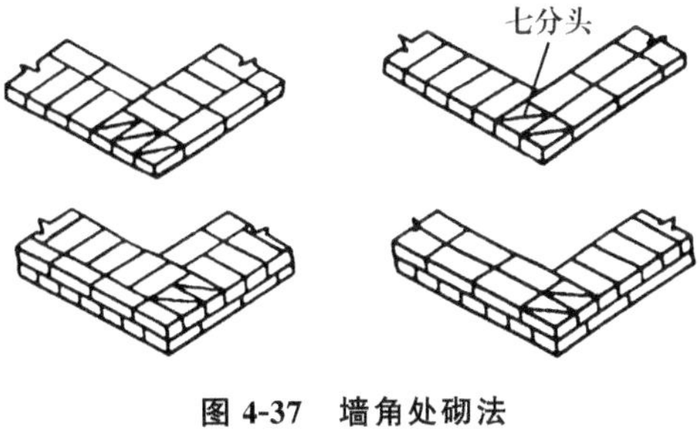

图 4-37　墙角处砌法

2. *毛石基础砌筑*

砌筑毛石基础之前，要检查毛石的质量。凡是风化、有裂缝的石料不得使用，毛石表面应清洗干净，有裂缝的材料应停止使用；要检查基

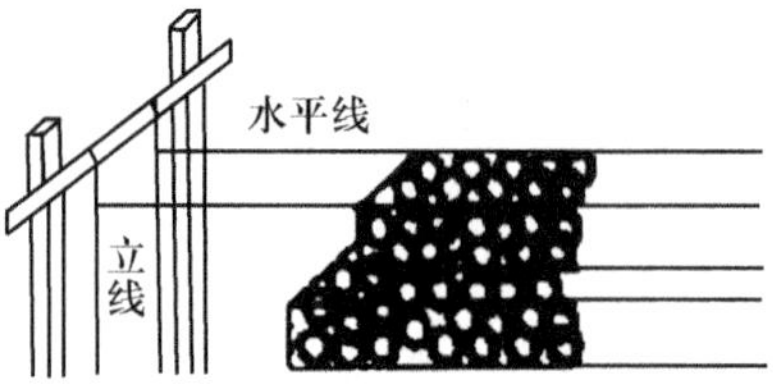

图 4-38　毛石基础的砌筑

槽尺寸、垫层标高等是否达到设计要求，并将垫层洒水湿润，运料口不要预留过多。

根据所放的基础宽度，在龙门板的基础边线上拉两条垂直的边立线，在边立线上钉上水平线，如图 4-38 所示。根据所放的基础线，先由墙角开始砌筑，角石应采用大而方正的石块。角石砌好后，再将水平线拉到角行上，开始砌筑内外墙皮，墙皮面俗称面石。墙体间填筑的石块俗称腹行，毛石应根据内部空间的大小、选择适当的小石块加砂浆填满。第一层是建筑物的基础，砌筑是否稳固对以后的砌筑有很大的影响，所以应选择较大的且有一面平整的石块，将平面放到垫层上。对于土质槽基，精选大而平的石块先铺满一层，再洒入砂浆，然后用小石块填空挤入砂浆，并用锤钉紧，使砂浆充满缝隙；如果在垫层上或岩石上砌筑，则应先铺一层砂浆，再铺石块。石块通过砂浆与边层或岩石黏结，可使石块受力均匀，增加稳定性。

砌筑第二层时，要将石块错缝，先将石块进行试摆。不合适的用手锤整形，然后铺上砂浆。砂浆铺在中间。靠墙边 3 cm 左右位置不铺，然后将试摆整形后的石块砌上，挤浆、用手锤敲实。石块如果不够稳定，可在外侧用小石片调整其稳定性。

(二)墙体的砌筑

1. 红砖墙体的砌筑

(1)砌筑前的准备。

①砖的准备：砖按规定进场后，应检查砖的外观、几何尺寸及标号，发现标号不符时应送有关部门检验。在砌筑前一天，应将砖堆浇水湿润，以免砌筑时砖吸水过多影响砂浆的黏结强度；砖过干则砂浆流动性降低、砌筑困难，一般要求将砖湿润到半干半湿即可(水进入砖体 1～2 cm)。

②砂浆的准备：砂浆应根据设计要求的强度等级确定配合比，如采用混合砂浆，应提前两周将石灰膏化好备用。搅拌混合砂浆，加入少量砂和水，再将石灰膏加入，充分搅拌后加入适量的砂和水，稍加搅拌后加入水泥，并将剩余的砂和水加入，经充分搅拌至颜色均匀、稠度适宜为止。采用搅拌机时，也可将料逐次加入，充分搅拌达到要求后取出。

③弹出墙身线：根据龙门板上的墙体轴线在墙基面上弹出墙体轴线，根据墙体宽度定出墙边线及门、窗线的位置。

④立皮数杆：皮数竿一侧标有每层砖的位置和灰缝厚度，用来控制墙体各部件的标高。立皮数杆时要用水准仪测出室内地坪的高程；另一侧标有门、窗、洞口、过梁、墙顶及屋顶。皮数杆一般立在墙角，立皮数杆时，首先在墙角地面上钉一个大木桩，用水准仪将▽±0.000 标高线与大木桩上的▽±0.000 标高线对齐，用大钉将皮数杆钉到大木桩上，用来检查墙体砌筑，立门、窗及安装门、窗过梁等。

⑤摞底：为了墙身竖缝均匀合度和砖的排列错缝搭接，在正式砌墙之前，可在已弹好线的墙基先干摆砖块，调整好砖块间竖缝的大小，这一过程称为摞底。

(2)温室墙体砌筑方法。墙体的砌筑方法有如下几种。

①一顺一顶：这种砌法是一层顺砖、一层顶砖间隔相砌，每隔一层砖则顶顺相同，内外缝层层错开。这种墙的特点是整体性较好，砌筑时容易控制，外表美观(图 4-39)。

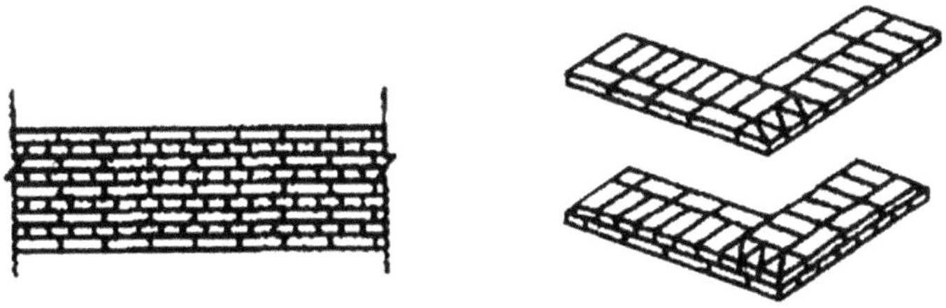

图 4-39　一顺一顶

②三顺一顶：砌三层顺砖，一层顶砖间隔相砌，在三层顺砖内部纵向有通缝，如图 4-40 所示。这种砌法的特点是在转角处可以不打七分头，所以操作速度快，容易使墙面达到完整美观，但整体性差，常在砖的规格不太一致和砌清水砖时使用。

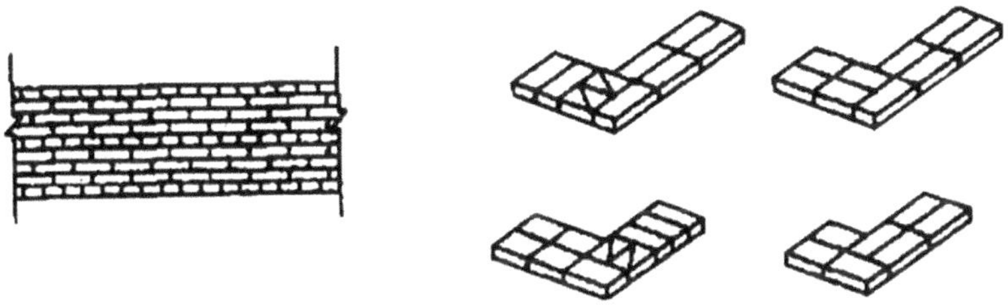

图 4-40　三顺一顶

③梅花式：在每层砖内采用一块顺砖一块顶砖，如图 4-41 所示。其特点是整个墙体内外缝错开，整体性能较好。竖缝容易对齐，比较美观。

图 4-41　梅花式

④三三一法：每层砖采用三块顺砖一块顶砖，如图 4-42 所示。其特点是砌墙速度快，墙面平直美观，但墙的整体性能较差，适合于门、窗不多的墙体。

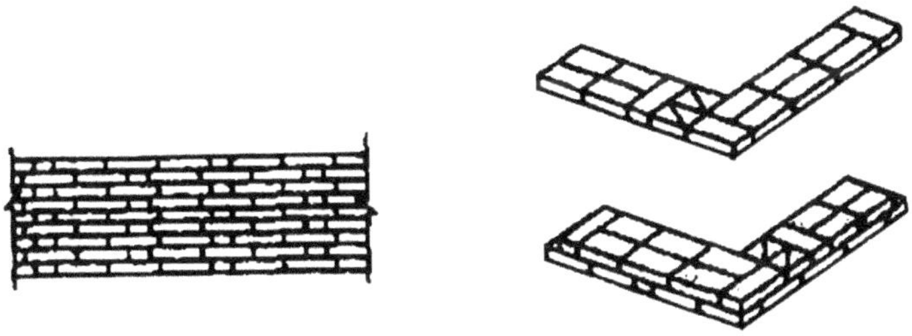

图 4-42　三三一法

当墙体砌筑到施工图中给出的防潮层标高时，用水准仪测出防潮层的标高，做好防潮层。防潮层做好后，再根据龙门板上的轴线钉，将墙体轴线投测到防潮层上，并用墨线将墙体轴线和边线弹到防潮层上，同时将这些线延伸到基础墙外侧的基础平面上，作为墙体砌筑时墙体轴线和墙体边线放样的依据。

在墙体砌筑过程中，轴线的投测可采用垂球线来进行检查，测设允许误差为 12 mm。高程传递测量可采用皮数杆，同时在杆的侧面还画有窗台线、门面线等(图 4-43)。

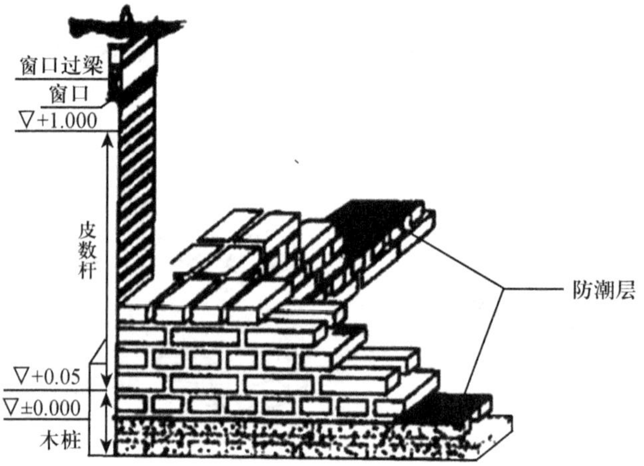

图 4-43　皮数杆示意图(单位:m)

以上为常用的几种砌法，除此之外还有很多种，如条砌法、顶砌法等。总之，应根据墙的特点及用途采用适当的砌砖方法，不仅要美观实用，还要保证墙面适宜、墙体结实、叠砌方便，同时还应满足设计要求。

(3)后墙和山墙的砌筑。后墙(图 4-44)及山墙的墙体砌筑时，首先应立墙角(俗称头角)，它是确定两面墙体横平竖直的主要依据。盘角时采用大角盘角，每次不超过 5 层进行吊、靠检查，并与皮数杆对照，准确无误后，方可挂线砌中间墙身。内墙砌到 1 m 高左右时，将苯板插入拉结筋再砌外墙。放置苯板时，后墙及山墙取两张重叠使用，两张应交错放置，使其接缝错开，以提高保温效果。

砂浆使用时，地面以下部分用 M5 水泥砂浆(水泥、砂子重量比为 1∶5)；地面以上，北墙 1 m 以内采用 M10 混合砂浆(水泥、石灰、砂子的重量比为 1∶0.9∶5.4)，其余均采用 M5 混合砂浆(水泥、石灰、砂子重量比为 1∶0.55∶8.1)，墙体勾缝用 1∶1 水泥砂浆。

由于温室北墙墙体较长，在距东山墙 40 m 处设一伸缩缝，伸缩缝从▽±0.000 标高墙基开始向上砌筑，北墙顶及北坡面层均应断开，接缝填沥青麻丝。

山墙顶部为弧形，弧度与温室钢骨架的弧度相同，山墙顶宽为 600 mm，其中靠温室一侧 300 mm 宽做成弧形，另一侧做成踏步台供工作人员上、下棚顶作业使用(图 4-45)。

(4)门、窗口处的砌法。温室北墙砌到 1.40 m 处，留有通风口，通风口尺寸一般为 400 cm×600 cm。墙体砌到窗口时，要分窗口、立窗框。

门、窗口上面要放置钢筋混凝土过梁、放置过梁的支座墙上垫 1∶3 的水泥砂浆，将过梁安放平稳，应及时检查门、窗的高度是否正确，如有误差应及时调整。

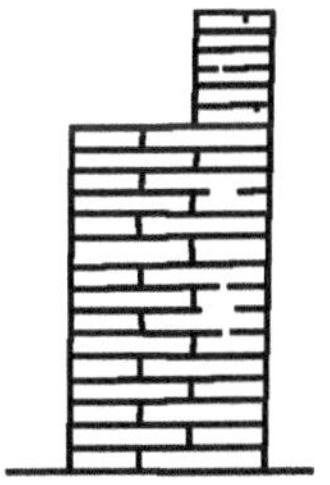

图 4-44 带女儿墙的温室后墙

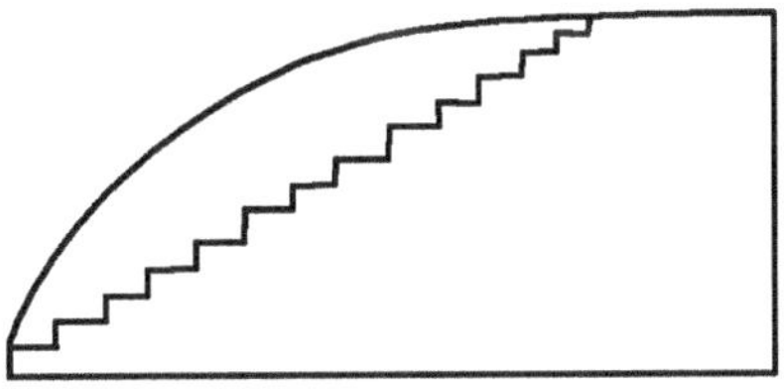

图 4-45 温室侧山墙踏步

(5)墙顶处理。北墙砌到标高处时进行墙顶处理。用 70 mm 厚的钢筋混凝土做顶,内墙砌 240 mm 宽两皮砖(此两皮砖应在温室钢骨架上好后再砌)。外墙砌 240 mm 女儿墙,到标高处,最上两层砖应伸出墙体外 60 mm。

(6)前墙砌筑。前墙在垫层上砌 360 mm 高砖后,在其顶端内侧采用混凝土打上钢筋混凝地梁。地梁浇筑时,间隔一段距离预埋一预制件,露出地面以便将来绑压膜线和连接骨架。

(7)工作间墙体砌筑。工作间只需砌筑三面墙体,剩余一面墙体借助日光温室右侧墙体。工作间的外墙宽为 370 mm,内侧墙宽为 240 mm,全部为砖墙。同时,墙体砌到窗口时应增砌窗台,窗台砌法有以下两种。

①出砖檐砌法:在窗台标高下层砖,根据窗台分口线的位置,将两头的砖砌过分口线 60 mm,同时凸出墙外 60 mm,挂好线后再砌中间出檐砖,如图 4-46 所示。出檐砖的立缝要打碰头灰,窗口两侧砌上木砖,用以固定窗框。窗口顶部放过梁,过梁可采用钢筋混凝土预制过梁或者现浇过梁。

②出虎头墙砌法:在窗台标高下两层砖开始,根据分口线的位置,将两头的陡砖砌出分口线外 120 mm,并凸出墙面 60 mm,如图 4-47 所示。两头陡砖砌好后,挂线砌中间的虎头砖,虎头砖应选择好砖。

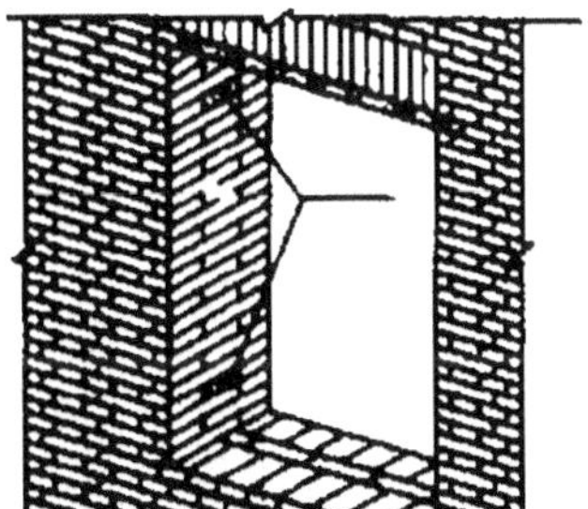

图 4-46 出砖檐砌法

图 4-47 出虎头墙砌法

(8)勾缝及墙面处理。日光温室是生产性建筑,主要应满足使用要求。栽培区墙若采用清水砖墙,则必须用 1∶1 的水泥砂浆勾缝,有条件的可以抹层(此时必须勾缝)。如经济条件允许,可在作业间上做些装饰,如采用水刷石墙、涂料墙面等。

2. 毛石墙体的砌筑

毛石墙体砌筑也应分层,垫层厚度约 30 cm(或按设计要求定)。块石层间竖缝要错开,力求顶顺交叉排列,层与层之间要大致平整,砌体表面不可有棱角、凸起、凹陷或个别石块放置不稳等现象。墙中不应放铲口石和对合石，也不应放楔形石块(图 4-48)。

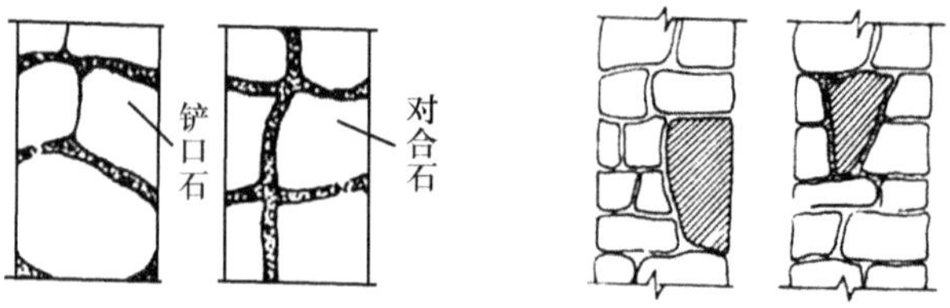

图 4-48　毛石墙常见的错误砌筑方法

为了保证工程质量，基础砌筑到最上层时，外皮石块要求伸入墙内长度不小于墙厚的一半，毛石墙必须设拉结石(图 4-49)，每 0.7 m^2 设一块。同一层内的拉结石距离不应大于 2 m。上下层的拉结石应相互错开位置，拉结石的长度应大于墙厚的 2/30。毛石墙转角与“丁”字接头处的砌法如图 4-50、图 4-51 所示。

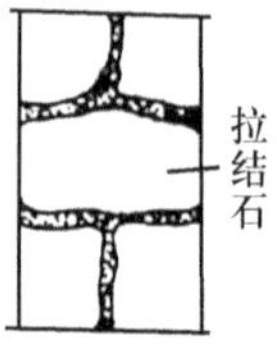

图 4-49　拉结石示意图

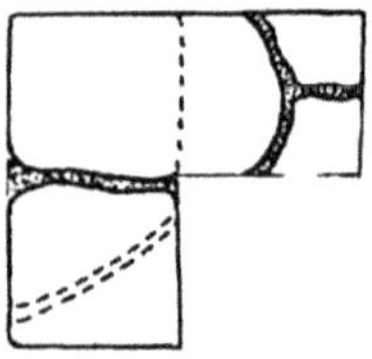

图 4-50　毛石墙转角处

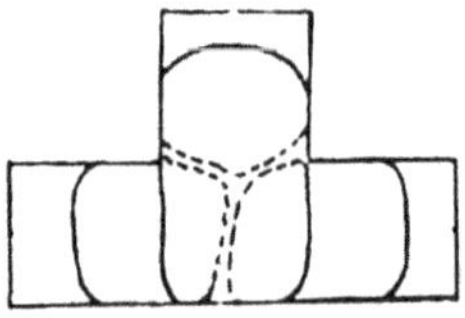

图 4-51　毛石墙丁字接头处

一般每天毛石墙砌筑的高度不宜超过 1.2 m，每皮高度应控制在 300～400 mm，灰缝应控制在 20～30 mm。

七、工作间屋面结构施工

(一)圈梁配筋

工作间圈梁配筋各墙体是不相同的，根据实际需要设计。

(二)混凝土拌和

混凝土拌和最好采用混凝土搅拌机进行，如用料较少或没有搅拌机时，也可采用人工拌和。人工拌和一般采用“三干三湿”法，即先将水泥和砂混合干拌两遍，再加入石子翻拌一次，然后一边加水，一边反复湿拌三遍，直到混合均匀，颜色一致，达到所要求的流动性。

采用搅拌机拌和时，一般按砂、水泥，石子的顺序投入翻斗中，在投料入机的同时加入全部用水进行拌和。

(三)混凝土的浇筑

在混凝土浇筑前，应先检查模板的位置、标高、断面尺寸以及垂直度是否达到设计要求，同时，检验钢筋规格、数量、位置、接头及尺寸是否正确，并填写隐蔽工程验收单后方可进行混凝土的浇筑工作。

混凝土浇筑的关键是使混凝土获得最佳的密实性、均匀性和整体性。如果构件产生蜂窝、麻面或钢筋外露等现象，将直接影响混凝土构件的质量、强度及耐久性。混凝土浇筑时，应清除模板内的杂物，避免产生离析；浇灌的方向应与推车前进方向相反。每层浇灌得不宜太厚，为保证混凝土的整体性，浇筑混凝土时，应一次性将圈梁浇筑完毕，如中间必须间歇，间隔时间越短越好，一般不应超过 2 h，以免影响混凝土强度。机械振捣一般可采用插入式振捣器，它一般用于梁、柱、墙等平面尺寸较小而深度较大的构件，将振动棒插入混凝土时，插入点应均匀分布，其间距应为振动棒作用半径的 1.5 倍，插入点排列可采用方格(正方形)或交错(三角形)排列。每层浇筑时，尽可能将振动棒插入下层未初凝混凝土中 5 cm 左右，使上、下层结合密实。插入振动棒时应顺其自然，在振捣过程中应避免振动棒碰到钢筋、模板及预埋件等。

(四)屋顶预制板放置

梁浇筑完毕后，待混凝土强度达到预定值，就可以放置预制板。预制板可预先购买成品，门、窗口过梁也可采用预制构件。若现场浇筑，可与圈梁一起进行，预制板摆放时应摆放平稳，板与板之间的接缝要尽量小，预制板必须下到圈梁槽内。

(五)屋顶防水处理

加盖预制板后，砌筑高度为 0.4 m 的女儿墙，将预制板间的缝隙用砂浆密封，与女儿墙相接处应放岩棉条，将接缝培严。密封后在预制板上加 0.25 m 厚的珍珠岩保温，珍珠岩上加 0.1 m 厚的炉渣，炉渣上面用 0.02 m 厚的水泥砂浆抹成有一定厚度的面，其作用是保证防水层铺贴平整、黏结牢固。因此要求表面平整，坡度变化均匀，女儿墙和屋面连接处应以间角连接，以利于防水层铺设，然后再用“三毡四油”做防水处理。

八、骨架及电动卷帘机的安装

(一)骨架安装

在后墙体要求的高度上，确定桁架入墙点，桁架要入墙 50 cm，在桁架入墙落脚处，做 50 cm×50 cm×60 cm 的素混凝土支撑，并固定桁架。木行架落地前脚作支撑点，可用 50 cm×50 cm×60 cm 的素混凝土地座支撑，也可在前沿做 24 cm×24 cm 的混凝土地梁支撑。地梁外侧砌 120mm 厚两皮砖，把桁架前脚固定在预埋件上，骨架前脚的直角卡筋卡在地梁上，砌两层砖把骨架挤紧，再用水泥砂浆抹面。相邻两骨架同一部位的系杆上的连接片与骨架上的连接片通过螺栓固定。靠近山墙处的支杆伸入山墙不少于 120 mm，这样整个温室骨架与墙体连成一体。稳定性好，承载能力增强，整体美观。骨架及连接件均采用镀锌钢材制成抗腐蚀，耐久性能良好。骨架焊接时不得有虚焊、脱焊、漏焊、烧伤和裂纹现象，焊缝应均匀、牢固、满焊。焊渣要全部清除干净，不得残留。焊口表面要平整、光洁。

按照 JB/T 10286—2013，拱架安装(图 4-52)有如下要求：

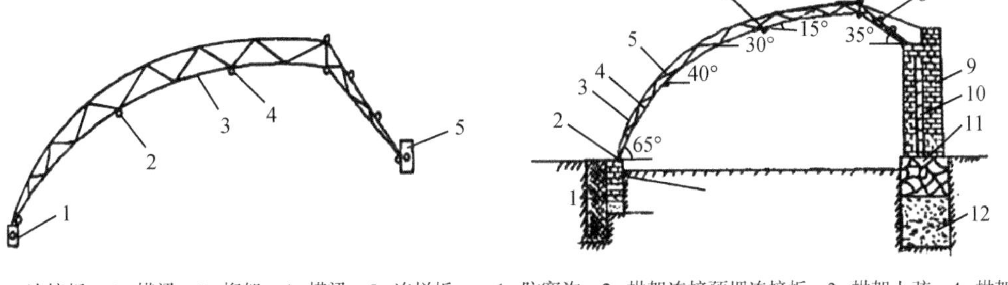

1. 连接板 2. 横梁 3. 桁架 4. 横梁 5. 连拦板

1. 防寒沟 2. 拱架连接预埋连接板 3. 拱架上弦 4. 拱架下弦 5. 拱架拉花加强钢筋 6. 拱架连接横拉钢筋 7. 后坡顶梁拉筋 8. 后坡防寒材料 9. 后墙 10. 珍珠岩 11. 石头 12. 粗砂 13. 前基础墙

图 4-52 半拱圆钢骨架安装

(1)长度不大于 50 m 的日光温室,屋脊线与基准地面平行度≤20 mm;长度大于 50 m 的日光温室,屋脊线与基准地面平行度≤30 mm。

(2)拱架间距偏差±10 mm;拱架拱圆平面与温室纵轴线垂直度≤10 mm。

(3)钢筋拱架焊合后允许用表面涂防锈漆的处理方法代替镀锌,涂漆前必须除锈。每次涂漆不得少于两遍,并应有完整的涂漆层,不得漏涂。

(4)用钢管制造的零件及冲压零件应分别符合 NY/T 7—1984 中 3.2~3.4 的规定。

(5)用冷弯型材制造的零件,冷弯型材由镀锌钢板轧制而成,镀锌钢板厚度不小于 1 mm。

(二)电动卷帘机的安装

卷帘机有不同的形式,以下介绍主要的两种。

1. 卷绳式机械卷帘系统的安装

这种系统由动力部分和卷轴部分组成。动力部分包括电动机及其皮带轮、减速机及其皮带轮、皮带、手摇柄、控制开关及电路、机架等部分;卷轴部分包括卷绳大轴及其支架、轴承、卷绳等。

(1)把机架和大轴支架焊于骨架后坡上(图 4-53、图 4-54)。机架用角钢焊成空间框架,宽度同骨架间距,安于温室长度的中部,以使减速机侧输出轴所受的扭矩均衡。大轴支梁可用角钢焊成梯形平面框架,其上安装轴承,支架间距可取 3~4 倍骨架间距。卷绳大轴可由 1.2~1.5 in(1 in=2.54 cm)厚壁镀锌钢管连接而成。

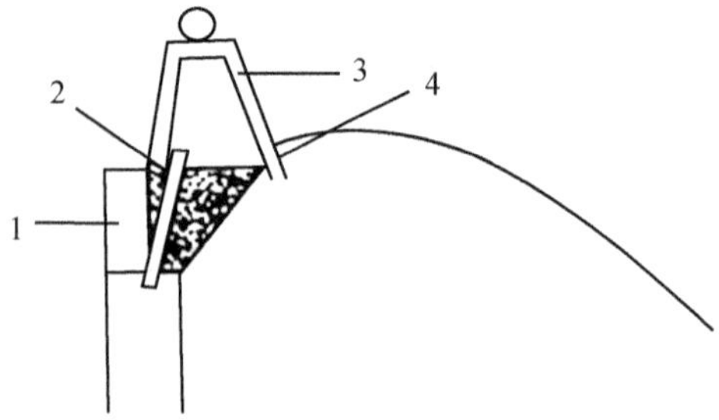

1. 女儿墙 2. 预埋钢筋 3. 支架 4. 前脚焊点

图 4-53 机械卷帘机设在后屋面上的支架

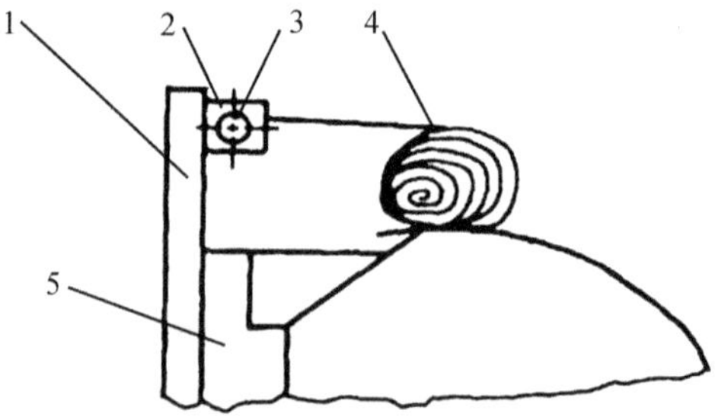

1. 支架 2. 轴承座 3. 卷轴 4. 草帘 5. 后墙

图 4-54 机械卷帘机设在后墙外的支架

(2)在机架和支架的下端平行于温室长方向焊一根 25 mm 厚壁管,其作用有外覆盖物上端固定、卷绳上端固定(在外覆盖物下侧)等。卷帘机架分两层,下层放电动机,上层放减速机,两者通过各自的皮带轮由皮带联系,手摇柄安装在减速机的皮带轮上,以便停电时手摇。把手的动力直接传递给减速机。

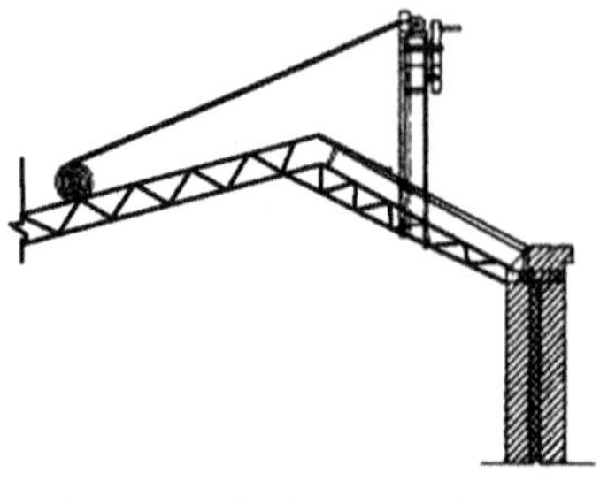

图 4-55 电动卷帘机的安装

(3)卷帘机安装的关键是电机轴与减速机轴平行,应将其安在同一竖直面内。安装时先用水准仪找平(也可用水平尺放在电机座上找平),然后将卷帘机架与温室骨架焊到一起。将电机安装到电机座上,在钢架顶挂一垂球线,让垂球线紧贴电机轮盘(图 4-55),然后安装减速机,使减速机轮盘紧贴垂球线,再将减速机固定。减速机的两个输出轴必须在同一水平线上并与温室长轴平行,以便安装卷绳轴,卷绳轴通常用 1.5 in 的厚壁管通过轴承固定于卷绳轴支架上，该支架间距为3～4倍骨架间距，通常做成梯形，焊于温室骨架后坡上、卷帘机架和卷绳轴支架在温室骨架后坡焊牢并校正位置后，方可上后坡。温室平面放样要严格保持矩形，各骨架同一部位在同一标高处，杆卷绳长短一致并在大轴上绕行幅度一致，以保持帘卷平面。

2. 卷轴式机械卷帘系统的安装

(1)当温室规格较小、外保温覆盖物重量较轻(如用保温被)时，可采用卷轴式机械卷帘系统，该系统由电动机、减速机、卷轴、伸缩支杆、支座、保温被卷等构成(图4-56、图4-57)。电动机和减速机直接连接，构成动力部分，减速机的输出轴与卷轴相连，保温被下端直接卷绕在卷轴上(保温被的上端固定在温室后坡上)。伸缩的转动支臂一端铰接于支座圆弧上，要求转动支臂的转动半径是变化的。调整转动半径的方法有两种：一种是把转动支臂做成套在一起的两段(外径分别选用60 mm和48 mm的厚壁管)，两段之间可以沿轴向产生相对运动；另一种是两段之间采用铰接，即两段可绕其连接点做相对转动。上述方法都可以调整大臂的转动半径，从而保证卷放自如。

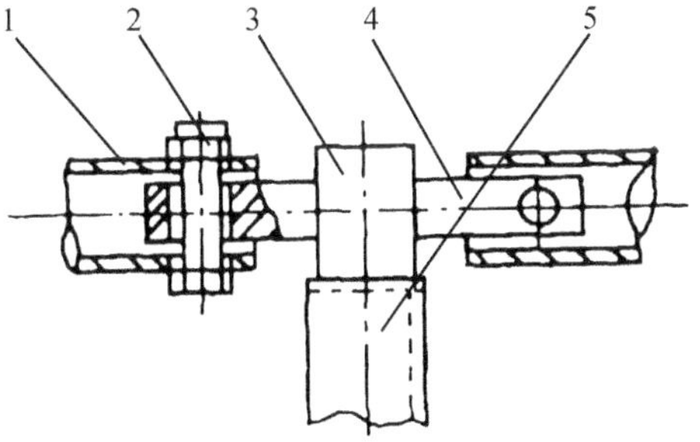

1. 卷轴 2. 螺栓 3. 轴承座 4. 心轴承 5. 支架

图4-56 机械卷帘机的卷轴安装示意图

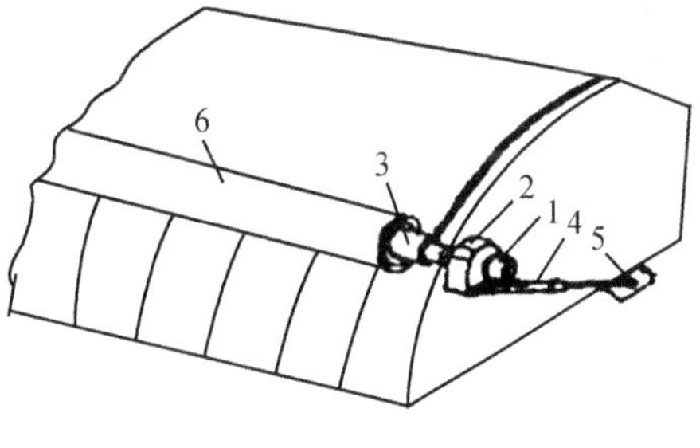

1. 电动机 2. 减速机 3. 卷轴 4. 伸缩支杆 5. 支座 6. 保温被卷

图4-57 卷轴式机械卷帘系统

(2)电动机通常采用三相异步电动机，功率为0.75 kW或1.5 kW，单相电动机或更大功率的电动机由于其体积和重量均较大而较少采用。电动机的减速机的连接方式有两种：一种是二者分体设置，其间用轴直接相连，减速机采用闭式蜗杆传动，要求电动机转数低，一般采用六级电动机，每分钟900转；另一种是二者一体化连接，通过两级摆线式减速机减速，由于摆线式减速机自锁功能差，需另设刹车装置，以免保温被卷起后自然回落。

卷轴式机械卷帘系统构造较简单，在温室施工完毕后安装即可，对温室形状要求不严格，省去了机架、支架和卷绳，但其使用条件受到限制。

九、透明覆盖材料的安装

如果日光温室覆盖材料为塑料薄膜，安装方法是在温室一侧顶端用膨胀螺栓固定一个钢板条，或者用预埋防腐木砖来固定钢板条，再在钢板条上固定卡膜槽，温室上膜后用卡簧固膜即可。现在也有日光温室用PC板覆盖的，通常是把PC板用自攻螺钉固定在钢骨架上，再用专用密封胶密封。

十、日光温室后坡的建造

日光温室的后坡不仅起支撑作用，还起保温蓄热作用。因此，日光温室后坡的建造是日光温室建造中的一个比较重要的部分。为了建造出一个既具有较强支撑作用，又能减轻墙体压力，既保温，又蓄热的日光温室后坡，最好选用重量轻，支撑强度大，保温、蓄热性能好的材料来建造日光温室的后坡。日光温室后坡的建造方法和建造材料如下：

（一）钢筋混凝土预制板

使用钢筋混凝土预制板作日光温室后坡支撑板，钢筋混凝土预制板的厚度一般在 5～10 cm。预制板外部加盖油毡纸或厚塑料膜，再加炉渣或珍珠岩，其厚度在 10 cm 左右，之后使用水泥或草泥在其上部抹平，或者在油毡纸和厚塑料膜上加 20～40 cm 厚的土，再用草泥抹平、加盖厚 20 cm 左右的稻草。

（二）木板加草垫

这种形式是在日光温室内侧采用 2～3 cm 厚的木板作支撑，在木板上面加盖油毡纸或厚塑料膜后，盖一层 5～6 cm 厚的稻草垫，再在稻草垫上加 20～30 cm 的炉渣，最后用 5 cm 左右厚的水泥或草泥封顶抹平。

（三）玉米或高粱秸秆

这种形式的日光温室后坡使用玉米或高粱秸秆作支撑。首先在日光温室内侧铺 10 cm 厚的玉米或高粱秸秆，再加 10 cm 厚的碎草或稻壳，加完碎草或稻壳后，再铺 10 cm 厚的玉米或高粱秸秆，最后用 5 cm 厚的草泥抹平。这种形式的后坡经济实用，但耐用性差。

十一、采暖系统的安装

（一）热水采暖系统的安装

温室中最常使用的集中供暖分配热量的方式为自然对流方式，用标准黑管或圆翼管散热。也可以使用强迫对流配热方式，用柱式、翼式散热器散热。如果为 9 m 以下跨度的温室，可将标准黑管或圆翼管沿侧墙布置。若跨度超过 9 m，可在作物间（或台架下）加设部分散热管。

日光温室内的热水采暖有许多配管方法，设计时应尽量考虑到以下几点。

（1）日光温室内的温度应该保持均衡。

（2）管道的排列安装不要影响室内操作管理。

（3）配管不能减少日光温室的利用面积。

（4）尽量节省费用。

（二）热风采暖系统的安装

送风机出口通常设计成水平方向送风。对于长度小于 20 m 的温室，可将两台热风机安装在温室对角线的相对两角，各自以平行于侧墙的方向，向着对面吹暖风。对于长度超过 20 m 而小于 40 m 的温室，单靠热风机难以将暖风吹到远处，不足以获得良好的空气循环。建议在温室中间增加两台循环风机，一边一台，接力送风。如果温室长度大于 40 m，循环风机数量还需增加。沿循环空气流动方向，两台风机之间的距离以不大于风机叶轮直径的 30 倍为宜。循环风机距端墙应在 4.5～6.0 m。

对于较长的温室，也可在热风机出口使用冲孔塑料薄膜软管或布管向室内送风，以改善整个温室的空气循环和温度均匀性。软管一般用聚乙烯塑料薄膜制成，在温室内沿水平方向延伸，悬挂在骨架上。软管轴线相对两侧冲出排气孔，用来向温室送出暖风。排气孔沿着轴线的间距一般在 0.3～1.0 m。软管入口的空气流速为 5.1～6.1 m/s。排气孔的总面积应不小于软管横断面面积的 1.5～2.0 倍。

循环风机和循环软管的安装高度一般应高于作物冠层高度0.6～0.9 m。循环风机应加设护罩,防止操作人员触及叶轮等运动部件而受伤害。循环软管的长度不宜超过50 m,太长将会影响空气分布均匀性。对于跨度在9 m以下的温室,室内有一根送风软管就够了。如果温室跨度大于9 m,必须安装两根以上的循环送风软管。

任务五　日光温室的维护

✓ **任务目标**

1. 会进行透明覆盖材料及零部件的维护。
2. 掌握热风炉及卷帘机的保养及维护技术。
3. 掌握灾害天气下日光温室的维护技术。

✓ **知识与技能**

一、透明覆盖材料的维护

(一)阳光板覆盖材料的维护

(1)表面有污渍时要用清水清洗,或用清洁的软布或海绵蘸中性皂液或洗涤剂轻轻擦洗,严禁使用粗纤维织物和刷子等接触板面。

(2)板面如有油脂、油漆、胶迹等顽固污垢,用无水酒精、煤油或汽油清洗。

(3)密封时要用适用于聚碳酸酯塑料的密封胶。

(4)板面严禁接触碱性物质及有侵蚀性的有机溶剂。

(5)严禁在阳光板上行走。

(6)对于存在降雪的地区(雪量较大),阳光板覆盖的温室冬季除雪时勿用锐器,以免划伤顶板,降低其使用寿命和透光性。

(7)对于阳光板覆盖的温室,为保持温室的高透光性,可用水龙头或高压水枪冲洗。清洗时勿用有机溶剂、刷子、钢丝团等磨损性材料刷洗,以免破坏外表面的防紫外线涂层。

(二)塑料薄膜的维护

(1)用清水清洗膜的表面,严禁利器接触。

(2)随时观察膜的收缩程度,避免引起钢结构变形。

(3)膜老化后要及时更换,以免影响温室的正常运行。

(4)随时查看双层充气膜的充气程度,避免在手动操作时引起充气不足。使用聚乙烯膜的温室,一定要注意温室内外压差,防止膜爆裂,尤其是外部气压低时。

(5)温室在使用中,如果薄膜松弛,在风的作用下易造成薄膜破损。因此,在发现薄膜松弛时,应及时拉紧装好。经长期使用,薄膜破裂是难免的,应注意及时修补,可以用专用塑料胶粘补,也可以在一定范围内再覆盖一层新的薄膜。

二、零部件的维护

温室构架的零部件经过热镀锌防锈处理,抗腐蚀性强,但是,在温室内,温度、湿度极高,金属材料棚架、连接螺栓等容易被锈蚀。在使用维护时,要注意防锈处理,如发现零件表面泛出白点,属正常情况,用带机油的布条轻擦即可除去。也可用浓度较高一些的机油(废机油)或黄油涂抹在螺帽丝杆处,钢架如出现大面积锈蚀,要及时除锈,刷防锈漆。

三、卷帘机的日常维护

在日常使用中,卷帘机定期维护主要注意以下几点。

(一)卷帘轴平直度的调整

在卷铺中,如发现卷帘轴高低不齐,首先要将草苫完全下铺,然后对草苫的拉绳进行调整,原则是,将走得慢地方的拉绳向上紧,走得快地方的拉绳向下松几扣。无论怎么调整都要在停机后再进行,以防将衣物卷入造成伤害。

(二)卷帘轴走偏的调整

对于牵引式卷帘,应调整密封螺栓并加足润滑油,保证减速机长期、正常安全运转。应调整牵引绳在卷轴上的位置,使牵引绳向走偏的反向移动;对于侧置摆杆式卷帘机,应将卷帘轴整体调整回原位;对于双悬臂式卷帘机,需将立杆底端往走偏的方向平移。

(三)螺栓的检查

经常检查各连接件之间的螺栓有无松动和明显磨损,并及时更换。

(四)润滑油的检查

电机减速机箱体内要有足够的润滑油,正常使用条件下应每年更换一次,及时查看卷帘机是否漏油。

(五)使用时的维护

使用时,一定要先将压卷管及帘子的物品移开,并且温室前 2 m 以内不许站人,以防卷帘机出现异常现象砸伤人。操作者应站在减速机前方侧面,以便观察卷帘时的整体情况。起放卷帘时一定要全神贯注,切忌接通电源后离开,造成卷帘机卷到位后还继续工作,从而使卷帘机及整体卷轴一同从温室后顶棚滚落,造成大的损坏;或形成倒卷,造成危害。

温室环境湿度较大,容易漏电、连电,操作完毕后须将电源切断,这样也可防止他人误操作造成损失。

四、热风炉的维护与保养

(1)热风炉在运行时要经常检查燃烧室是否有损伤部位,如发现损伤部位,应停炉修复后再用。

(2)应经常检查热风中是否有烟气,若有烟气应立即停炉检修,修复后方可使用。

(3)热风炉运行系统不得有漏烟、漏气现象发生,若发现有漏烟、漏气现象应采取措施消除故障后方可继续运行。

(4)若热风炉长时间停止运行应在炉膛内放置干燥剂并将炉门、灰门关闭,同时应将送风入口封闭,防止湿空气进入炉内。

五、灾害天气下的维护

(一)雪灾时的维护

(1)在下雪天气,应安排专人负责巡视,开启屋顶除雪装置或人工定期、及时清理温室顶部积雪,尽量减少有效积雪的聚集,以减轻结构压力。

(2)有加温设备的温室,在下雪天气要增加供热,必要时可以打开内保温幕,快速提高温室内温度，加快顶部积雪最下层的融化速度。

(3)在下雪天气(雨夹雪除外)，室外温度会很低，室内外的热交换比平时要多，所以降雪期间要尽量覆盖保温被保持室内温度。

(4)在需要揭开保温被前，必须把保温被上的雪清理干净，不能把雪一起卷起来，否则容易损坏保温被。

(5)塑料薄膜温室在下雪天气应派专人随时巡视，注意检查温室顶部，塑料薄膜不能出现局部塌陷，并绷紧薄膜方便积雪下滑；对来不及处理的局部塌陷的薄膜可以采取直接破坏的措施，把雪放下来以缓解局部压力，再重新安装薄膜并绷紧，以避免主体结构出现变形。

(二)风灾时的维护

要特别注意保持薄膜的密封性，各部分薄膜都不能有破裂，即使是很小的孔也应消除，否则将被大风撕裂导致大裂口，一旦大风进入室内，就会对整个温室的构架造成破坏。

(三)雨灾时的维护

在得到预报后要迅速关闭天窗，让雨水顺利流下；要及时排除水槽内的积存杂物，保持下水道畅通无阻，防止因排水不畅而致雨水从水槽漫出。大面积水在短时间内无法消除时，要刺穿薄膜将水泄掉，以免越积越多，造成构架损坏。

拓展阅读

一、太阳能一体化温室

(1)太阳能一体化温室能抗8～9级大风，雪载每平方米40 kg，挂载每平方米20 kg，最大排水量每小时1 600 mm，恒载每平方米50 kg。日光温室围绕光照、保温、蓄热、地上、地下五大要素进行综合研发设计，因此在北纬43°可实现了冬季不加温，最低气温在5 ℃以上，设计使用年限15年。

(2)基础采用25 cm×40 cm钢筋混凝土圈梁及桩基施工，混凝土等级30号，基础外采用斜45°角，珍珠板软性材料保温，厚度为5 cm，该保温材料拉伸率为1.27，区别于苯板保温，斜45°设计既能保证施工不伤基础，又能保证保温结构的完整性。

(3)钢支架外层采用30 mm×80 mm×2.0 mm椭圆形镀锌钢管，骨架为弧形，有利于保护膜，间距为1.0 m，为了提高透光率，内层采用30 mm×80 mm×2.0 mm椭圆形镀锌钢管与1.8 mm镀锌圆管间隔布置，间距1.0 m，水平连接管为1.5 mm镀锌圆管，并且对骨架及水平连接管表面涂塑，从而提高使用年限。采光角度根据棚室所在位置，科学利用冬季太阳光直射夹角进行设计，保证阳光垂直照射温室内，保证了温室在寒冷冬季升温速度，热量充足，外骨架沿底角做20～25 cm绝缘喷涂保温，室内前屋檐最低高度至少1.5 m。

(4)温室朝向设计，结合温室所在位置采用最佳角度南偏西5°夹角，前坡角为34.5°，后仰角40°，透明膜使用PO膜，使用年限3年以上，透光率为90%以上。

(5)前屋面采用双层设计，使室内空间降低，内外层保温装置使用与防雨塔相搭配，使其不受雨雪侵蚀，提高保温被使用年限，保温装置卷起后垂直投影小于2.0 m。

(6)墙体为多层复合式，最外层为0.5 mm烤漆彩钢，构架坚实、抗老化年限长，里层依次为10 cm苯板复合保温层、5.0 cm聚氨酯喷涂层、相变蓄能层，内装饰层，此结构保温性能极好，热传导系数在0.033以下；既阻隔热传导又阻隔低温热辐射，同时具备储能作用。

(7)太阳能一体化相变集热墙安装在温室后墙上，从传统被动式利用太阳能转变为主动式利用太阳能，采用集热效果极强的材料涂铬铝板，不仅能吸收光热，还能收集非光线热量，通过水将热量循环，储存在蓄水箱及土壤里，蓄能箱与地面相连，提高地表温度，保证植物根部热量，满足植物生长需求温度，该组合结构实现了冬季日温夜用、夏温冬用。

(8)自动化放风系统。前端底部为电动式卷帘放风系统，顶部为活塞挤压式放风系统，将活塞通过挤压封闭原理用于通风设备中，配合环流风机的双向转动叶片，实现进风和出风的转换，并可通过转速控制空气流量。该系统可根据植物所需温度进行自动开启或关闭，实现自动化。

(9)双层前坡保温，内层加设保温被，保温被采取了防腐防潮措施，且外层加设除雪膜，雪落到除雪膜上会自动滑落，大大减少人工清雪费用，同时雨夹雪天气时可只用内层保温被，避免外层保温被受潮，从而提高了保温被使用年限及保温效果。

(10)卷帘系统外层为下卷帘，卷帘机为加重型5 t、2.2 kW电动机，卷杠为Φ65 mm的3.75 mm无缝钢管，内层为侧卷帘机，卷帘机为3 t、3.0 kW电动机，卷杠为Φ80 mm的3.75 mm无缝钢管，从而保证冬季使用无任何问题。

(11)雨搭结构置于温室最顶端，雨搭底座预埋件为直径22 mm双根丝杆，50 mm×50 mm×3 mm角铁连接件，主杆采用30 mm×50 mm×2 mm双柱方管，支架横梁为30 mm×50 mm×2.0 mm镀锌方管，檩条为30 mm×50 mm×1.5 mm镀锌方管，顶棚为防水板，阻挡雨雪和紫外线直射，提高保温被使用年限，且不降低保温效果。

(12)温室顶部雨搭结构为双立柱，维修清雪可以固定安全绳及当作安全围挡使用。

(13)补光系统。温室前后设有两排补光系统，根据每盏灯照射面积安装，共安装28套，根据生长植物不同，安装不同种类补光灯并安装光照度传感器，光照不足时自动开启，光照充足自动关闭。

(14)防冷风隔断结构保证冬季开门时，能阻隔冷空气直接进入温室，从而保证温室门口处植物正常生长，同时也提高了温室保温能力。

(15)温室门为密封保温门，大门加设小门结构，面层为镀锌板，保温层为聚氨酯泡沫，因此克服了冬季温室“冻门”现象。

(16)温度保障系统，因为太阳光具有不可控性，连续阴天时启动电磁旋热风补偿系统，在保证温室温度的同时可以起到除潮排湿的作用，电磁旋利用物理学原理，电能热转换率为98%，规格为76 mm×45 mm×100 cm，额定电压380 V，额定电流15 A，额定功率10 kW，供热面积660 m^2。

二、依托式温室

1. 庭院依托式温室

这种温室建在住屋南墙窗台下面，以住屋的墙为温室的后墙。由于住屋南墙吸热好、光照强，在此建造温室，冬季能节省大量燃料。温室的大小以住屋面积决定，一间半住屋能建50 m^2的温室。

2. 山坡依托温室

依托山坡或丘陵建造的温室，三面墙借助地势挖成，适宜高岗、地势不平整的地形，选向阳坡挖出地槽，埋立柱，盖后屋面，前屋面扣薄膜即可(图4-58)。

3. 种养结合型温室

利用动物和植物的互补作用，前面种植，后面养殖，属于生态效益型节能温室(图 4-59)。热源来自太阳光和牲畜放出的热量，冬季温室不必加温仍能保持在 0 ℃以上。

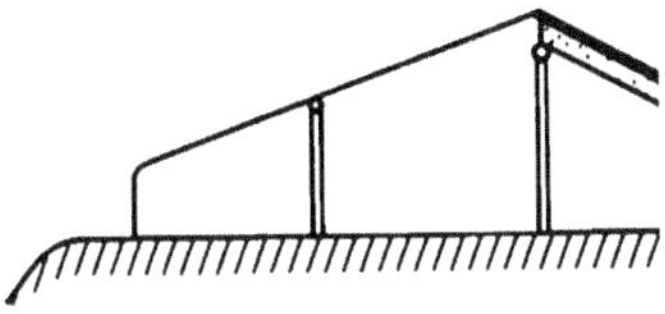

图 4-58　山坡依托温室

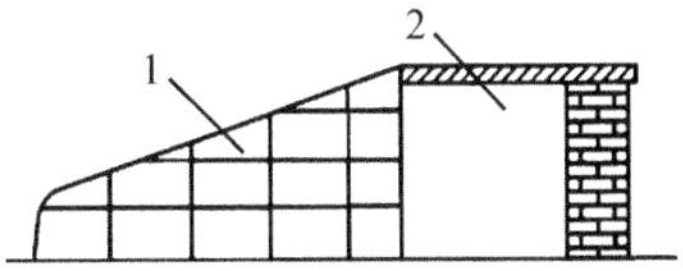

1. 种植温室　2. 畜(禽)舍

图 4-59　种养结合型温室

自测训练

一、填空题

1. 按温室骨架的建筑材料不同划分，可分为土木材料的________；钢材混凝土的________、________、________。

2. 按透明覆盖材料不同可将温室分为________、________、________等。

3. 对于我国北方大部分冬季寒冷地区，冬用型日光温室的方位以________为宜。

4. 如果使用罗盘和指南针测定的方位，是属于________。

5. 当入射角在________范围内时，随着入射角的加大，光的透过率变化不大，在________范围内。

6. 日光温室前屋面采光角度设计是以________、________时的太阳高度角为依据的。

7. 日光温室的墙体按照墙体材料分为________、________和________三大类。

8. 温室操作间设在温室的门口，一方面起到存放生产工具和生产原料的作用，另一方面主要是为防止________直接侵入温室，起到温室________的作用。

9. 竹木结构温室，其屋面的结构比为________；大型金属结构温室，其屋面的结构比为________。

10. 温室的采暖按热源不同可分为________、________、________和其他形式的采暖系统。

二、判断题

1. 为设计的温室可靠，计算雪荷载时应采用温室所在地可能的最大积雪深度对应的雪压。（　　）

2. 计算风荷载时，基本风压是以温室所在地的最大瞬时风速作为计算依据的。（　　）

3. 最大采暖负荷是采暖设计的基本数据，其大小直接影响整个设施的经济性。（　　）

4. 温室蒸发降温的同时，须进行通风。（　　）

5. 温室的总换气量与温室内外气温、温室内地表面积及设计的降温换气率等因素有关，故不必按设计精确地予以调控。（　　）

6. 温室骨架所用钢材包括所有型号材料。（　　）

7. 混凝土的质量差异主要与砂、石、水、石灰比例不同有关。 （ ）

8. 若温室长度小，两端山墙遮阳面积相对较大，影响产量，但其单位面积造价会减少。 （ ）

9. 土壤横向传热在地面总传热中占有较大比重，往往造成日光温室地温偏低，设计时要予以注意。 （ ）

10. 应尽量采用室内无柱的轻型骨架作为日光温室的承重骨架，使其遮光的程度最低。 （ ）

三、选择题

1. 前坡散热量占单坡温室散热量的（ ）。

A. 70％ B. 50％ C. 90％ D. 40％

2. 栽培区是否设北通风窗应因地制宜，严寒地区可不设，一般寒冷地区在北面间距（ ）设窗即可，冬季要严密封堵。

A. 3～4 m B. 2～3 m C. 5～6 m D. 7～8 m

3. 温室光照条件中，最重要的是（ ）。

A. 光照强度 B. 光照时数

C. 光照质量 D. 光照的分布状况

4. 作物的最大净光合作用的快慢以（ ）作为指标。

A. 光照强度 B. 光照时数 C. 光照质量 D. 光合速率

5. 在温室采光设计中，为使温室进光量大。温室南屋面的倾角应当与太阳光线配合成比较合适的角度。以入射角为（ ）最理想。

A. 20° B. 0° C. 10° D. 30°

6. 有人把与太阳光线构成入射角为0°的屋面角叫（ ）。

A. 合理屋面角 B. 理想屋面角 C. 实用屋面角 D. 调整屋面角

7. 以入射角不超过40°时计算所得出的屋面角被称作（ ）。

A. 合理屋面角 B. 理想屋面角 C. 实用屋面角 D. 调整屋面角

8. 防寒沟底部宽度通常为（ ）。

A. 0.1～0.2 m B. 0.4～0.5 m C. 0.3～0.4 m D. 0.2～0.3 m

9. 下面哪种因素是保证作物生长发育的最重要的环境因子？（ ）

A、湿度 B. 光照 C. 温度 D. 肥料

10. 下面哪个选项不是热量传递的主要形式？（ ）

A. 传导 B. 对流 C. 辐射 D. 蒸腾

四、简答题

1. 理想的采光屋面应该满足哪些条件？

2. 日光温室墙体设计要考虑的因素有哪些？

3. 日光温室的基础设计的原则有哪些？

4. 依托式节能日光温室的特点有哪些？

5. 日光温室日常维护主要注意哪些方面？

五、计算题

在北纬40°地区建造日光温室，脊高3.5 m，后屋面水平投影1.5 m，墙体厚61 cm，卷起草

苫高 0.5 m，冬至日太阳高度角 26.5°，其正切值为 0.498。求前后栋温室间距。

技能训练　日光温室结构观察及测量

一、技能操作目标

通过技能训练，了解当地日光温室的主要类型，结合所学知识，对日光温室的基本结构有进一步的了解，理解日光温室的设计原理。

二、材料及场地

1. 材料

皮尺、钢卷尺、量角仪、梯子、笔和记录本等。

2. 场地

设施园区。

三、技能操作与方法

1. 温室类型观察

通过参观、访问等方式，观察、了解各种类型的日光温室及所用的建筑材料。

2. 温室结构测量

对当地的主要日光温室进行测量，了解其结构数据并填写表 4-9。

表 4-9　日光温室的结构

调查内容		Ⅰ	Ⅱ	Ⅲ	Ⅳ
整体内容	所在地点				
	方位				
	长度/m				
	温室间距/m				
	跨度/m				
	脊高/m				
后墙及山墙	高度/m				
	厚度/m				
	材料及结构				
后屋面	宽度/m				
	厚度/m				
	投影长度/m				
	仰角/(°)				

续表4-9

调查内容		Ⅰ	Ⅱ	Ⅲ	Ⅳ
前屋面	形状				
	宽度/m				
	投影长度/m				
	接地倾角/(°)				
	主采光面角度/(°)				
	骨架材料				
	防寒覆盖材料				
立柱高度	后柱/m				
	中柱/m				
	前柱/m				

项目五　连栋温室的建造与维护

项目导读

连栋温室，也称智能温室或现代温室，它是设施农业中的高级类型，拥有综合环境控制系统，利用该系统可以直接调节室内温、光、水、肥、气等诸多因素，可以实现全年高产、稳步精细生产，经济效益好。随着设施农业建设的快速发展，连栋温室的智能化、数字化为农业发展带来了推动力。智能化控制系统一般由信号采集系统、中心计算机、控制系统三大部分组成。

知识目标

1. 了解连栋温室的基本结构及配套系统的功能。

2. 了解连栋温室的结构设计、遮阳系统设计、湿帘降温系统设计及自动控制系统的设计内容。

3. 熟悉温室主体材料、覆盖材料的种类、性能及安装方法。

微课　智能温室

能力目标

1. 能够组织连栋温室的建设与施工。

2. 了解温室工程相关标准，能够进行温室工程验收。

3. 能够进行连栋温室的使用与维护。

素质目标

1. 能独立获取知识并进行信息处理。

2. 有爱岗敬业、团队合作、勇于创新的精神和良好的职业道德。

任务一　连栋温室基本结构的认知

✓ 任务目标

1. 熟悉连栋温室的型号与规格。

2. 熟悉连栋温室的主要类型。

3. 明确连栋温室的性能和应用。

✓ 知识与技能

连栋温室是至少有两个跨度以上的跨间屋面以天沟连接的温室。连栋温室面积大、空间高，适合于较大规模的机械化园艺生产的组织和管理。

一、连栋温室的型号与规格

(一)连栋温室的型号

连栋温室型号按以下规定编制(JB/T 10288—2013)：

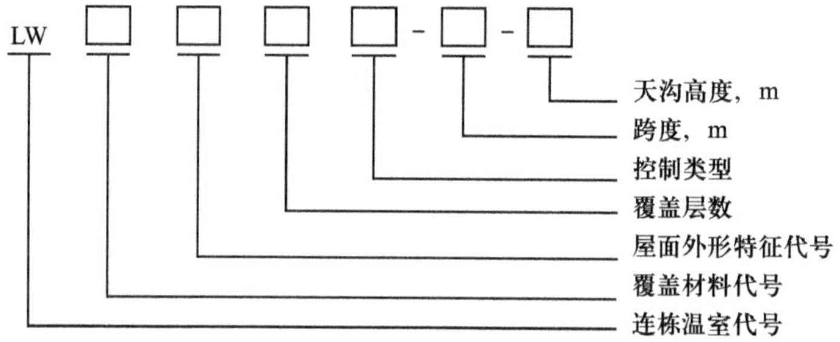

(1)控制类型：Z—智能化，B—半自动，S—手动。

(2)屋面外形特征代号：G—圆拱形屋顶，R—双坡单屋面（“人”字形），J—锯齿形单屋面，RR—双坡多屋面，JJ—锯齿形多屋面。

(3)覆盖材料代号：S—塑料薄膜，B—玻璃，P—PC板。

(4)连栋温室代号：“连”“温”两汉字拼音的首字母。

(二)温室建筑规格

由于连栋温室所具有的建筑特性与机械产品特性二者并存，同时在全球范围内又缺乏统一的标准，在其发展过程中产生了多种尺寸规格，因此，目前对于温室建筑规格只能由各国或各地区进行局部规范。一般来说，我们从温室的单元尺寸和总体尺寸两个方面描述温室的建筑尺寸特点。

1. 温室的单元尺寸

温室的单元尺寸参数主要包括跨度、开间、檐高、脊高等(图5-1)。

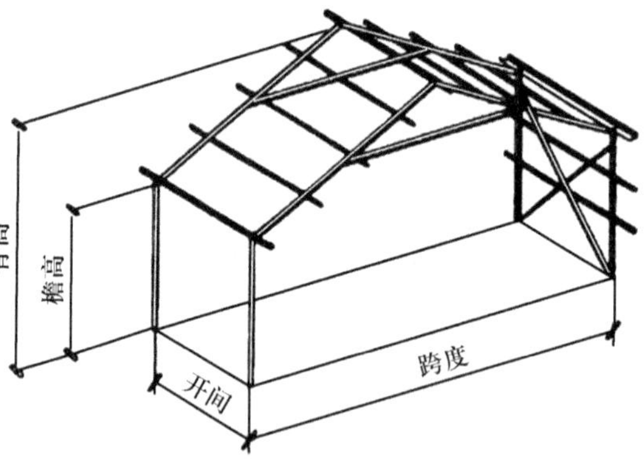

图5-1 连栋温室单元尺寸示意图

(1)跨度。指温室一个屋面下，沿垂直于屋脊方向的宽度。对于连栋温室即为相邻天沟中心线之间的距离。通常，温室跨度规格尺寸为6.00 m、7.00 m、7.50 m、8.00 m、8.50 m、9.00 m、9.50 m、10.00 m、12.00 m等。

(2)开间。指天沟下相邻两立柱之间的距离。通常，温室开间规格尺寸为3.00 m、4.00 m和5.00 m，特殊用途温室不受此规格限制。

(3)檐高。指温室柱底到温室屋架与柱轴线交点之间的距离。通常，温室檐高规格尺寸为3.00 m、3.50 m、4.00 m、4.50 m。

(4)脊高。指温室柱底到温室屋架最高点之间的距离，通常为檐高和屋盖高度的总和。温室屋脊高度一般控制在 3.30～6.00 m，特殊用途温室不受此限制。

(5)坡度。双坡屋面的坡度以坡面与地平面的夹角表示。南方不积雪地区，为节省屋面材料，降低温室成本，建议选取 20°，其他地区选取 25°。

(6)连跨数和开间数。温室的连跨数和开间数主要根据现场土地的宽度和长度来确定。

(7)下弦高度。指温室屋面主构架下沿离地面的高度，通常与横梁和天沟离地面的高度近似相等(表 5-1)。

表 5-1　温室跨度与下弦高度的关系

温室跨度/m	下弦高度/m
6	≥1.8
7～8	≥2.4
9～10	≥3.0
12～15	≥3.6

2. 温室的总体尺寸

(1)长度。指温室在整体尺寸较大方向的总长。

(2)宽度。指温室在整体尺寸较小方向的总长。

(3)总高。指温室柱底与温室最高处之间的距离，最高处可以是温室屋面的最高处或温室屋面外其他构件(如外遮阳系统等)处。

3. 温室的规模

连栋温室相关行业标准(JB/T 10288—2013)中建议每座温室的建筑面积，华南地区不大于 5 000 m^2，其他地区不大于 10 000 m^2。对于安装湿帘风机降温系统的温室，为减少温室内的温差，长度或宽度应不大于 60 m。否则，温室内必须采取强制空气循环措施。对于更大的温室，应采取有效的措施以保证温室的加温、通风降温和物流运输等方面的性能。

二、温室的配套设施

除温室主体结构外，为实现温室“可控生产”的功能，温室均配备一些必要的设备，以便温室在温、光、湿、水、肥、气、生产管理等方面达到作物生长和集约化管理的要求，这些设施主要包括通风降温、加温、遮阳、保温、灌溉、施肥、栽培、植物保护、供配电、人工补光和控制系统等。在选择配套设施的过程中，最重要的是在投资许可的条件下最大限度地满足作物对温室内环境的要求，对于关键配套设施如遮阳保温系统、传动机构等应尽量采用质量高、使用寿命长的产品，以保证其功能的正常发挥。

三、连栋温室朝向

连栋温室的朝向，指温室屋脊的走向，也就是天沟的走向。温室的朝向应结合当地纬度及主要风向综合考虑。一般来说，我国大部分纬度范围内，温室宜取南北走向，使温室内各部位的采光比较均匀。若限于条件，必须取东西走向，由于天沟和骨架构件的遮阳作用，常使某些局部位置长时间处在阴影下，得不到充足的光照，从而影响作物的正常生长发育。应妥善布置室内走廊和栽培床，或适当采取局部人工补光措施，使作物栽培区得到足够的光照。

任务二　连栋温室的设计

✓ **任务目标**

1. 了解连栋温室的荷载、结构、基础及围护结构的设计要求。
2. 熟悉连栋温室的各系统设计要求。
3. 熟悉连栋温室的智能控制系统设计原理及要求。

✓ **知识与技能**

一、温室荷载的设计要求

温室荷载是指施加在温室结构上的分布力或集中力，其种类取决于温室的特点和与其相关的外部环境条件。温室结构承受的荷载包括永久荷载（恒荷载）、可变荷载（屋面均布荷载、施工检修集中荷载、风荷载及雪荷载）和偶然荷载。温室结构的设计荷载，应符合有关规定。温室结构和构件在承受最不利的可能的设计荷载组合时，构件中的产生的应力不得超过所用材料的许用应力，不致发生倒塌、倾翻和掀顶等恶性事故。

（一）基本要求

1. 安全性

连栋温室结构及其所有构件的设计必须能安全承受包括永久荷载在内的可能的全部荷载组合，任何构件危险断面的设计应力不得超过温室结构材料的许用应力。温室结构及其构件必须有足够的刚度，以抵抗纵、横方向的挠曲、振动和变形。

2. 耐久性

温室的金属结构零部件要采取必要的防腐及防锈措施，覆盖材料要有足够的使用寿命。

3. 稳定性

温室结构及其构件必须具有足够的稳定性，在允许荷载作用下不得发生失稳现象。

（二）特殊要求

1. 温室总体结构的完整性

温室必须具有总体完整性。因外力作用局部损坏时，温室结构作为一个整体应能保持稳定，不致发生连锁效应。

2. 温室结构的经济性

温室结构的设计允许忽略某些出现频率很低的灾害性荷载。例如，非地震高发区的地震力，非台风高发区的台风荷载，大多数地区的龙卷风等，这样可使温室制造成本大幅度降低。

二、连栋温室的结构设计

（一）温室结构设计的内容和步骤

温室结构设计就是通过科学合理的方法，分析温室结构整体及各构件的力学反应并在符合国家有关规范和标准的前提下将温室结构各个部分具体化的过程。主要包括以下步骤：

（1）温室结构形式的选择。通过初步的比较分析，确定适当的结构形式。

（2）温室几何尺寸的确定。主要确定温室的几何特性，如跨度、檐高、脊高、构件长度等（图5-2）。

(3)对温室结构用材进行选择，确定各分类构件的材料种类。

(4)确定温室设计荷载。主要确定荷载作用形式和特点、荷载数值大小、组合方式等。

(5)选择计算方法，进行力学分析和截面分析，按照承载能力极限状态和正常使用极限状态对结构构件进行分析。

(6)通过计算比较，在满足国家有关设计标准与规范要求的前提下，确定温室整体和各个构件的具体参数，选择适当的连接方式。

(7)对设计结果再次进行比较和分析，在分析比较的基础上，进行局部调整或整体调整。

(8)确定最终设计结果，完成设计文件和生产工艺方案。

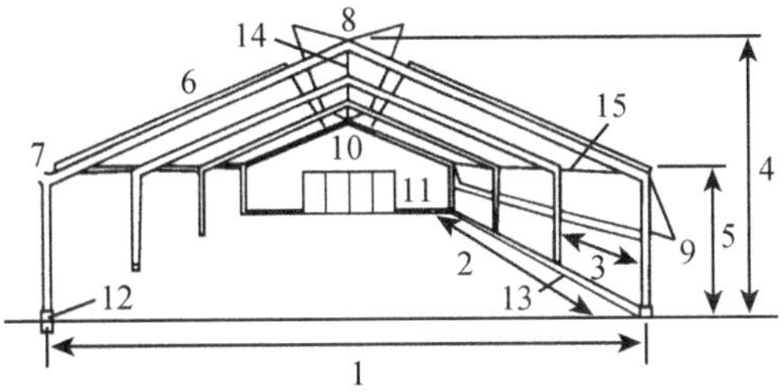

1. 跨度 2. 温室长度 3. 开间 4. 脊高 5. 檐高 6. 屋面 7. 天沟 8. 天窗 9. 侧窗
10. 山墙 11. 门 12. 独立基础 13. 条形基础 14. 脊檩 15. 檐檩

图 5-2 温室各部分的名称

(二)主体骨架设计

连栋温室的骨架是由轻型材料制成的各种构件连接成多个单元组合在一起的几何不变体。它支撑温室覆盖材料、运转设施和一切安装在它上面的附属设备，是承受温室自重和其他荷载的载体。

现代温室结构材料主要有钢材、铝材、钢筋混凝土等。多年以来，钢材、铝材在温室结构设计和生产中得到了广泛的应用，并因其截面小、质量小、加工便利、耐久性强等优点而成为最主要的温室结构材料。

1. 骨架结构的主要受力构件分析

连栋温室骨架结构的主要受力构件有立柱、侧柱、椽子、檩条、剪刀支撑、横梁和屋架等(图 5-3)。骨架结构的主要受力构件必须进行受力计算，以保证构件具有足够的强度、刚度和稳定性。连栋温室骨架主要构件在正常使用条件下，从交付使用之日起，至少要保证使用 15 年。

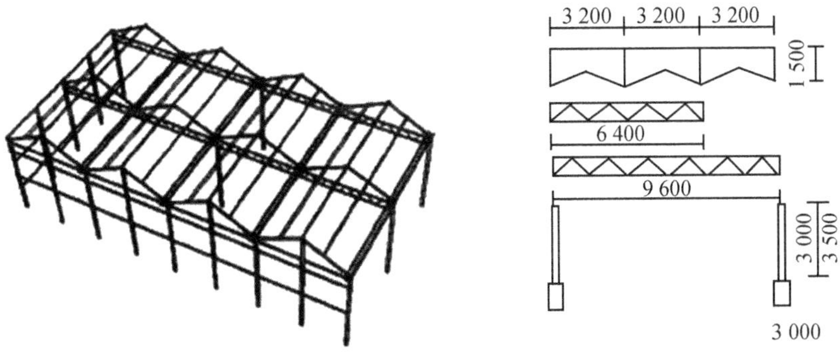

图 5-3 Venlo 型温室的钢结构示意图(单位:mm)

2. 骨架结构主要构件材料选择

温室用钢材主要使用满足国家现行标准 GB/T 700 的热轧型钢、冷弯薄壁型钢，有时也采用圆钢或无缝钢管等，特别是冷弯薄壁型钢，由于其截面合理、质量小、型号多样、取材方便等特点，已成为建造温室结构的主要钢材品种（图 5-4）。所用钢及材料应符合 GB/T 6723、GB/T 6728、GB/T 6725 和 GB/T 11981 的有关规定。圆管可用直缝电焊钢管，外径不得小于 22 mm，壁厚不得小于 1.2 mm，力学性能和规格应符合 GB/T 13793 的规定。也可使用符合 GB/T 3091 的低压流体输送焊接钢管，公称口径应在 25 mm 以上。

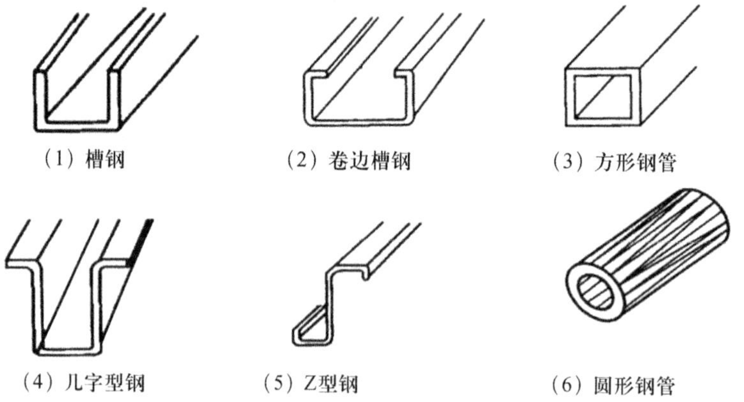

图 5-4　温室常用的几种薄壁型钢

(1)钢材。

①热轧钢板有厚钢板、薄钢板、扁钢(或带钢)等，在温室结构中，主要采用薄钢板和扁钢，其主要规格如下：

薄钢板厚度 0.35～4 mm，宽度 500～1 500 mm，长度 0. 4～5 m。扁钢厚度 4～60 mm，宽度 12～200 mm，长度 3～9 m。

薄钢板主要用于梁、柱构件的加工、制作；扁钢可制作组合梁的腹板、翼板及节点板和零件等。

②热轧型钢主要有工字钢、槽钢、角钢等，温室主要采用普通工字钢和普通槽钢，主要规格如下：

普通工字钢常用型号为 10～63 号，长度 5～9 m。普通槽钢常用型号为 5～40 号，长度 5～19 m。

③薄壁型钢由薄钢板模压或冷弯制成，其截面形式及尺寸可按照要求合理确定，由于能充分利用钢材的强度，减小端面尺寸，节约钢材，因而在温室结构中得到广泛的应用。薄壁型钢主要有方钢管、矩形钢管、槽钢、内卷边槽钢、外卷边槽钢、Z 型钢、卷边 Z 型钢、角钢、卷边角钢、焊接薄壁钢管等形式。

④无缝钢管由于回转半径较大、风阻较小，用在露天以承受风力为主的结构(遮阳设施)较为适宜。无缝钢管外径一般为 50～300 mm，厚度一般为 4～14 mm。

所有钢管或型钢构件出厂前均应进行热镀锌或喷塑处理。温室投入使用后，每隔 3～5 年要重涂一次防锈漆。国内外温室建筑钢材原料均为冷轧带钢，从力学性能及防腐性能上都优于热轧钢材。主体钢结构最好选用标准化、工业化生产(包括小的连接件、配件)的产品，可提高温室主体的标准化程度，尽量避免温室各部件采用不同厂家的产品，使得装配不合理，直接导致温室整体结构稳定性下降。

(2)铝材。为了减轻结构重量，铝和铝合金型材也常用于温室建设。所用铝及铝合金型材应符合 GB/T 3880.1 和 GB/T 5237.2 的有关规定。温室铝材主要用于温室的椽条(即镶嵌条)或直接用作温室屋面梁、天沟等，温室用铝合金条断面如图 5-5 所示。

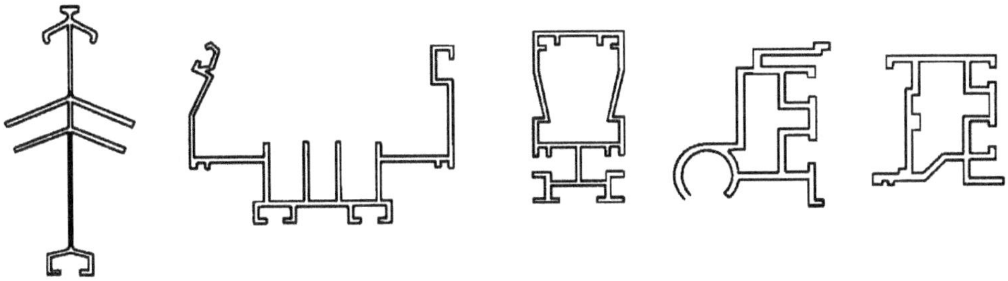

图 5-5　温室用铝合金断面

温室用铝型材主要选用锻铝 LD31-RCS，这种铝材强度较低、耐腐蚀性能好、外形光滑美观，使用温度为－70～50 ℃，其合金经过特殊机械处理后有较高强度和导电性能。在温室结构发展过程中，为增加材料硬度等，可根据国家有关标准对材料成分和力学性能等进行适当的改变以满足设计要求。

(3)骨架结构的连接件。连栋温室骨架的连接结构件应采用专用扣件、专用螺栓和标准螺栓，没有焊点，抗腐蚀性好(图 5-6)。所有连接件的设计和选用必须满足使用强度要求。表面应进行热镀锌处理，镀锌层厚度不得小于 0.01 mm。

连接件多用碳素钢制造，其冲切边不应有明显的毛刺，表面不得有明显的压伤和划痕。板件与骨架构件的连接，允许使用符合 GB/T 845 的十字槽盘头自攻螺钉、符合 GB/T 5285 的六角头自攻螺钉。自攻螺钉的直径和间距要满足连接强度要求。也可以使用符合 GB/T 12615.1～GB/T 12615.4 的封闭型平圆头抽芯铆钉，用拉铆枪连接。铆钉的规格和间距应与被连接件匹配，满足连接强度要求。

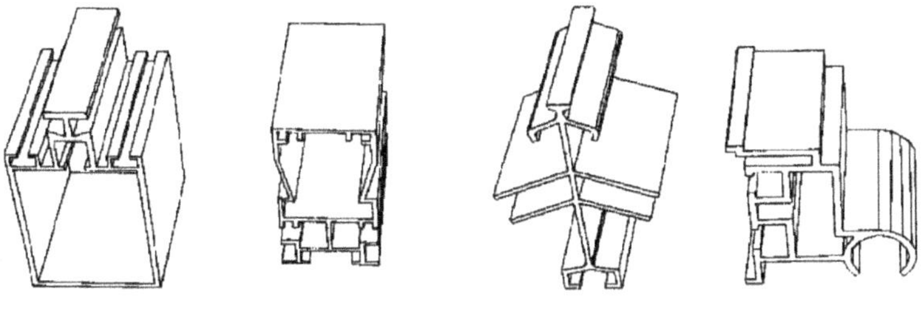

图 5-6　常用的铝合金结构

3. 骨架结构形式

(1)圆拱屋面。这种造型的温室是最常见的，其构造简单，施工方便，常用于以单层或双层塑料薄膜为屋面透光覆盖材料的温室，也可用于单层塑料波纹板材为屋面透光覆盖材料的温室(图 5-7)。

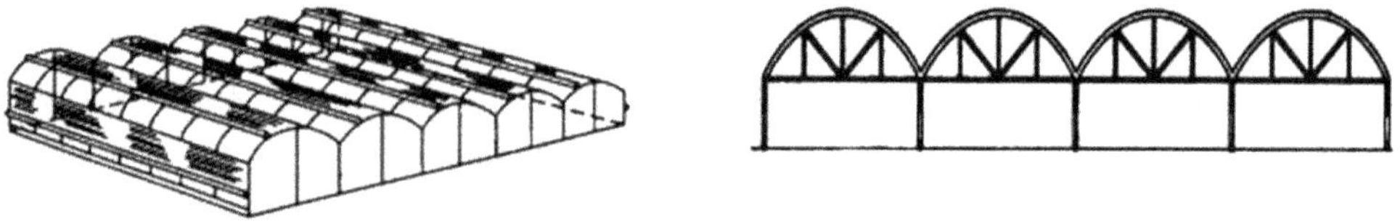

图 5-7　圆拱屋面

(2)双坡单屋面。这种造型源于传统民居,屋面呈“人”字形跨在每两排立柱之间,每跨为一个屋面。屋面具有适当的坡度,以利于雨雪滑落。这种温室采光好,室内光照比较均匀,结构高大,风荷载对结构影响较大,而且对加热负载的需求也较大。它比较适合于以透光板材(玻璃、多层中空塑料结构板材)为屋面透光覆盖材料的温室(图 5-8)。

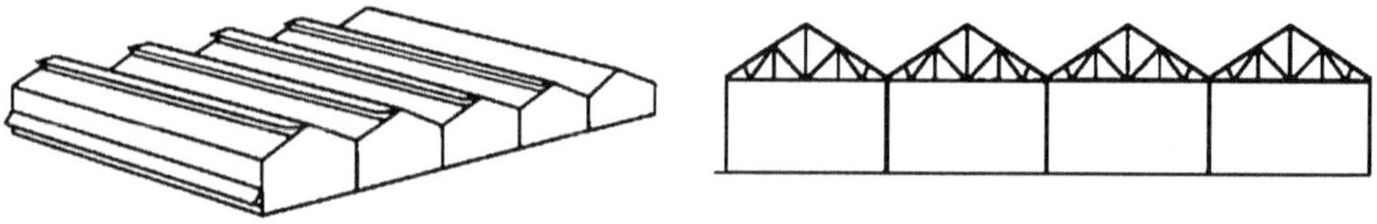

图 5-8　双坡单屋面

(3)双坡多屋面。这是一种小屋面双坡面温室,是用得最广泛的一种玻璃温室结构。由于使用较小屋面(每个屋面宽为 3～4 m),每跨由 2～4 个小屋面组合而成,温室的总高度受到限制,但减少了风荷载对结构的影响,也减少了热负荷需求。但它具有最佳的采光效果,这一点对高纬度、短日照地区的温室特别重要(图 5-9)。

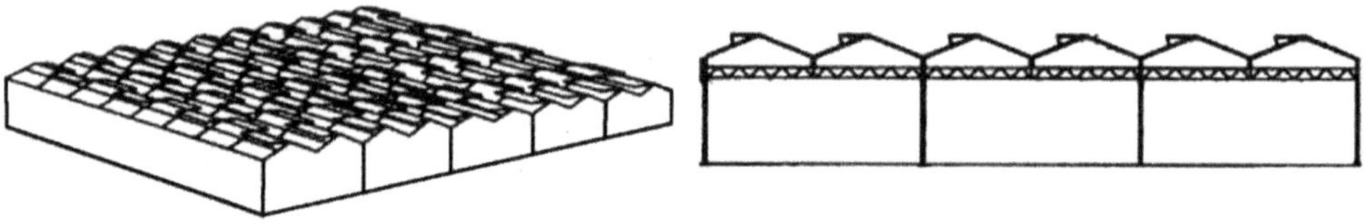

图 5-9　双坡多屋面

(4)锯齿形多屋面。锯齿形屋面有单屋面和多屋面两种,多屋面造型是锯齿形单屋面的改进型。其目的是增加屋面坡度,改善雪的滑落效果,并增大垂直通风窗的面积,以利于自然通风。同时也使温室建筑物的高度被限制在适当范围之内。它比较适合于跨度较大的薄膜覆盖的自然通风温室(图 5-10)。

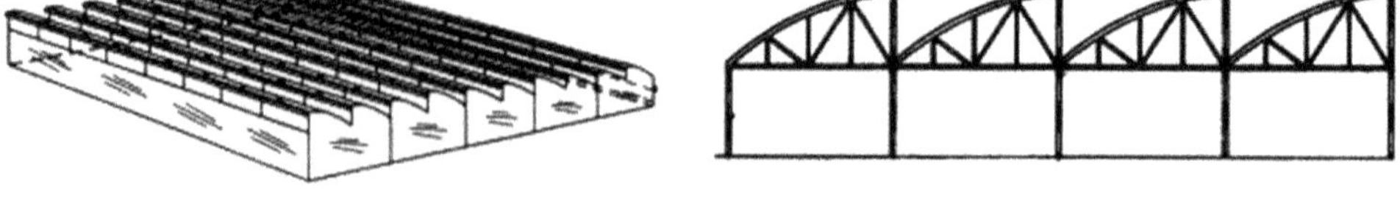

图 5-10　锯齿形多屋面

三、基础设计

基础是承受温室全部构件自重以及由骨架传下来的全部外荷载的构件，常用墩形基础或条形基础。温室一般采用轻型钢结构，基础传给地基的力较轻，所以常采用墩形独立基础就能够承受这些荷载。对于地基承载力极低或地基各部位承载力差别较大的温室，为防止不均匀沉陷，可采用条形基础。基础最常用的材料为钢筋混凝土。柱脚常高出地面 0.25～0.30 m，以防止连接件的锈蚀，常在柱墩内预埋锚固螺栓或锚固钢板，在安装时与柱脚用螺栓连接或焊接。螺栓的多少和尺寸大小以及焊缝的多少，应根据结构设计提出的采用刚节点或铰节点的要求，由结构设计来确定。基础的设计方法与其他建筑的基础设计相同。

(一)基础设计基本要求

(1)温室基础设计包括基础的材料、基础类型、基础底面尺寸、基础的几何形状和底面距地表深度等内容。

(2)进行基础设计的前提是首先要知道基础所要承受的荷载类型及其大小，其次要准确掌握地基持力层的位置、地耐力的大小和地基土壤性质；此外，还应了解地下水位高低以及地下水对建筑材料的侵蚀性等。当地常年冻土层深度也是基础设计的一个重要参数，基础最小深度至少要有 600 mm，且在冻土层以下。

(3)基础要置于原状土层(未翻耕)，或置于夯实的回填土或三合土上。

(4)两温室相邻时，新建温室的基础埋深不宜大于原有温室基础。当埋深大于原有温室基础时，两基础间应保持一定净距，一般取相邻温室两基础底面高差的 1～2 倍。

(二)常用基础类型

1. 连续墙基

当立柱间距较小时，如在 1.2 m 以下，宜采用连续墙基。在温室中，连续墙基常用于外墙下，除承受上部结构传来的荷载外，还起围护和保温作用。温室外围护墙面的基础埋深应在常年冻土层以下，当冻土层深度较深(大于 1.50 m)时，为节约投资，可将基础埋深设计在冻土层以上 10～20 cm；温室内有隔断墙时也常采用连续墙基。

连续墙基的材料可根据当地情况因地制宜地进行选择，一般采用砖石、混凝土。垫层可采用灰土、三合土、素混凝土。用这些材料砌筑的基础抗压性能好，但抗弯性能差。在砌墙基时，应将安装立柱或其他设备的预埋件准确地埋在适当位置(图 5-11)。

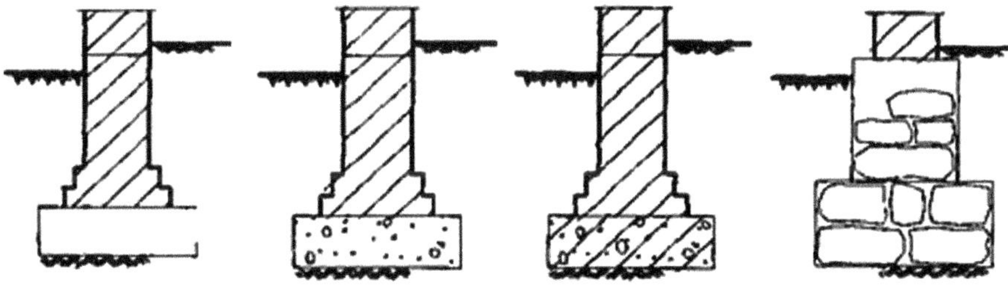

图 5-11 常见连续墙基类型

2. 混凝土柱桩基础

当立柱间距超过 1.2 m 时，用分离的混凝土柱桩和底脚作为基础比较适宜(图 5-12)。混凝土块的尺寸依温室高度、连跨数量、斜撑数量、土壤性质等参数确定。

3. 混凝土方墩基础

连栋温室的跨距 8～9 m，开间(立柱间距)在 3～4 m 时，在一般土壤承载能力情况下，中间立柱可使用如图 5-13 所示的上小下大的梯形混凝土方墩作为基础，周边立柱可使用如图 5-14 所示的矩形混凝土方墩作为基础。一般考虑温室应在冬季保持运行，室内不会出现冻土，基础埋深可不受冻土层深度的影响，主要应考虑不影响室内作物耕作和满足地基持力层的要求，一般可埋设在地面以下 0.80～1.00 m。

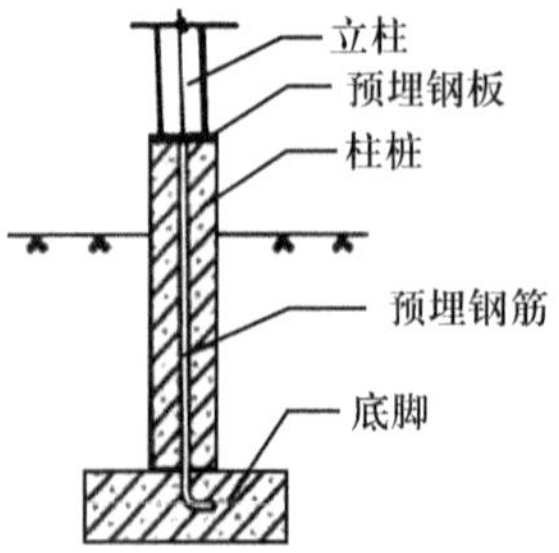

图 5-12 混凝土柱桩

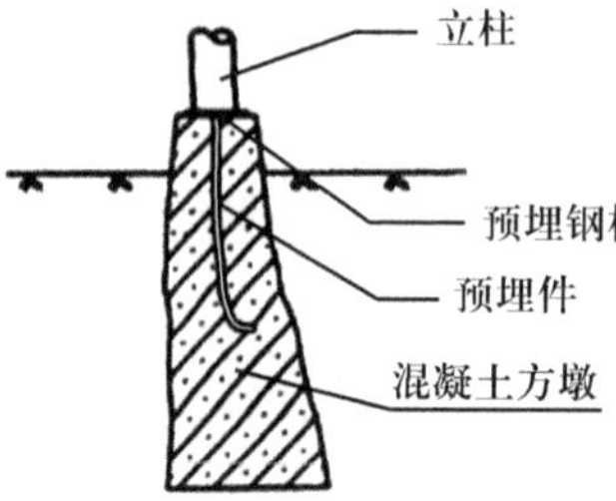

图 5-13 梯形混凝土方墩

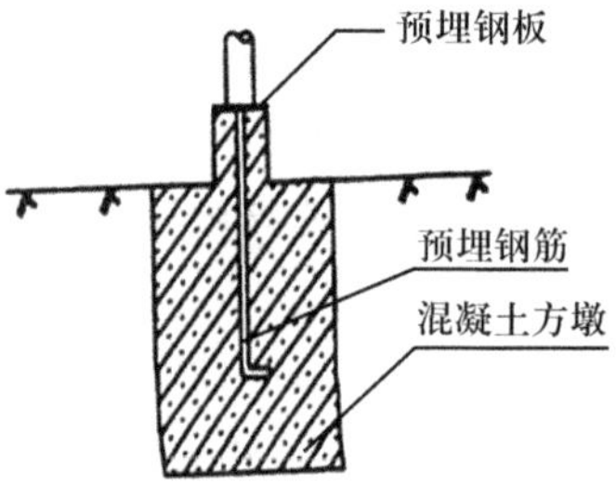

图 5-14 矩形混凝土方墩

与温室钢结构连接的预埋件都设置在基础顶部，预埋件的设计也是基础设计中的一个重要组成部分，预埋件与上部结构连接方式主要有铰接、固接及弹性连接等方式，根据连接方式的不同，设计和构造方法也不同，但所有预埋件必须保证与基础连接良好，并保证将上部结构传来的力正确地传给地基(表 5-2)。

表 5-2 基础上部柱间允许最大尺寸偏差

项目	长度和宽度方向柱距	总长度 L	总宽度 B	高度
最大尺寸偏差	±10 mm	$\pm L/3\ 000$	$\pm B/3\ 000$	±5mm 按设计高度

四、围护结构设计

(一)墙体设计

连栋温室墙体由一排北山墙、一排南山墙、两排侧墙组合而成，北山墙、南山墙和侧墙下面均固定有保温隔热复合护墙体基础，保温隔热复合护墙体基础为带有聚苯乙烯泡沫塑料板芯层的砖墙，复合护墙体基础地上部分的高度为 60～80 cm；北山墙的墙体一般为彩钢保温板，其厚度为 10～15 cm；南山墙的墙体为 8～12 mm 厚的 PC 中空板，侧墙墙体为 8～12 mm 厚的 PC 中空板，在侧墙墙体的 PC 中空板与保温隔热复合护墙体基础之间设有与侧墙长度相等的通风窗。

(二)覆盖材料设计

温室顶部采用的透光覆盖材料主要有塑料薄膜、塑料板材、玻璃等(表 5-3)。覆盖连接件采用专门开发铝合金型材，不仅美观而且不宜变形、密封性好。

1. 塑料薄膜

用于连栋温室的透光覆盖塑料薄膜材料主要有 PO、PE(聚乙烯)、PVC(聚氯乙烯)、EVA-PO，EVAPO 膜是采用高级烯烃为原材料的一种新型农膜，雾度低，透明度高，早晨光线透过率高,散射率低,升温迅速;有超强的持续消雾、流滴能力;薄膜内部采用高科技特制有机保温剂,使棚内向外辐射的红外线大部分被反射回来,有效地控制了热量散失,保证了作物夜间的生长温度,缩短了成熟期,可有效防止夜间温度骤降对作物造成冻害;采用高科技抗氧剂及光稳定剂,极大地延长了农膜的使用寿命,正常使用可达到3年以上;采用纳米技术,四层结构,表面防静电处理,无析出物,不易吸附灰尘,达到长久保持高透光的效果。

2. 塑料板材

用于温室的透光覆盖塑料板材主要有FRP(玻璃纤维增强聚酯)板、FRA(玻璃纤维增强丙烯树脂)板、PMMA(聚甲基丙烯酸甲酯)板和PC(聚碳酸酯)板等(表5-3)。

(1)FRP板。这种材料是玻璃钢的一种,温室用板常制成波纹状,板厚采用0.7~1.0 mm,新板透光率应不低于86%,导热系数不大于0.128 W/(m·K)。板材经防老化处理后,使用寿命可达15年。此种材料容易老化,影响透光率,每5~6年需重刷涂料一次。

(2)FRA板。这种材料又称有机玻璃钢,新板透光率可达90%,导热系数不大于0.233 W/(m·K),寿命可达7年以上。

(3)PMMA板。这种材料又称有机玻璃板,温室用板的厚度宜为3~4 mm,透光率可达到92%,导热系数小于0.2 W/(m·K)。此种材料受热易变形,耐冲击,但硬度低,表面易擦伤。它也可做成多层中空板,板厚达8~16 mm,透光率应高于83%,传热系数可达3.5 W/(m^2·K),使用寿命可达到20年。

(4)PC板。这种材料用作温室覆盖材料,常以两种形态出现:一是实心波纹板,用于温室的PC波纹板,板厚0.8~1.2 mm,透光率应达88%~92%;另一种是多层中空板,常用的有双层板和三层板(图5-15),透光率分别应达82%和74%。PC板是采用改进的共挤成型技术制造,具有聚碳酸酯树脂的各种特点和优点,耐冲击性能好,使用寿命应达10年以上。阳光板应选择使用内侧材料经过防结露处理的PC板,以保证良好的透光率。由于PC板的优良性能,近年来使用很普遍。它不仅可用于覆盖整个温室,也常与塑料薄膜配合使用,用作端墙和侧墙的透光覆盖材料。

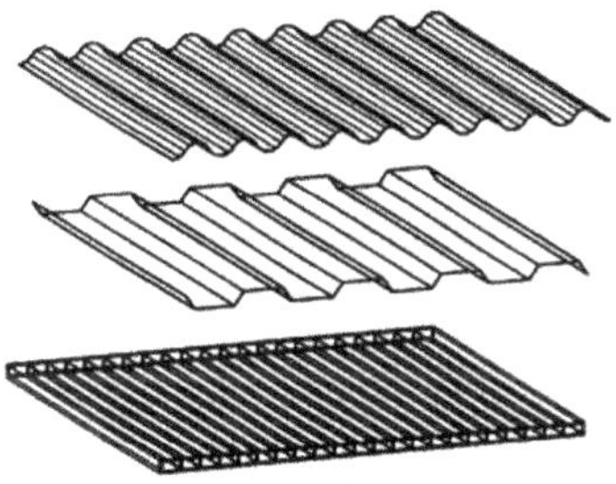

图5-15　常用PC板的形状

3. 玻璃

玻璃具有透光好、耐老化、耐腐蚀、不易积尘和容易排凝结水等优良性能,常被用作高档温室的透光覆盖材料。温室常用的是普通平板玻璃和浮法玻璃,厚度4~6 mm,透光率应达90%。它的缺点是抗冲击性能差、易破碎、重量大、投资高,对温室骨架要求较高,因而普通玻璃的应用受到很大限制。玻璃也可覆盖两层,层间充有干燥空气,在边缘处密封,能获得很好的保温、隔热和隔声性能。另外,钢化玻璃和吸热玻璃也可作为透光覆盖材料,但由于价格昂贵,在无特别要求的生产型温室中,不推荐使用。

表5-3　硬质透光覆盖材料性能比较

性能参数	PC波纹板	FRA板	FRP板	PMMA板	PVC板	玻璃
厚度/mm	0.8	0.7	0.7	1.3	0.8	3.0
密度/(kg/cm^3)	1.2	1.3	1.45	1.2	1.4	2.5

续表5-3

性能参数	PC 波纹板	FRA 板	FRP 板	PMMA 板	PVC 板	玻璃
质量/(kg/cm^2)	1.1	1.1	1.1	1.8	1.2	7.5
透光率/%	88	90	88	92	89	91
变黄指数	2.5	2.7	11	2.0	变黑	—
抗冲击强度/(kg·m)	10	1～2	1～2	0.5	4.0	0.1
抗拉强度/MPa	70	85	110	75	60	55
抗弯曲强度/MPa	90	160	180	110	85	60
使用极限温度/℃	110	90	130	85	60	250
导热系数/[W/(m·K)]	0.20	0.21	0.21	0.20	0.16	0.76
传热系数/[$W/(m^2 \cdot K)$]	6.98	6.98	6.98	6.98	6.86	6.86
线性膨胀系数/($\times 10^5$/℃)	6.5	5.0	3.0	7.0	7.0	1.0

4. 防雾滴塑料膜

在温室内部四周，冬季安装防雾滴塑料膜，夏季全部拆下来，利用卡簧卡槽固定，方便安装，能够实现冬季的温室保温。

(三)温室门的设计

连栋温室的门的设计通常采用平开和推拉两种形式。在寒冷地区，为了保温和开关方便，常采用铝合金或薄壁方钢管门框的平推拉门。玻璃与门框用橡胶密封条固定以防止震动，可采用上承式吊导轨或下承式导轨、滚动或滑动启闭，以减轻开闭力。专门用于操作人员进出的门，高度不低于 1.8 m，宽度不小于 1.2 m。设备进出门的高度不低于 2.2 m，宽度应比所通过的最大设备的宽度大 0.4 m 以上，并设置门斗以减少进出时外界气候对温室内温度的影响。

五、温室排水设计

(一)天沟排水设计

为顺畅排除温室屋面雨水，温室的天沟必须保证一定的坡度。设计天沟坡度的方法有两种：一是采用水平基础，改变温室立柱长度；二是保持相同立柱长度，采用基础找坡。前者现场施工方便，但工厂加工立柱的规格较多，后者可显著减少工厂生产立柱的规格品种，是目前温室设计和施工中常采用的方案。

对于基础找坡，建议天沟方向的找坡宜在(1∶300)～(1∶50)，且要保证基础伸出地面高度不高于 0.5 m。对于长度大于 54 m 的温室，建议沿天沟方向双向找坡，最高点放在长度方向的中点。为避免基础高差过大，对于单向排水的温室，起始最高端 12 m 可以做成水平；对于双向排水温室，中部 12～15 m 可以做成水平。

(二)防结露系统设计

温室内部结露是一直困扰温室发展的难题。室顶覆盖材料内表面凝结的露滴垂直落下，滴落在作物上，因此产生病害，会影响作物的正常生长。

温室内部结露的发生主要有两个因素：一是与温室内部的湿度有关，二是与温室内外温差有关。内外温差大或室内湿度较大的情况下，室顶覆盖材料的内表面容易形成很薄的一层雾滴，不易流动，造成透光度降低。解决此问题的唯一途径是让雾滴汇聚成体积略大一点的露滴，露滴易于在覆盖材料的内表面由高往低滑落，从而消除了雾滴，提高了覆盖材料的透光性。

目前，温室覆盖材料利用共溶或共挤技术将一种特殊材料附着在其内表面，让湿气凝结成体积较大的露滴，以便有序地收集到专用的露滴收集槽中，最终被引导至指定地点。露滴收集槽为专门开发的铝合金型材，安装在雨槽的下方。

(三)融雪系统设计

融雪系统的作用是尽快清除温室屋面积雪，减小雪荷载对温室主体结构的压力，便于温室内作物采光，提高作物产量和质量。

融雪系统采用水暖加温方式，散热设备采用热镀锌 DN25 光管散热器，沿温室天沟方向并紧贴天沟布置，这样有利于天沟及屋面积雪的融化。每道天沟下布置两根 DN25 融雪管比较合理，散热均匀，效果显著。同时该系统热阻小，热效率高，安装方便。

融雪系统与温室内水暖加温系统相互独立，互为补充。在雪量较小和不下雪时，可以关闭融雪系统，减少温室能耗。在室外气温十分低时，也可以开启融雪系统，对温室进行补温。

六、温室遮阳系统设计

温室遮阳是利用具有一定透光率的材料对一部分多余的光照进行遮挡，既保证温室作物正常生长所需的光照，又防止多余的太阳辐射能在温室聚集，造成室内温度过高。温室遮阳系统在现代温室中已成为不可或缺的设备。

温室遮阳系统根据安装位置可分为室外遮阳和室内遮阳，对不同位置的遮阳系统，遮阳材料的选取、所要求的功能也有所不同。

(一)温室外遮阳设计

温室外遮阳是在温室外（温室顶部）安装遮阳网，见图5-16，直接将多余的太阳辐射阻隔在温室外，从遮阳降温角度来说，温室外遮阳的降温效果是最好的。

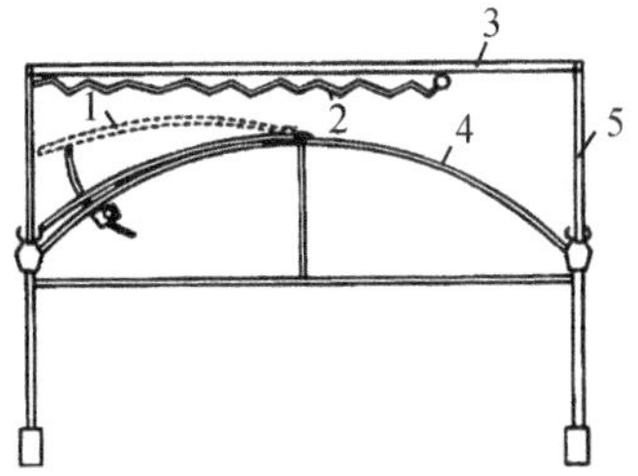

1. 通风窗　2. 室外遮阳网　3. 横梁　4. 屋面骨架　5. 室外遮阳柱

图 5-16　温室外遮阳系统示意图

室外遮阳骨架主要包括支撑立柱、横梁、纵梁（或拉结筋）、斜拉筋等。支撑骨架设计应根据遮阳网荷载进行计算，外遮阳网支架安装在立柱部位的天沟上方或坡形屋面的顶端。两侧边支架可以安装在边柱部位的天沟上方，也可以另行设立支柱，与天沟连接的立柱应注意不能妨碍天沟的设计排水量。外遮阳托网线应高于屋面最高点 300～500 mm。外遮阳的托网线和压网线建议使用不锈钢线或高强度聚酯线。外遮阳网骨架的连接螺栓采用不锈钢螺栓。收张机构应运转灵活，传动平衡、可靠。支架结构上的任何部分均不得划破遮阳网。外遮阳网的收张传动机构可以安装在侧边支架或支柱上。

温室外遮阳材料主要是纱网，是以单丝聚酯纤维或单丝聚乙烯醇缩醛纤维等材料纺织而成的，一般有黑色、白色、灰色、绿色等颜色，根据孔的疏密及颜色形成不同遮光率。在大风及降雪天要卷起外遮阳，防止幕布及机构受损，在降雨天要展开幕布，防止冰雹等自然灾害。

(二)温室内遮阳设计

除节能及遮阳外，幕布可以用来控制湿度，为作物创造更好的生长条件。选择幕布时要综合考虑，不要单纯追求高强度，那样势必会降低遮阳网的其他性能，如遮阳网的质量、柔软度

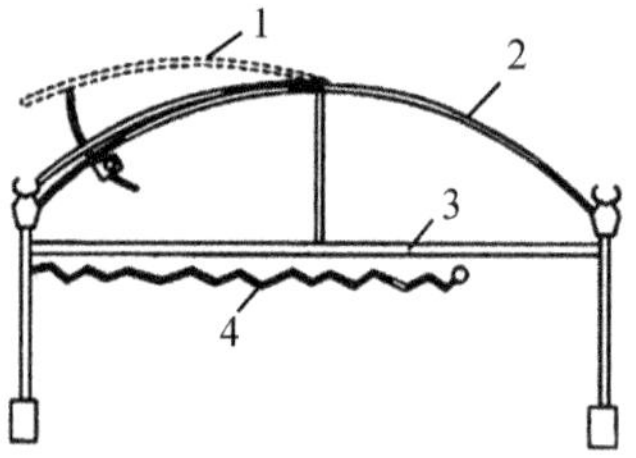

1. 通风窗　2. 屋面骨架
3. 下弦杆　4. 室内遮阳网
图 5-17　温室内遮阳系统

等。同时还要考虑遮阳网的折叠尺寸,折叠尺寸越小,则遮阳网在收拢时遮光越少,对温室内的光环境越有利。此部分设计的重点是尽量满足温室的遮阳覆盖程度,理想状态是遮阳幕布覆盖面积和温室面积相等,在温室的四周设计密封兜,增强温室的密封性(图 5-17)。冬季温室的热量散发慢,可减少采暖费用。

(三)遮阳网的布置方式及开启方向设计

遮阳网的布置方式一般分为平拉幕、折拉幕两种(图 5-18、图 5-19)。一般较多采用平拉幕,平拉幕的造价较低,拉幕平整美观。当室内空间不够时,可考虑使用折拉幕。在拉幕系统设计时,幕布总长度应预留 1.5%～2.0%。以防止安装时悬垂和收缩对长度造成影响。同时,幕布两端应预留 60 cm 左右的下垂长度。

图 5-18　平拉幕

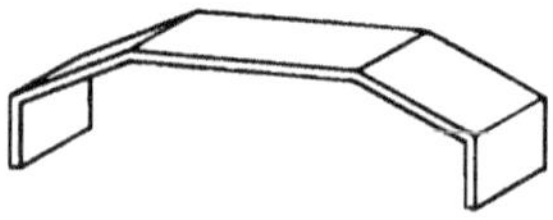

图 5-19　折拉幕

遮阳网可沿温室开间方向开启,也可沿温室跨度方向开启(图 5-20、图 5-21)。沿温室跨度方向开启造价较低,但是当需要使用温室桁架或拱杆下弦悬挂物体时,系统会产生冲突而不能够实现。

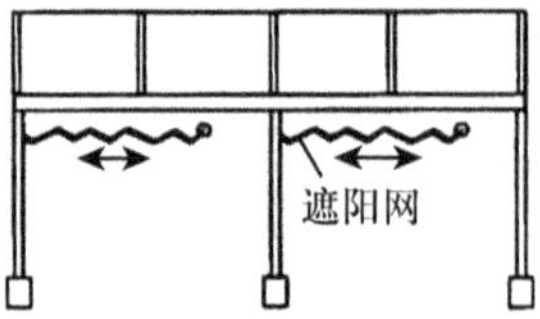

图 5-20　沿开间方向拉幕

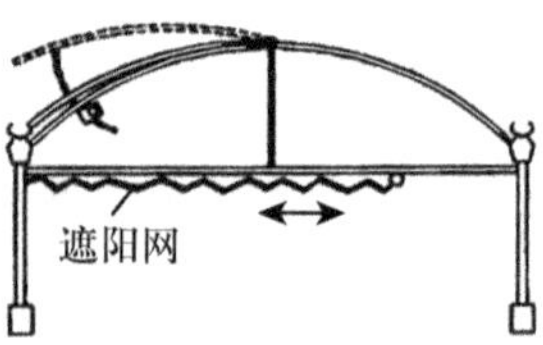

图 5-21　沿跨度方向开幕

七、常用的驱动系统设计

1. 钢索驱动机构

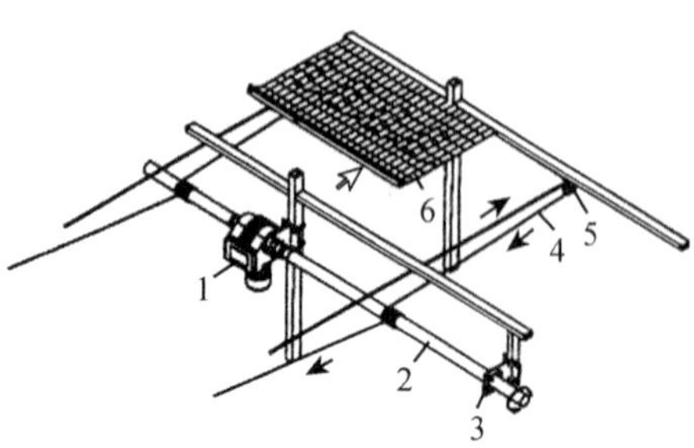

1. 减速电机　2. 驱动轴　3. 轴承架
4. 驱动线　5. 换向轮　6. 遮阳网
图 5-22　钢索驱动机构

钢索驱动机构主要由减速电机、驱动轴、轴承架、驱动线、换向轮等组成,钢索驱动机构的驱动轴与减速电机相连并由轴承架支撑,当减速电机转动时,驱动轴跟着转动。驱动线缠绕在驱动轴上,通过两端换向轮换向在驱动轴处形成一个闭合系统(图 5-22)。

当驱动轴转动时,驱动线随着驱动轴一端绕线,一端放线,从而使闭合的驱动线实现运动。如果减速电机往复转动,驱动线可实现往复运动。当把遮阳网一端固定在梁柱处,一端固定在驱动线上时，就可实现遮阳网的展开、收拢等动作。

钢索驱动机构的减速电机应尽量布置在驱动轴的中部。驱动线一般间隔 3 m 配置一道，驱动线在驱动轴的绕线方式，应满足使一端在缠绕的同时另一端在放线。

2. 齿轮齿条驱动机构

齿轮齿条驱动机构主要由减速电机、驱动轴、齿轮、齿条、推拉杆、支撑滚轮等组成。一般齿轮有两种，根据所用齿轮的不同，分为 A 型齿轮齿条驱动机构和 B 型齿轮齿条驱动机构(图 5-23、图 5-24)。B 型齿轮齿条驱动机构还需配置支撑驱动轴的轴承座。一般来说，A 型齿轮齿条驱动机构所带动的遮阳面积要比 B 型齿轮齿条驱动机构的大，B 型齿轮齿条驱动机构适用较小面积的系统，一般在 2 500 m^2 以下，而 A 型齿轮齿条驱动机构可带动的系统面积比 B 型要大一倍左右。A 型齿轮齿条一般每间隔 3.2～4 m 布置一道，B 型齿轮齿条一般每间隔 2.5～3.2 m 布置一道。

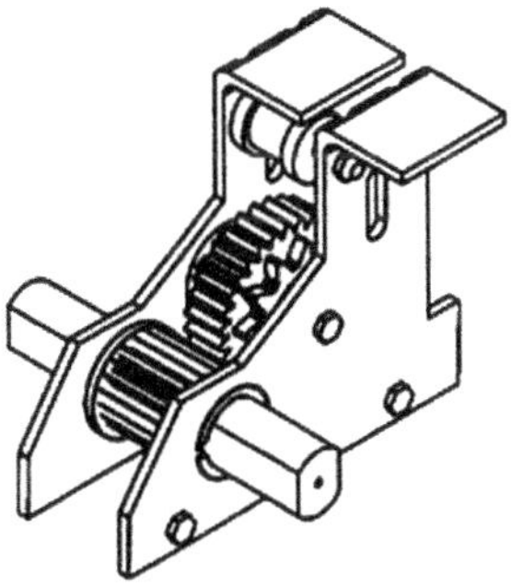

图 5-23　A 型齿轮

图 5-24　B 型齿轮

八、湿帘/风机降温系统设计

湿帘/风机降温系统利用水的蒸发降温原理实现降温目的。湿帘安装在温室每区北侧墙体上，风扇安装在温室南侧墙体上。当需要降温时，启动风机，将温室内的空气强制抽出，造成负压；同时，水泵将水打在湿帘墙上，室外空气被负压吸入室内时，以一定的速度从湿帘的缝隙穿过，导致水分蒸发、降温，冷空气流经温室，吸收室内热量后，经风扇排出，从而达到降温目的。

(一)湿帘降温装置设计

湿帘是指用于蒸发降温的成型材料。由特制的具有良好吸水性纤维纸压制成波纹板后交错层叠粘接成板块，允许气流和水流交叉通过，具有良好的防腐性能。该系统包括湿帘、框架结构、供水及配水管路和水泵。该装置与低压大流量风机配套使用。

1. 湿帘规格型号

(1)湿帘外形尺寸。

①湿帘外形尺寸表示原则：以气流通过方向为厚度，以气流通过方向的垂直截面竖直安装时的垂直长度为高度、水平长度为宽度。

②型号规格表示形式如下：

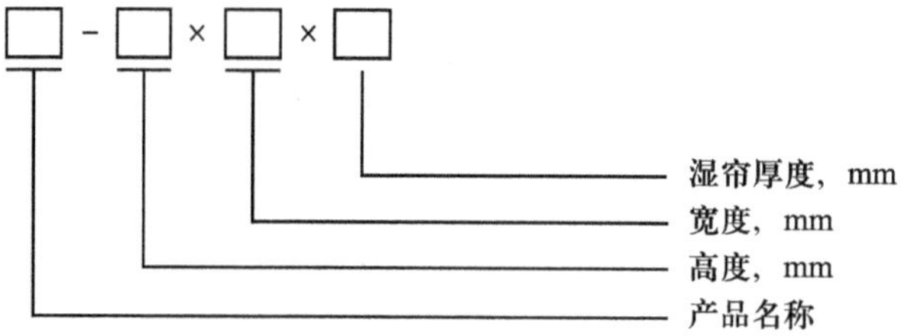

湿帘厚度：以 mm 为单位，厚度系列参数为 80、100、120、150、200。水帘选用较厚的厚度可增加空气通过水帘的时间，增强降温效果。目前普遍使用湿强瓦楞纸蒸发湿帘，常用厚度有 100 mm、120 mm、150 mm 等。

湿帘高度：以 mm 为单位，高度系列参数为 500、700、900、1 100、1 400、1 700、1 900、2 100。

湿帘宽度：以 mm 为单位，宽度系列参数为 300、600、1 000、1 500、2 000。

每区按温室规格设计长度。在维护良好的情况下，使用寿命可达 5～10 年。比表面积在 370 m^2/m^3 以上，静压降约 15 Pa。

湿帘框架是湿帘降温系统的组成部分之一，主要作用是固定湿帘且实现水在湿帘表面的循环流动。框架主要分塑料框架、镀锌滚压成型金属框架、铝合金滚压成型金属框架、不锈钢滚压成型金属框架及铝合金型材湿帘框架。现常采用铝合金框架，铝合金框架比传统的 PVC 框架及镀锌板框架使用寿命长，且不易变形，防止造成漏水，影响使用效果。

(2)湿帘箱体尺寸规格。

①湿帘箱体尺寸表示原则：以气流通过方向为厚度，以气流通过方向的垂直截面竖直安装时的垂直长度为高度、水平长度为宽度。

②型号规格表示形式如下：

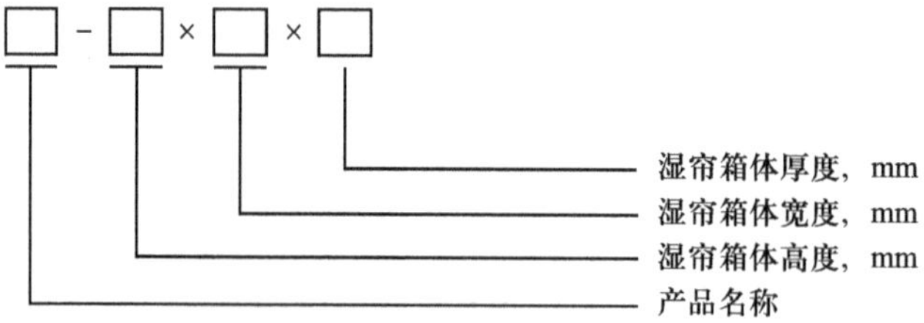

湿帘箱体厚度：以 mm 为单位，厚度系列参数为 80、100、120、150、200。

湿帘箱体高度：以 mm 为单位，高度系列参数为 600、800、1 000、1 200、1 500、1 800、2 000、2 200。

湿帘箱体宽度：以 mm 为单位，宽度系列参数为 1 000、1 200、1 500、2 000。

(二)风机的选择

1. 风机规格选择

湿帘风机系统一般使用大直径轴流式排风机，这种风机通风流量大、噪声小、运行平稳、消耗动力少。为使温室内气流平稳，少产生紊流，使室内温度均匀，相邻风机的间距应不大于 8 m。

2. 风机台数的确定

风机台数的确定，用厂家提供的风机在 25 Pa 静压(2.5 mm 水柱)的流量(单台流量)去除设计通风总流量 Q，即可求得风机台数 N。

3. 风机安装位置设计

(1)风机应安装在温室下风向的山墙(图 5-25)或侧墙(图 5-26)上，风机排气口与邻近障碍物(如建筑物墙壁)之间的距离应大于风机叶轮直径的 1.5 倍。

(2)设计风机台数≤3 时，建议其中 1 台以上采用双速电机驱动，以便更方便灵活地调节通风流量。

(3)设计风机台数为多台时，建议将全部风机按一定的间隔分成 2 组或 3 组，以便控制同时运转的风机，按实际需要，调节通风流量，并保持温室各处气流大体均匀。

与风机所在侧相对的端墙上，如果不设湿帘装置，必须有足够面积的进气口。为防止害虫从进气口进入温室，进气口应安装防虫网。建议风机为防虫网提供 12.5 Pa 静压。风机的最大静压应留有 12.5 Pa 的安全余量。如果设有湿帘，风机的工作压力应能克服湿帘的静压降(15～20 Pa)。

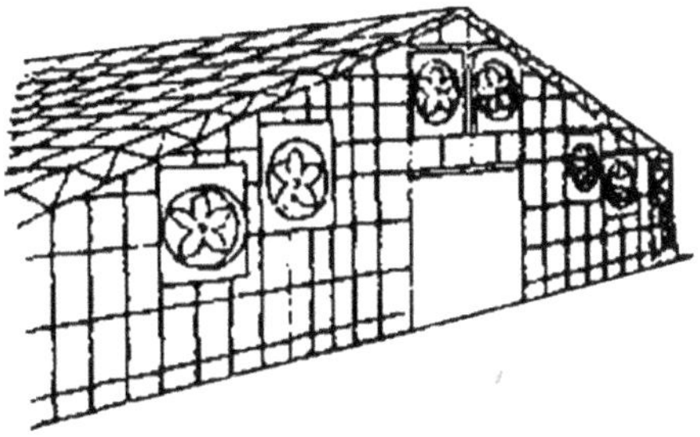

图 5-25　山墙安装风机

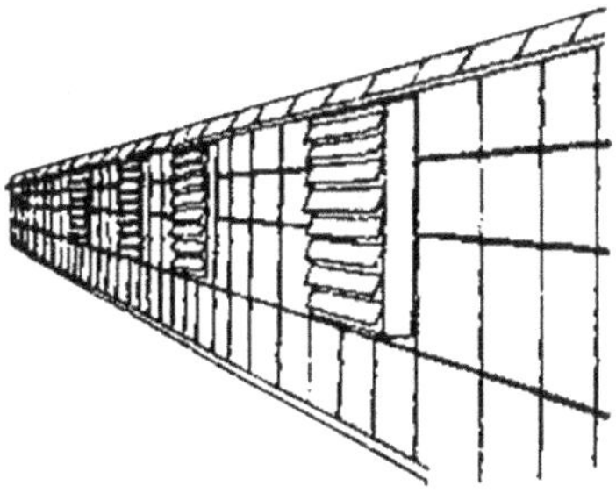

图 5-26　侧墙安装风机

(三)湿帘外翻窗

为了增加湿帘使用寿命，每个分区在北侧湿帘位置设置电动外翻窗，采用齿轮齿条驱动形式，阳光板覆盖，保温性能优良，并且配备防虫网以有效防尘防虫。

(四)循环水池

通常每区设置一个循环水池，大小根据供水量确定，置于温室内侧。

九、温室风流通设计

(一)自然通风系统设计

在夏季气温不太高、空气湿度不大的区域，如果经常有可供利用的风，比较适合采用自然通风系统。自然通风温室在侧墙开有侧窗，在屋面开有天窗。侧窗面积通常为侧墙面积的一半以上；天窗面积不应小于温室覆盖地面面积的 15%～20%，有时可用半个屋面开窗。常用的天窗和侧窗开窗方式有卷膜式、翻转式和推拉式。

天窗是指位于屋面或高于天沟的立墙面上的通风窗(图 5-27)。天窗的最佳位置在屋面的最高处(圆弧拱顶或屋脊)，大多数沿温室全长方向延伸。设在天沟附近的翻转式天窗全开后，与屋面之间的夹角应不小于 60°。接近半个屋面的翻转式天窗全开后，窗的边沿的高度应接近但不超过屋脊高度。卷膜窗的两端，至少要与固定膜有 0.3 m 以上的重叠段，且必须设有限位和压膜机构。

图 5-27　连栋温室常见的天窗、侧窗通风示意图

自动控制温室的天窗和侧窗，应使用电动开窗机构(包括电动卷膜器)。一般温室每跨及走廊顶部沿天沟方向通常设置 1 个天窗，采用齿轮齿条开窗方式，单独控制。

(二)冬季机械通风设计

冬季通风的主要目的是补充由于光合作用而消耗掉的二氧化碳，排出有毒(或有害)气体，并调节温室内空气的相对湿度。

冬季室外空气温度太低，不允许直接吹向作物。这就要求进入温室的冷空气在到达作物之前与室内暖空气进行充分的混合。因此，温室冬季通风应采用许多小孔进风，而不是用一个大的通风口。进风口的分布应力求均匀，风机的布置应综合考虑冬、夏季的通风需要。

(三)空气循环系统设计

1. 系统功能

(1)保证温室内温度的均衡；

(2)保证温室内相对湿度的均衡；

(3)保证温室内 CO_2 的均匀分布；

(4)降低室内空气的湿度，减少滴流现象；

(5)促进空气的流通，有利于作物的生长；

(6)低能耗，不会增加成本负担。

2. 设计建议

用特制压力风机，通过末端封闭，沿长度方向水平悬挂在温室上部的塑料薄膜送风管(管壁上均匀分布出风孔)，向室内送风，可获得需要的空气循环。对于采用热风加热的温室，利用压力风机和送风管，在燃烧器和燃烧室不工作的情况下，向温室内输送未加热的空气，可起到空气循环的作用。也可采用多台小功率螺旋式风机，悬挂在温室骨架结构上，以跑道式分布，在作物层上方接力送风，实现空气循环。这种空气循环方式，风机的压力不必很大，还减少了对送风管的维护工作，因此常被采用。风机应垂直于地面悬挂在作物上方至少 0.6～0.9 m 的高处。风机的间距以不大于其叶轮直径的 30 倍为宜。最末端的风机距端墙的距离约为 4.5～6.0 m。风机应加防护罩，防止人员接触叶轮。风机流量的选择，应使总流量满足为每平方米地面提供 10 L/s 的空气流量(图 5-28，图 5-29)。

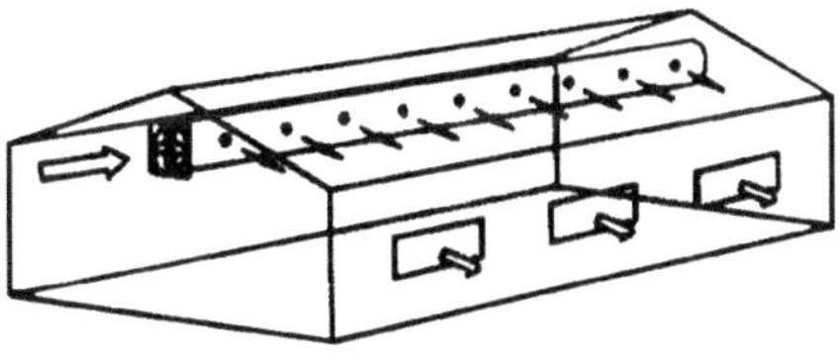

图 5-28　进气通风

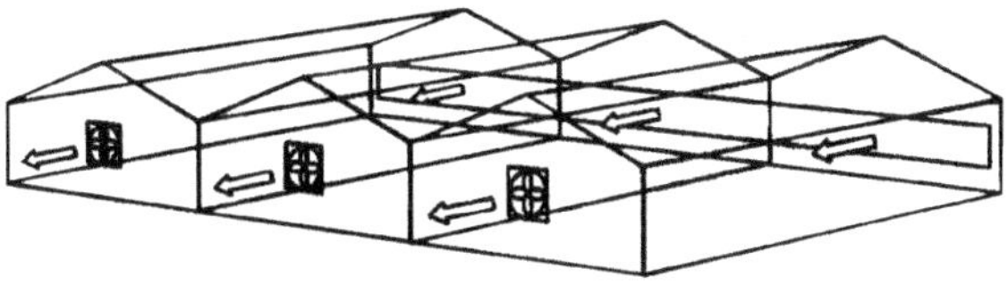

图 5-29　纵向排气通风

十、加温水暖系统设计

水暖加温系统主管道采用暖沟，暖沟沿温室合理布置，一般深 800 mm，两侧为 240 mm 砖墙，100 mm 厚混凝土沟底。温室四周及沿柱方向采用钢制翅片式圆翼型热镀锌散热器。室内布置散热器的原则是使温室内温度均匀，散热器配置数量按供热要求设计，沿温室四周及柱间方向均匀分布，确保温室各区域散热均匀，不会在室内产生低温区，并便于人员操作。翅片式散热器比光管式散热器热效率高，散热量大，温度均匀，从而可降低供暖费用。

十一、温室电气布线设计

(一)布线设计内容

(1)根据电负荷计算，确定温室用电总量。温室常用设备及用电参考负荷见表 5-4。

表 5-4　温室电机设备及用电负荷参考

设备	内遮阳电机	水帘电机	外翻窗电机	风机
电负荷	三相，0.55 kW/台	三相，1.1 kW/台	三相，1.1 kW/台	三相，1.1 kW/台

(2)配电盘的布置。配电盘的方位、大小，以及温室用电区域与供电网的接口等。

(3)单线布置图。用来表示用电器的电线数量和尺寸。

(4)布线图。用以表达导线管的走向、尺寸及每根导线管所含电线的数量和尺寸。

(二)布线原则设计

(1)所有用电设备必须有良好接地，其绝缘电缆应能承受 500 V 电压 1 min 的试验。

(2)所有配电箱(盒)均应具有 GB 4208 规定的 IP34 级防护等级。

(3)带有插座输出的电路应安装漏电保护器，该漏电保护器应符合 GB 13955 的有关规定，其操作电流不超过 30 mA。

(4)为防止火灾，应安装额定操作电流不超过 0.5 A 的漏电保护器。

(5)温室中要选用聚氯乙烯绝缘电缆或橡皮绝缘电缆。不能使用裸导体，电缆连接处应用绝缘胶布包扎严密。

(6)所有导线不能受到过度的拉力，如用金属管，不能损坏管内的导线。所用电线电缆及其他设备必须符合该产品标准。电线或电缆的颜色应符合 GB/T 4026 的规定。

(7)电气装置的布置应使建筑物的电气装置与非电气装置之间不会有相互不利的影响。弱电电线电缆与强电电线电缆要分开布置，不能受到强电电线电缆的电磁干扰。

十二、智能控制系统设计

(一)温室自动控制系统设计原则

(1)所选仪器必须能够满足温室环境控制指标的要求和精度要求,测试前应对测试设备、仪器进行检查、校准。

(2)控制系统设计应考虑其经济性,同时必须保证自动控制系统在工作条件下的可靠性。

(3)传感器的布置要求测量结果最能代表植物生长区的物理环境。

(4)电源要求:电源频率为 50 Hz±5 Hz,电压变动量为不大于设计电压的±10%。控制系统设计文件应包括电路原理图、控制系统图和使用说明书等。

(5)控制系统内凡存在潜在危险的区域应安装安全操作标志,其标志应符合 GB/T 5465.2 的有关规定。

(二)控制箱设计要求

(1)控制箱中所采用的元器件,必须符合该类元器件的相应标准。所有元器件的选用应符合制造厂规定的设计定额(如电压、电流、温度等),不仅要考虑到正常工作条件下的使用,而且要考虑到控制箱在最不利条件下的使用。

(2)控制箱中所使用的导线颜色应符合 GB/T 4026 的规定;控制箱中所使用的印制线路板要符合 GB/T 4588.3 和 GB/T 16261 的有关规定。

(3)控制箱中电源散热器周围应留有足够的空间,以保证良好的冷却散热条件。

(4)控制箱应由专用工具或钥匙开门(用插销或锁将门扣紧),只有采用专用工具或钥匙才能打开,钥匙用完后必须能取下带走。

(5)被控制对象为容量大于 1 kW 的连续运转的电动机时,控制箱应有过载保护。控制箱上必须有接地点,并与大地接触牢靠。

(6)控制箱必须设有零电压保护。这种保护应设计成在断电后电源再现时被控制的电机不能自行启动。

(7)控制电路的设计应做到在各种情况下能确保人身安全,此外不论是电器出故障或操作错误都要有效地保护设备不受损坏。

(8)控制箱内元器件之间应有足够的空间,以便于装配和接线,每个元件附近应标注醒目的符号或代号。

(9)某些冲击元件动作时产生的冲击振动应不致引起控制箱内其他元件的误动作。

(10)在经常移动的地方(如跨越箱门的连接线)必须用软胶线,并且要有足够的长度余量,以免急剧弯曲和产生过度张力。

(11)交流电源线、直流电源线及高电平(110 V 以上)回路线应与低电平(测量、信号、脉冲等)回路线分束走线,并应有一定的间隔,必要时应采取隔离或屏蔽措施。

(12)所有从外部电缆进入控制箱的连线必须通过接线座。接线座上的每个接线点应标明该点的回路符号,标号应与电气原理图或接线图上的标号一致。

(三)自动控制箱外观的设计

(1)控制箱体结构应牢固,应能承受在正常使用条件下可能遇到的机械、电气、热应力以及潮湿的影响。

(2)所有黑色金属件均应有可靠的保护层,所有紧固件均应采用镀锌件,各紧固处皆需装有防松装置。

(3)箱体表面应平整,无凹凸现象,涂料颜色应均匀一致,整洁美观,不得有起泡、裂缝和流挂现象。

(4)大型落地安装的控制柜应具有供地基安装用的固定孔,安装尺寸应符合制造图样的要求;应有便于搬运的吊环、抠手等。

(5)操作与控制器件应装在操作者易于操作的位置,显示窗口应与人的眼睛高度相当。

(四)控制的内容和精度设计

(1)连栋温室自动控制系统能自动控制天窗的开闭、侧窗的开闭、遮阳网的收放、通风降温或蒸发降温系统、加热系统等。

(2)连栋温室自动控制系统必须有良好的人机界面,便于操作人员及时根据植物生长情况输入温室环境的预定值。

(3)根据用户要求,测量内容也可包含营养液浓度(EC)、酸碱度(pH)、室内 CO_2 浓度。

(4)温度测量范围为棚内温度 0～50 ℃,测量误差为±0.5 ℃。

(5)棚内相对湿度测量范围为 10%～100%,测量误差为±5%。

(6)环境温度测量范围在当地最低气温与最高气温之间,测量误差为±0.5 ℃。

(7)测量风速采样周期不大于 10 s,风速测量范围为 0～32.6 m/s,测量精度为±1 m/s。其他项目采样周期不大于 15 min。

(8)光照测量范围为 10～100 000 lx。

(9)EC 值测量范围为 0.1～4 mS/cm,测量精度为±0.1 mS/cm。

(10)pH 测量范围为 3～10,测量精度为±0.1。

(11)CO_2 测量范围为 10～2 500 mg/kg,测量精度为±10 mg/kg。

(五)室外气象站设计

温室安装一台气象站,智能控制系统可通过气象站采集室外的温度、湿度、光照以及风速、风向等参数,从而实现对温室的控制。

(六)控制程序设计

控制程序可提供如下设置(通过软件对硬件进行控制,要想实现此功能温室必须配置相应的配套设施)

1. 天窗及侧窗

根据时间、温度、湿度控制开关窗动作;根据风向、风速及雨量传感器判断是否开窗和开窗度的大小;风机运行时会自动关闭天窗,打开对面的侧窗;施加 CO_2 过程会影响开窗及开窗水平。

2. 隔热型遮阳网

根据时间运行遮阳网的隔热保温程序;根据温度条件来决定是否展开或卷起遮阳网;根据日照辐射条件来控制温室内的日照辐射强度。

3. 风机(通风扇)

其主要用来进行温室的强制性通风。可以通过设置白天和夜间的开始运行和停止运行的温度条件来控制通风扇的运行;通风扇可与降温湿帘的运行联系起来。

4. 湿帘(降温和雾喷系统)

根据运行开始和结束时间进行周期性循环运行,可修改不同运行周期之间的间隔时间;根据温度运行降温程序,直到满足设定的作物所需温度。

5. 内循环(空气混合过程)

可根据时间运行,可以设定每次运行时间和不同运行周期之间的间隔时间;可根据高、低温情况控制其运行过程;根据湿度或其他设备动作情况运行。

6. 灌溉施肥系统

根据时间设置灌溉施肥程序。可根据时间运行,可以设定每次运行时间和不同运行周期之间的间隔时间。

十三、温室防虫网设计

防虫网是一种经拉丝制造而成的网状织物,通过将其覆盖在棚室上构建人工隔离屏障,将害虫拒之网外,切断害虫(成虫)繁殖途径,有效控制各类害虫。

(一)常用防虫网的类型

1. 不锈钢网和黄铜网

这类金属网耐腐蚀、不生锈、强度高、使用寿命长。

2. 聚乙烯单线网

这类网由单股线编织而成。单线网的经纬线之间不打结,容易滑动,孔眼尺寸和形状较易改变,使用时需采用正确的设计方案、适当的施工工艺和维护方法。

3. 聚丙烯多股网

这种网由多股线编织而成。经纬线之间打结,不容易滑动,能较好地保持孔眼形状和孔眼尺寸。

4. 尼龙网

采用尼龙纤维编织而成,形似"窗纱"。尼龙网具有制造成本低、使用寿命长等优点。

(二)防虫网的选择和设计要求

1. 按虫害特征选择

根据作物受虫害时间的长短、虫害的种类等选择防虫网的种类。作物如果只是短时间受虫害,可选择轻质、便宜的防虫网;作物如果在不同时期遭受不同虫害,应按体形最小的害虫特征选用相应目数的防虫网。

2. 密度

防虫网的密度通常以目数来表示,即每平方厘米面积内的孔眼数。目数越大,孔眼数越多,孔眼也越小,阻挡害虫进入温室的能力越强,但对气流的阻力也越大(图 5-30)。根据温室作物主要害虫的种类和大小,温室防虫网适宜的目数为 20～50 目,具体目数应根据主要防治病虫害的种类和大小来选择设计。

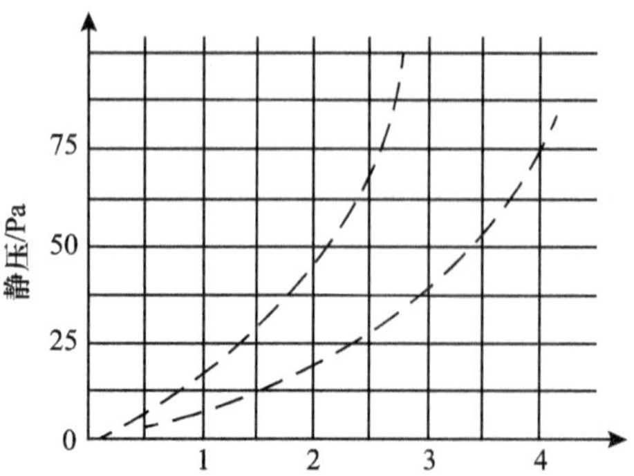

图 5-30 典型防虫网压力速度曲线

3. 规格

产品常见的宽度系列为 800 mm、1 000 mm、1 100 mm、1 600 mm、1 900 mm、2 500 mm 等,产品的宽度和长度的具体规格也可由供应商和使用者双方商定。

4. 强度

防虫网的强度与所用材料、编制方法和孔眼大小有关，金属网的强度要高于其他材料制成的防虫网，防虫网应具有一定的抗风能力。

5. 颜色

防虫网的颜色应以白色和无色透明为主，也可以是黑色或银灰色的。白色和无色防虫网的透光性好，黑色防虫网的遮光效果好，银灰色防虫网则避蚜效果好。

6. 使用寿命

由聚乙烯、聚丙烯和尼龙等材料制成的防虫网，应具有一定的抗老化能力，在按产品说明书使用的条件下，其使用寿命应不低于 3 年。

7. 材料

制作防虫网所用材料应具有防潮、耐腐蚀、抗紫外线和耐老化的能力，并应符合国家标准的有关规定。

十四、温室内生产用附属设施设计

(一)移动式苗床设计

移动式苗床(图 5-31)不仅可以作为温室内育苗用穴盘的支撑结构，而且还可作为培植及观赏花卉用花盆的支撑结构使用。移动式苗床由铝合金框架、床网、苗床支撑架及滚动轴承组成。用手轮转动滚轴，移动式苗床的床面即可左右平移，在任意两个苗床之间可产生 600～700 mm 的作业通道。

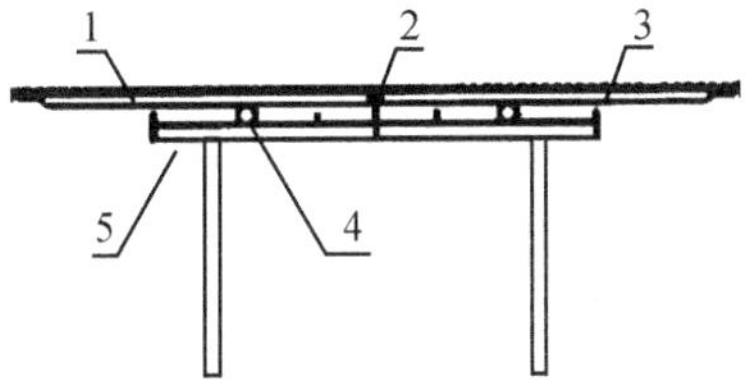

1. 轴承管 2. 防翻沟 3. 铁网 4. 承重管 5. 支撑架

图 5-31 移动式苗床示意图

1. 移动式苗床的常用规格

移动式苗床按宽度分为六种规格：1.6 m、1.65 m、1.7 m、1.75 m、1.8 m、1.85 m，长度按温室情况确定，但一般不应超过 30 m，高度约为 0.76 m。

2. 移动苗床设计

移动式苗床主要由三部分组成：支架、滚动体、工作台。

(1)主体骨架为热镀锌钢架结构。支架采用热镀锌矩管焊接而成。每组支架间距 2.4 m，宽度 1 m。

(2)每组苗床安装 2 根热镀锌滚轴，热镀锌滚轴采用热镀锌圆管经缩径连接而成，且带有防翻限位装置，防止由于偏重引起的倾斜问题；在高度方向上可以进行微调。

(3)边框材料为铝合金型材结构或角钢热镀锌结构。

(4)苗床网片由直径为 4.0 mm、3.3 mm、3.0 mm 的铁丝焊接成 50 mm×50 mm、120 mm×25 mm、130 mm×30 mm 的长方形网状结构热浸镀锌或电镀而成。具体材质和网孔结构的大小可根据床面承重大小而定。

(5)苗床组件可方便地拆卸和组装，苗床最大承载为 40 kg/m^2。

(二)灌溉工程设计

灌溉系统可采用固定式喷灌、移动式喷灌、滴箭、滴灌(图 5-32)等灌溉方式。滴箭系统主要由 PE 管、滴箭管、滴箭组成，它主要适用于果园、苗圃和家庭花园系统及蔬菜和花卉温室等。依据种植作物方式不同而具体设计。大部分温室会配置全自动智能喷灌机，分为悬挂式双轨和悬挂式单轨两种。

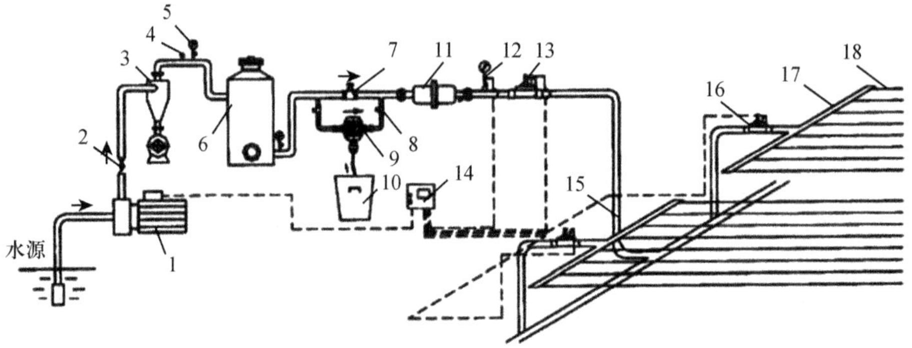

1. 水泵及动力机　2. 止回阀及总阀　3. 水砂分离器　4. 气阀　5. 压力表　6. 介质过滤器　7. 施肥控制阀　8. 施肥开关　9. 水动施肥器　10. 肥液桶　11. 叠片过滤器　12. 压力传感器　13. 主控电磁阀　14. 灌溉控制箱　15. 供水干管　16. 灌区阀门　17. 供水滴管　18. 滴灌管

图 5-32　温室滴灌系统

(三)施肥系统设计

1. 施肥系统组成

施肥系统常与灌溉系统配合使用,该系统由水泵、过滤器、施肥器、控制系统、管路、滴头等组成,具有使用方便、调节方便、拆装方便等特点。

2. 施肥系统功能特性

(1)用户可以通过控制器键盘直接进行灌溉施肥程序的设计,设计的灌溉施肥程序可根据需要无限增多,施肥机按设定程序能够自动执行不同的定量或定时设置的灌溉施肥过程。

(2)能精确按比例均衡施肥,实现 EC 和 pH 的实时监控。

(3)施肥机具有较大的灌溉流量和灌溉压力适应范围。

(4)装有灌溉施肥自动报警系统。

(5)灌溉系统错误或故障解决后,能够自动恢复运行。

(6)施肥机可与环境气候控制系统相结合,共同组成一个可由中央计算机控制的网络,能够通过软件的设置实现数据采集、数据处理以及相应装置的控制,从而方便地完成各种任务序列。

(四)补光系统设计

光照是植物进行光合作用的必要条件,对喜光作物尤为重要。温室要设置补光系统,该系统一般采用农用生物补光钠灯。该农用钠灯是一种设计用于园艺生产的高压钠灯,可以提供最理想的,与植物生长需求相吻合的光谱分布,不但能针对光合作用,还可以为自然植物的生长创立准确的“蓝”和“红”的能量平衡,从而使作物生长的环境得到改善,使作物生长得更好和质量更高。

任务三　连栋温室的建造

✓ 任务目标

1. 熟悉连栋温室建造施工的准备工作。
2. 了解建设场地的施工控制测量要求及方法。
3. 熟悉连栋温室的基础及主体框架的建造流程。
4. 熟悉连栋温室的各配套及内部系统的安装要求及方法,为温室验收打好基础。

✓ 知识与技能

一、施工准备

(一)管理准备

(1)建立项目经理部,组织调集各类管理人员及其相应的机械、材料、工具陆续进场,组织好施工前的各项准备工作。

(2)邀请建设单位,同地方各有关部门接洽,保证施工顺利进行。

(3)组织施工力量,做好施工队伍的施工分工。

(4)落实劳动力,做好进场教育和管理培训。

(5)落实组织机构和人员编制,制定管理制度。

(二)技术准备

(1)学习领会施工图纸,了解施工意图,及时进行图纸自审、会审,组织有关人员学习、熟悉图纸,收集相关标准和规范。

(2)编制更为详细的施工组织设计,分部工程施工方案和质量计划。根据图纸要求,施工组织设计和质量计划,由公司、项目部逐级进行技术交底,明确各岗位职责。

(3)编制施工预算。

(三)材料工具准备

(1)编制材料生产、采购计划,制订发货计划,并制订进场计划、材料运输方案,根据该工程路途、铁路运输以及材料特点,制订发货计划。发货计划如果未考虑异常因素,以施工进度计划为准。

第一次:立柱、桁架、天沟、四周横梁等骨架及传动系统,预埋水、暖、电管路;

第二次:各种铝合金型材、风机水帘、阳光板、门窗、天窗系统;

第三次:内遮阳、暖气系统;

第四次:配电及自动控制系统。

(2)制订工具使用计划,组织调拨,购置不足的工具。

(四)现场准备

(1)根据施工总平面布置图进行现场规划。

(2)平整场地,搭设临时设施。

(3)把水电线路接到施工现场,修建临时道路。

(4)确定并设置测量控制点和坐标网。

(5)组织材料和机械进场。

(6)开工前项目经理部人员应熟悉图纸,组织施工前的图纸会审和技术交底,办理一次性洽商,提出加工订货计划,做材料发运分析。

(7)编制材料需用量计划和各种周转材料使用计划。

(8)做好主要施工机械设备计划。

(9)根据现场情况,认真做好总平面布置,保证施工现场整齐,做到文明施工。

(10)准备雨季施工的各种器具。

(五)劳动力组织

劳动力按专业编排,不打乱工种界限,根据施工分区和计划进度安排用工量,劳动力的具体进场计划根据建筑工期统筹安排,现场劳动力将根据特点按工种或分项工程进行编制。

施工现场通常要设立项目部，项目部成员在项目经理的领导之下，统一协调发挥各自的能力，及时解决施工中出现的各种问题，以优质、高效完成工程任务。成员组成及分工如下。

项目经理：对项目质量总负责，直接协同甲方解决工程各类问题。

安装队长：项目经理的副手，协助项目经理完成整个项目的施工任务。

放线员：负责指导基础放线工作和结构安装定位工作。

技术员：组织施工工序，解决技术问题，协助项目经理调配施工问题。

质检员：检查施工质量，对施工质量负责。

材料员：负责协调甲方完成材料接收与管理工作，解决材料相关问题。

安全员：贯彻落实安全施工原则，对施工安全负责。

（六）选择方案与施工方法

根据施工平面设计和结构特点，结合施工现场情况，对各阶段施工做合理安排。

二、建设场地的施工控制测量

要选择责任心强、技术能力过关的人员，成立工人测量放线小组，在项目技术员的指导下，全面负责该工程的有关轴线引测、垂直度控制、沉降观测、预留洞和预埋件的埋设等工作。建筑平面按直角坐标控制，施工前绘制方格控制网。然后将设计在图纸上的平面位置和高程固化，以便进行施工。施工测量直接影响建筑物的质量，一旦出现错误，就会造成无可挽回的重大损失，因此，施工人员必须具有高度的责任心和使命感，要求对每个施工放样数据和点的建设都要做到严格、逐步校核，以防出错。

（一）建立施工控制网

为了保证施工测量的精度，应在测量控制网的基础上，建立起统一的指导施工的平面控制网（图 5-33）和高程控制网，在此基础上再对连栋温室的主轴线、各墙体轴线和骨架安装位置等进行细部放样。

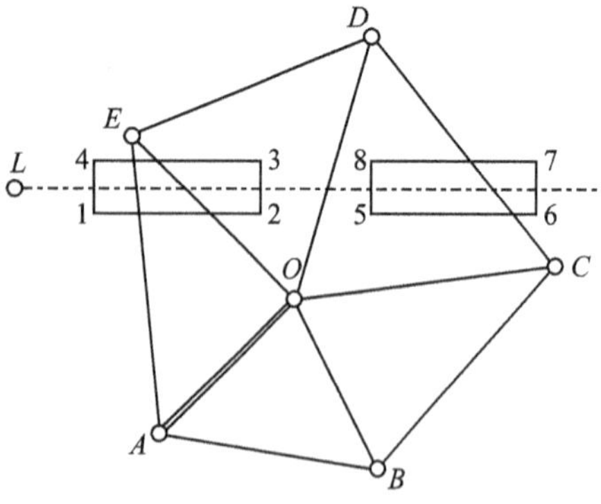

图 5-33　施工平面控制网

1. 平面控制网

施工平面控制网一般分为两级：一级为基本网；另一级为定线网；通常布设成三角网或导线网。基本网起着控制建筑物主轴线的作用，定线网起着控制建筑物辅助轴线和细部位置的作用。图 5-33 中，中心多边形 *ABCDE* 是基本网，*1234* 等是定线网，定线网一般根据建筑物的形状布设成矩形网，其主轴线 *LL′* 由基本网测设而得。

2. 高程控制网

施工放样中的高程控制点。一般以水平面控制点兼做水准点，即采用相应等级的水准测量方法，测量所在平面控制点的高程；为了测设方便，减少计算麻烦，常常在施工场地适当位置布设一定数量的▽±0.000 水准点。

（二）施工放样的测量方法

1. 在地面上测设已知长度的水平距离

根据给定的起点和方向，按设计的长度测定出直线终点的位置，称为测设已知长度的水平距离。例如，温室的轴线测设、边长测设或建筑物点的定位等，都需要测设已知长度的水平距离。在距离测量精度要求不高的情况下，可采用钢尺按距离测量的方法进行，往、返测量相对误差应小于 1/3 000；若距离测量精度要求较高，例如，温室骨架安装、预埋件的定位等必须要准确，此时要对设计给定的水平距离进行尺长及倾斜改正后，计算出应测量的实际值，然后按此值进行放样。

2. 测设已知直线的方向

测没已知直线的方向，就是根据给定角的顶点位置和起始边的方向，将设计给定的水平角的另一边的方向在地面上标定出来。如图 5-34 所示，地面上 OA 为已知直线，以 O 点为角顶点，按顺时针方向测设水平角 β，来确定 OB 方向线的方向，其测设步骤如下：

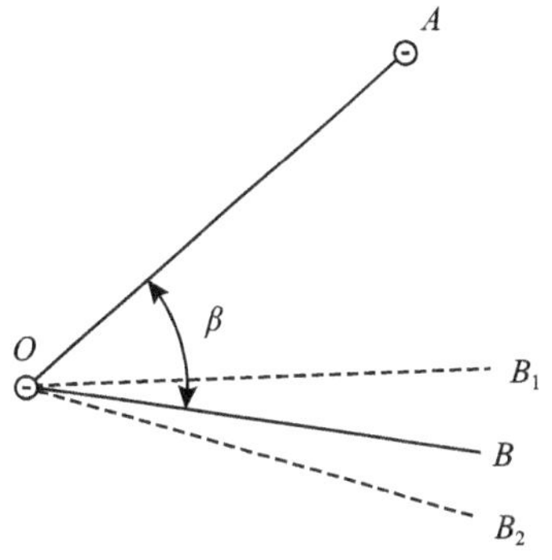

图 5-34 测设已知直线的方向

(1)将经纬仪安置在角顶 O 点，对中、整平后，用盘左(正镜)位置照准目标 A 点，利用水平对度螺旋将水平度盘调到 0°00′00″。打开水平制动螺旋，旋转照准部将水平度盘对到 β 值，在视线方向上定出 B_1 点。

(2)利用盘右位置(倒镜)照准目标 A 点，将水平度盘对到 90°00′00″。转动照准部使水平度盘的读数为 $90°+\beta$，在视线方向上定出 B_2 点。取 B_1B_2 连线的中点 B。则 OB 即为测设方向的方向线，角 AOB 即为所测设的水平角 β。

3. 已知高程的测设方法

(1)点的高程放样。将图纸上设计的高程测设到地面上来，是根据高程控制测量预留的水准点的高程，用水准测量的方法实现的。如图 5-35 所示，水准点 A 的高程为 HA，欲测设 B 点的高程 HB，将水准仪安置于 AB 两点之间，精平后，后视 A 点的水准尺，若读数为 a_1，则此时仪器的视线高程为：$H=HA+a_1$。根据 B 点的设计高程，求得 B 点水准尺读数应为 $b=H-HB$。测设时，先在 B 点处钉一大木桩，将水准尺紧靠木桩侧面，悬空上、下移动，当中丝读数为 $H-HB$ 时，停止移动，在水准尺下端零米处画一短线于木桩上，则该短线的高程，即为所求的设计高程。

(2)高程的传递放样。如图 5-36 所示，欲将地面 A 点的高程 HA 传递到基坑内 B 点上，可在基坑的一侧斜立一木杆，在杆顶悬挂一钢尺，在钢尺的首端挂一重垂球．当钢尺自由静止后，用水准仪测出后视读数 a_1，前视读数 b_1，再将仪器搬到基坑内，测出后视读数 a_2，前视读数 b_2，则 B 点的高程为：$HB=HA+(a_1-b_1)+(a_2-b_2)$。用同样的方法也可将地面点的高程传递到建筑物的高处。

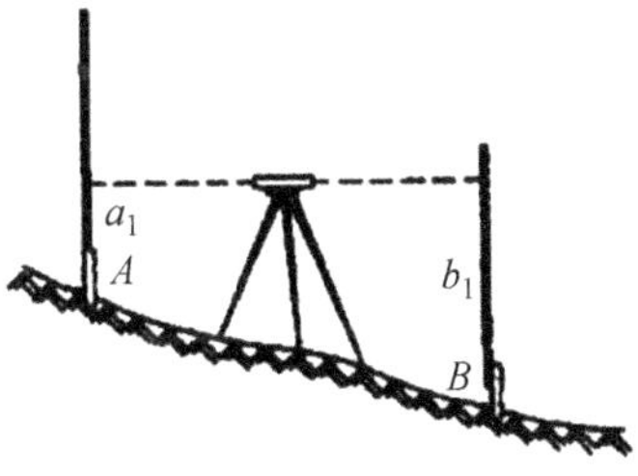

图 5-35 点的高程放样示意图

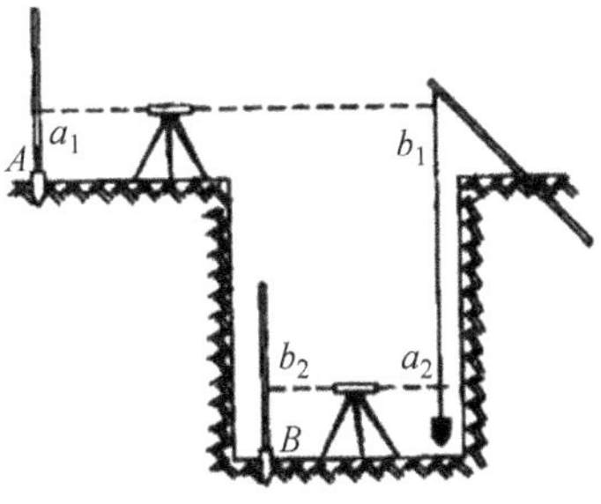

图 5-36 高程的传递放样示意图

4. 测设点位的基本方法

(1)直角坐标法。若施工场地已布设了矩形控制网，则可利用矩形网的直角坐标来测设点位。如图 5-37 所示。建筑物 A 点坐标由设计图上查出，欲将 A 点测设到地面，可先求出 A 点与坐标格网顶点 O' 的坐标增量。即：$AQ=\Delta x=x_A-x_{O'}$，$AP=\Delta y=y_A-y_{O'}$。

在实地自 O' 点起，沿 OM 方向量出 Δy 得 Q 点，再由 Q 点作 $O'M$ 的垂线，在垂线上量取 Δx，即可得到 A 点的位置。

(2)极坐标法。如图 5-38 所示，A、B、C 是控制点，D 点的位置可由 A、D 间的距离 d 及 AD 与 AB 边间的夹角 β 来确定，d、β 是放样数据，在测设前应由设计图纸查出 D、A、B 点的坐标值，设其坐标分别为 (x_D,y_D)、(x_A,y_A)、(x_B,y_B)。实地测设 D 点时，将经纬仪安置在控制点 A 上，按前面介绍的水平角测设方法，定出 AD 的方向线(即测出 β 角)；在 AD 方向线上，自 A 点量得水平距离 d，即可得到 D 点的地面位置。

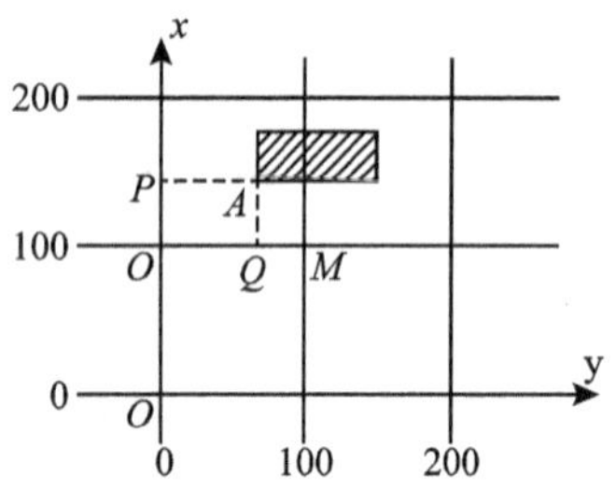

图 5-37　直角坐标法测设点位

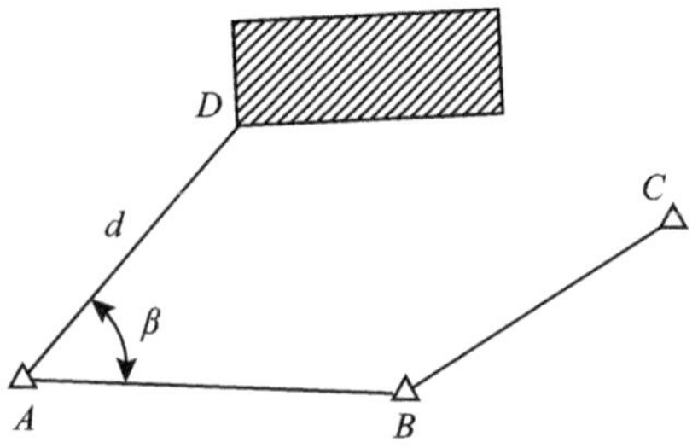

图 5-38　极坐标法测设点位

(3)角度交会法。如图 5-39 所示，P 点为待测设的点位，A、B、C 为已知控制点，根据设计图纸上 P 点设计坐标和三个控制点坐标值，计算出测设 α_1、β_1、α_2、β_2 数值。

在控制点 A、B 各安置一台经纬仪，以 α_1、β_1 的角度值交会出 P 点，同时在交点附近画 AP、BP 的方向线，再将经纬仪安置于 C 点，画出 CP 的方向线。这三条方向线在理论上应交于一点 P，但由于存在测量误差，三条方向线形成一个小三角形，该三角形称为示误三角形。

如果示误三角形的边长大于 4 m，可取其内切圆的圆心作为 P 点的正确位置，否则应重测。为确保测设结果准确，三条方向线的测设应分别采用盘左、盘右两个盘位进行，取其平均值作为该直线的方向。

(4)距离交会法。如图 5-40 所示，根据 A、B、P 点的坐标值，求得 AP 和 BP 的长度 d_1 和 d_2，再分别以 A、B 两点为圆心，以 d_1、d_2 为半径，用钢尺在地面上画弧线，两弧线的交点即所测设的 P 点的平面位置。采用距离交会法定点时，测设点 P 到已知控制点的距离不得超过一整尺长。

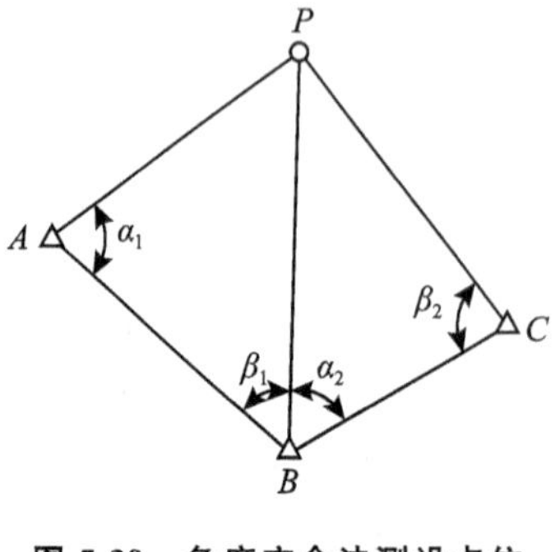

图 5-39　角度交会法测设点位

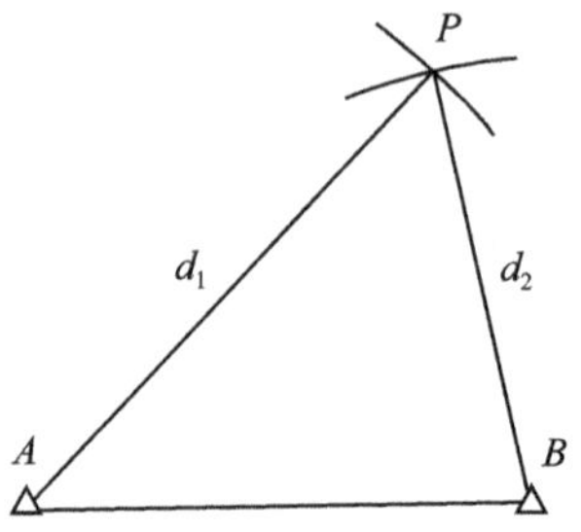

图 5-40　距离交会法测设点位

5. 质量控制

测量工作实施严格的控制和检验，主要措施有：

(1)在进行定位和放样测量以前，必须对测量仪器和器具进行一次认真检验和校核，使之符合规定所要求的误差。

(2)在建筑物定位放线时，除必须设置龙门板外，还应在基础槽坑外 2～4 m 的范围内设置纵横轴线的引桩，四周用混凝土封固，以供随时复核校正之用。

三、基础工程

温室的功能主要是为作物的成长创造一种可控环境，为充分提高温室建筑安全性和耐久性，温室基础可选用圈梁及构造柱整体抗震结构设计。

如果基础规模不是很大，土方开挖可采用人工开挖，一次开挖到位。如地下水位较高，可采用集水坑降水法，沿基槽边缘开挖一定坡度排水沟，在坑底每隔一定距离设集水坑，地下水通过排水沟流入集水坑中，然后用水泵抽走，以使地下水位降低，为基础施工创造条件。

(一)开槽

基础土方开挖采用人工或机械挖土，一次开挖到位。开挖后进行普遍钎探，并通知勘探、设计及有关方面共同验槽，确认土质满足设计要求后，办理验收鉴定等手续，随即进行基础施工，不可长时间晾槽。机械挖土时，应留 150～200 mm 厚土层，人工清除，如有超挖现象，应清除超挖部分虚土，不得擅自回填，待验槽时处理。机械挖土槽底标高与设计标高允许偏差＋300 mm，不得扰动老土，边坡允许偏差＋200 mm，严禁亏坡。

为确保施工生产的顺利进行和施工质量，如果地下水位较高，必须进行降水，降水方法为集水坑降水；土方开挖后沿基槽边缘开挖有一定坡度的排水沟，并间隔一定距离设置集水坑，用水泵将水抽走。

(二)地基处理，浇筑垫层

地基处理要求实行严格的质量控制和验收制度，以确保工程质量。垫层(图 5-41)采用混凝土处理即可，垫层厚度应符合 GB 50007 的规定。

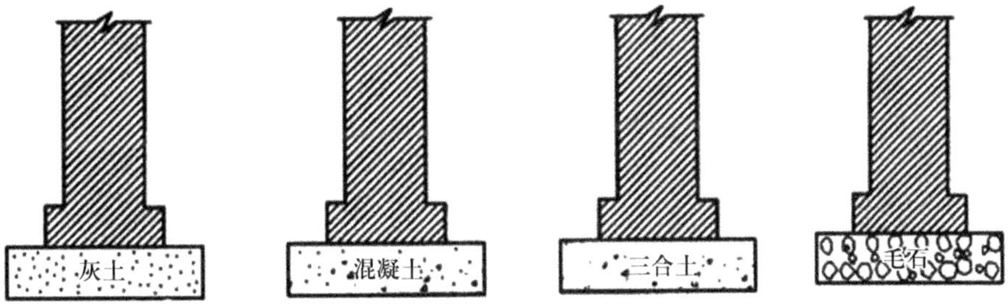

图 5-41　常见垫层类型

(三)砌筑砖基础

砌块运输应选用专用工具，砌筑前应选砖，剔除缺棱掉角和变形的砌块，半砖、短砖不能集中使用。墙体砌筑应配备足够的砌筑工具，严禁乱砍砖。

(1)合理设置皮数杆，砌筑前要先铺砂浆，首层砂浆厚度不小于 20 mm，以上各层水平缝厚度为 10～12 mm，垂直缝宽度为 12～15 mm。操作中随砌随将"舌头灰"刮净，使用的砂浆不得过夜。

(2)砌筑时要单面挂线，做到“上跟线、下跟棱、左右要对平”，每层要穿线看平，墙面要随时用靠尺板校平，吊线吊垂直，以减少表面抹灰厚度。

(3)基础砌筑前或完成后，必须进行一次认真的测平工作，基础顶面标高误差不得超过±15mm，对于基础顶面低于规定值处应以水泥砂浆或细石混凝土填平。墙体配管砖墙应在砌筑过程中完成。

四、绑圈梁钢筋，支独立柱、圈梁模板，混凝土浇筑

(一)钢筋工程

现场设钢筋加工场，集中下料现场绑扎，进场钢筋实行合格证和复试检验双控制。实行钢筋下料单审核制度，由班组提前制定钢筋下料单，由技术员审核后下料。从根本上解决数量、规格、形状、搭接、锚固长度不符合设计和规范要求的通病。为防止混凝土露筋，在圈梁钢筋绑扎安装时，随时用 25 mm 厚混凝土块将钢筋垫起，主要控制钢筋位置，防止钢筋扭曲或向一边倒，支模前必须校正。主要由钢筋工和木工负责，责任落实到人。

(二)模板工程

根据施工规划确定的方案，模板支撑选用侧面木条或砖支撑，实行模板快拆体系。根据施工图设计进行模板计算，根据计算结果，确定支模方法。圈梁采用小型组合钢模，独立柱选用木模板支模。为防止混凝土出现蜂窝、麻面、孔洞的质量问题，对模板表面应严格清理洗刷干净，并应堵塞整平漏浆缝隙和钉洞。在混凝土浇筑前，木模表面应充分湿润，钢模表面应均匀涂刷脱模剂一层(宜尽量使用水性脱模剂)，不得漏刷。

圈梁支模时应严格控制两侧模板垂直度，模板顶面要按图纸有关圈梁顶标高规定用水准仪抄平，圈梁的中心线应与砖基础中心线重合或应严格符合图纸有关圈梁中心线的规定。

梁柱接头的支模作为质量控制的重点部位，由技术精湛、经验丰富的木工完成，配模时尽量采用小规格模板，在钢模尺寸达不到要求时，可采用木模补充的方法处理，但木模要精心加工，混凝土接触面刨光，固定牢。禁止采用其他材料随意替代。梁柱接头的尺寸要保证符合设计要求，梁柱接头处设模板限位筋，模板接缝要拼接严密，钢模上的眼孔要用铁皮补焊，模板拼逢处最大缝隙不超过 2 mm，否则用木条补充。梁钢筋绑扎前，必须将模板内杂物清理干净，绑完钢筋后，禁止在作业面上锯木料，防止木屑、杂物落入梁柱模板内，造成混凝土夹渣。

(三)混凝土工程

混凝土以现场搅拌为主，混凝土浇筑前充分做好技术、材料、机械设备准备，提前进行隐蔽工程验收，建立混凝土浇筑申请制度。施工、监理、供货各方无异议后，进行浇筑。混凝土搅拌严格按照重量比进行，水灰比、坍落度由项目监理工程师现场抽样检查，确保混凝土搅拌质量，检验混凝土强度的试块的制作应满足规范要求，并在监理方(或建设单位)见证下取样制作。在浇注圈梁混凝土前，由钢筋工、木工、放线工、技术员共同对柱子钢筋进行复核校正，校正好的钢筋逐根设置限位筋，限位筋做法同柱箍筋，采用钢筋做成箍筋，套在柱钢筋上与圈梁钢筋焊接牢固，焊接由专业电焊工完成。

混凝土浇筑的注意事项及有关措施：

(1)配置混凝土的水泥、砂、石子必须有出厂合格证和中心实验室出具的复试报告单，做到试验在先、使用在后。

(2)认真检查混凝土的配合比，对水泥和外掺材料的配合比计量误差不得大于±2%，砂石材料的配比计量误差不得大于±3%。严格控制砂石材料的含泥量，对一般性混凝土，砂子含泥量不得大于5%，石子含泥量不得大于2%；对抗渗性和高标号混凝土，砂子含泥量不得大于3%，石子含泥量不得大于1%。

(3)浇注混凝土前，认真检查模板及其支撑，钢筋，预埋件，预留洞等的标高、位置尺寸、数量等，发现问题及时处理，同时在图纸要求位置做好由室外向室内引入的水电暖预留孔洞，并做好检查记录。

(4)混凝土的搅拌要均匀，运输过程中防止出现离析，如出现离析，应在浇筑地点二次搅拌后进行浇筑。

(5)现浇混凝土应分层浇筑振捣，每层厚度根据振动棒作用长度决定，混凝土的振捣由专业混凝土工进行，振动棒快插慢拔，逐点振捣，梁柱接头加强振捣，防止出现蜂窝麻面。柱混凝土浇筑前，先灌一层5～10 cm厚同标号细石混凝土，柱根部的缝隙用木条堵严，从而防止出现柱子烂根等质量问题。上下层浇筑间隔时间应尽量缩短，不超过混凝土的初凝时间。圈梁浇筑前，进行抄平，在模板内侧弹线，控制圈梁标高，圈梁浇筑时，防止踏踩钢筋，浇筑混凝土的施工人员不能直接站在钢筋上，禁止在圈梁钢筋上行走。浇筑时表面拍实，木抹子抹平并在初凝后、终凝前表面压光一次成型。浇筑后严禁在未终凝的混凝土表面行走。混凝土浇筑应进行养护，常温施工采用浇水养护。

(6)建好的基础需养护7～10 d，然后进行砖砌体工程和安装骨架。基础的位置和标高必须与图样一致，位置误差不大于10 mm，标高误差不大于5 mm(表5-5)。

表5-5　温室基础现浇混凝土工程允许偏差

项目		允许偏差/mm
轴线位置	条基	5
	独立基础	5
预埋件中心位置		5
预埋件顶标高		5
基础圈梁表面平整度(2m长度上)		8
纵横向最外侧轴线间距离		1/3 000或≤20
相邻两柱基在两跨间对角线距离偏差		10
相邻两轴线间距离		5

(7)按图纸要求做好室内混凝土道路下管线的敷设，暖沟、内排水管沟、水池开挖，打垫层工作。室内平整场地、夯实地面，路基处理，砌筑水池。混凝土道路支模，混凝土地面及道路浇筑，木抹子压光成型(预留伸缩缝)。

(四)地脚螺栓的预埋

地脚螺栓的预埋质量直接影响钢结构的安装质量，控制好地脚螺栓(群)的位置、垂直度、长度和标高，对于减少扩孔及调整工作量(甚至避免返工)，提高结构安装质量具有重要意义。基础混凝土浇筑前监理工程师必须严格检查预埋螺栓施工方法的合理性、可靠性，以及各项实测指标是否在规范规定范围内。

圈梁、独立柱地脚螺栓应以经纬仪配合细钢丝、水平尺、水准仪共同安放。地脚螺栓的预埋可采用直接预埋法，也可采用预留孔法。直接预埋法是在混凝土浇筑时直接把地脚螺栓通过预埋件固定在混凝土中。很多温室工程地脚螺栓的预埋采用预留孔法，预留孔法的施工方法如下：

(1)校核圈梁顶标高，圈梁顶标高误差不得超过±3 mm。

(2)校核基础轴线与圈梁中心线，圈梁中心线偏差不得超过±5 mm。

(3)按照安装图纸使用经纬仪在圈梁顶面投中心线，通过互相垂直的两条轴线的投影找出轴线垂直相交点在圈梁上的位置，以此位置为起始点，沿圈梁上轴线投影线方向排钢尺，找出每个柱中心线在圈梁上的位置，并弹成十字墨线。

(4)按照图纸有关钢柱安装详图用硬纸板对柱底放样，并在硬纸板上画出柱子中心线。用硬纸板蒙在圈梁顶柱中心十字墨线上，使纸板中心线与圈梁顶十字墨线重合并按图纸校核柱子方向，用红蓝铅笔在圈梁顶上标出钢柱脚底板膨胀螺栓孔位置。

(5)让训练有素的工人用冲击钻在圈梁顶按标记点钻出孔位，用吹气筒吹出孔内多余灰渣，并将孔位盖好备用。

五、砌墙裙及散水施工

(一)墙裙施工

(1)砌体所用的材料，标号必须符合设计要求，严格按照配合比进行拌制砂浆，严格控制砂含泥量，要求不大于5%。

(2)砖应提前1～2 d浇水湿润，水以渗入1 cm为宜，严禁干砖上墙。

(3)砖墙砌筑工程宜采用“三一”砌筑法，砂浆饱满度不得低于80%，采用单面反手挂线，预埋的木砖要做防腐处理并要求预埋位置必须正确，不得漏设。

(4)砌体临时间断处留成阳槎。砌体工程中，设置皮数杆，严格控制砖墙水平灰缝(8～12 mm)。

(二)散水施工

散水是与温室外墙勒脚垂直交接的倾斜的室外地面部分，用以排水，保护墙基免受雨水侵蚀。散水的宽度应根据土壤性质、气候条件、温室的高度和屋面排水形式确定，一般为600～1 000 mm。为保证排水顺畅，一般散水的坡度为3%～5%，散水外缘高出室外地坪30～50 mm。散水常用材料为混凝土、水泥砂浆、卵石、块石等。

六、安装工程施工

钢结构安装时按照施工组织设计的各项技术、组织措施，以及国家现行钢结构有关规范、标准进行施工。钢结构安装阶段应重点抓好以下几个环节：安装方案的合理性和落实情况、安装测量、高强度螺栓的连接、安装焊接质量、安装尺寸偏差的实测等。要加强现场巡视检查、平行检验和旁站监理，这对于确保钢结构工程的施工质量具有重要意义。

(一)各种零部件的检验与验收

在安装前要进行各种零部件的检验和验收。在日光或人工照明条件(零件表面光强应在200 lx以上)下，用肉眼逐根检查杆件，表面有明显裂纹、压扁、扭曲变形等影响强度的杆件不得验收。

各种零件的检验以批为单位，每批 1 000 件，由连续生产的零件组成。零件镀锌层结合强度和镀锌层均匀性试验，每批随机抽检 0.5%，不足一批可减少抽样，但不得少于 2 件。如果有一个试件的任何一项试验不合格，再随机抽取两倍数量的试件进行复检。如仍有一个不合格，则该批零件为不合格。温室的所有零部件应符合 JB/T 10288—2013 的规定，检验合格后方可验收。

(二)主体骨架部分安装

1. 立柱、桁架、天沟安装

(1)立柱安装。立柱安装是施工中的关键阶段，立柱的精度将直接影响以后的建造效果，立柱安装前要检查立柱的总长度、柱底面的平整度、预埋件尺寸的精确程度。吊装前应重新复核预埋尺寸，平整支承面、清理柱顶混凝土渣，保证支承面的相对水平。

①钢柱安装　当日先用结构胶在柱脚固定丝杆及地脚螺栓预留孔位内涂匀，再用橡胶锤将涂满结构胶的丝杆轻击入预留孔位内，丝杆上端露出混凝土表面 2～3 cm，丝杆安装速度不宜过快或提前安装，以不影响立钢柱的进度为宜，以免造成结构胶硬化，丝杆与柱脚底板孔位不能完全吻合，强行安装而伤及丝杆丝扣。

②柱子绑扎　合理确定绑扎点，绑扎点既要满足吊装需要，也要保证构件安装过程中受力合理，不致变形或折断，一般采用单点绑扎形式。

③柱子起吊　可采用单机放置法起吊。这种方法能保持柱脚位置不动，并使吊点、柱脚中心和基础中心在同一直线上，同时能提高施工的便利性。

④柱子对位与临时固定　柱脚起吊悬离基础底面预埋螺栓 1～2 cm 时进行对位，对位时，使柱子安装中心线对准基础上的安装中心线，保持柱子基本垂直，柱子对位后，观察柱子和基础底面就位后的对中情况，符合要求后，用螺母上紧，使之固定。

⑤柱子校正　柱脚底板与丝扣就位后要对钢柱进行校正，钢柱校正包括平面位置校正、垂直度校正和标高校正。平面位置的校正在柱子临时固定前进行对位过程中已经做好，而柱子标高则在吊装前已经通过按实际柱长调好。因此这时主要是柱子垂直度校正。柱子垂直校正时用吊锤进行柱子四个角、两个方面的观测，偶有不垂直的钢柱用铁板在柱脚底板填塞使钢柱各面垂直。使偏差符合设计要求及验收规范(GB 50205—2020)的规定(表 5-6)。

⑥柱子最后固定　按设计要求用螺栓收紧，在此过程中如果柱子垂直度有偏移，应及时校正。

表 5-6　立柱安装的允许偏差

项目		允许偏差/mm
柱脚中心线对定位轴线的偏移	膜温室	5
	板温室	5
柱基准点标高	膜、板温室	±5
	玻璃温室	±4
挠曲矢高	膜、板温室	±5
	玻璃温室	±3
柱轴线垂直度	膜、板温室	10
	玻璃温室	8

(2)桁架吊装。桁架吊装之前,要根据工人技术水平,实际工作能力,各负其责,密切配合,明确统一指挥信号。指挥人员和机械司机要密切配合,双机和多机时,只准一人指挥。吊装前要认真检查机械、电源、工具、设备,施工现场、交通道路必须符合安全要求。吊装前试吊,构件离地 200～300 mm 时,要检查一切索具、钢绳和所有吊具,没有问题才能吊装,起重构件必须垂直提升,不准斜拉,起吊时间不得过长,臂杆旋转范围内不准有人和障碍物,构件就位时,禁止用力手扶,应用撬杠拨正(表 5-7),拨正时必须以物压撬杠,禁止骑在撬杠上;吊车同时进行两种动作时,必须平缓慢速。吊装过程中没有全部稳固时,不准中途停车或下班,稳固后滑车必须放在地上,不得悬在空中。在每个桁架吊装时要稳起稳落,精密细致,反复检查,方可起吊安装。当构件较小时也可采用手动吊具吊装,吊具为自制定滑轮爬升架。

表 5-7　钢桁架安装的允许偏差

项目	允许偏差/mm
桁架跨中的垂直度 H	H/250 或 15
桁架及其受压弦杆的侧向弯曲矢高 L	L/1 000 或 10

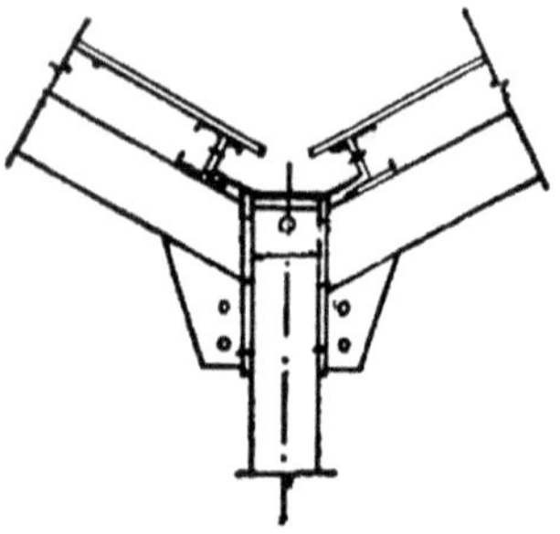

图 5-42　天沟与桁梁连接

(3)天沟安装。天沟接头部位的接缝和铆钉孔或螺丝孔首先涂密封胶,不得有滴漏现象。天沟槽可通过桁梁固定于立柱上(图 5-42)。对于有桁梁的天沟槽,槽板厚度不得小于 0.7 mm。如果不用桁梁,可将天沟直接支承在立柱间,槽板厚度不得小于 1.5 mm。天沟的断面大小和安装坡度应根据当地降暴雨的强度和天沟的长度具体确定,其纵向坡度一般采用 1/500～1/300。天沟宽度设计必须考虑有单人行走放脚和安放检修活梯的地方。排水方式可采用天沟、中柱、室内排水沟构成的内排水系统,或两端落水管的外排方式。

2. 人字梁、檩、椽、屋脊铝合金的组装

(1)人字梁的安装。

①人字梁的现场组装　现代温室为适应工厂制造,统一零部件、配件,现场安装的构件装配化需要,其所有构件均做成便于运输的较小构件,各种构件表面完全打磨光滑,不会对透明覆盖材料造成伤害。人字梁吊装前以地面为工作平台进行现场拼接,上述机加工件孔位精确、清洁;安装时只用螺母螺栓即可完成,并不需要任何加工焊接工序。因为焊接会破坏镀锌层,而且焊接、铆接都要受一定的设备和电源的限制。人字梁安装后要检查总长度、侧向弯曲、端部的平整度等。人字梁的连接如图 5-43 所示。

②钢梁绑扎　合理确定绑扎点,一般采用两点绑扎的形式。主要注意吊装时受风影响的情况。

③钢梁起吊　主要采用两点平衡起吊。由于考虑到风及其他因素的作用,起吊的过程最少要在梁两端绑扎两根缆风绳和起重机同时起吊,超过柱顶 200 mm 再垂直下降,然后与柱子对位。

④钢梁对位与临时固定　钢梁对位应悬离柱上顶面螺栓孔 1～2 cm 时进行,对位时,使钢梁安装中心线对准柱子上的安装中心线,保持钢梁基本水平,钢梁就位后,观察钢梁符合要求,然后用螺母上紧,再用缆风绳在钢梁的中间部位拉紧,使钢梁临时固定。

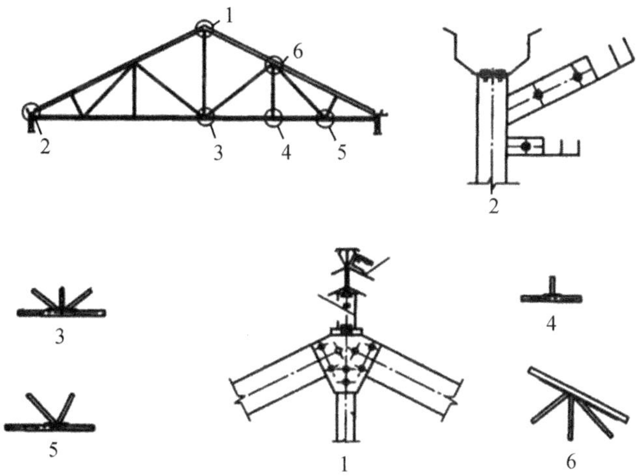

1. 人字梁屋脊处连接　2. 人字梁与天沟立柱连接　3～5. 拉筋与横梁连接　6. 拉筋与人字梁连接

图 5-43　温室人字梁各部分构造

⑤钢梁校正　主要进行钢梁垂直及水平度的校正，用水平尺和垂球进行，水平尺校正时，用手动葫芦收紧法来校正钢梁。同时利用两根缆风绳以保证钢梁校正时的稳定性。

⑥钢梁最后固定　按设计要求用螺栓收紧，在此过程中如果钢梁水平度有偏移，应及时校正。安设永久螺栓前应先检查建筑物各部分的位置是否正确，精度是否满足 GB 50205 的要求，尺寸有误差时应予调整。精制螺栓的安装孔，在结构安装后应均匀地放入临时螺栓，条件允许时可直接放入永久螺栓。永久性的普通螺栓，每个螺栓一端不得垫 2 个及 2 个以上的垫圈，并不得采用大螺母代替垫圈。螺栓拧紧后，外露螺栓不得短于 2 个螺距。

(2)屋脊、檩、椽等结构件的组装。

①屋脊　有天窗的温室，屋脊的构造比较复杂，它一方面要挂天窗，另一方面又是中檩，还要分水防漏，屋脊常采用钢檩上加铝合金屋脊幅头的做法(图 5-44)。

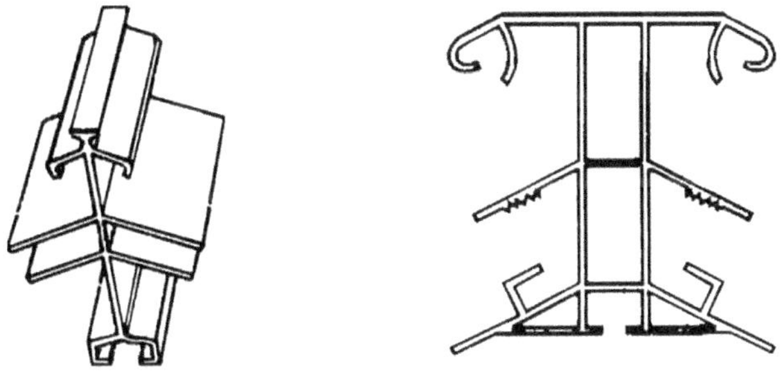

图 5-44　两种屋脊的细部构造

②檩　檩支撑在屋面的屋架上，设在脊檩和檐檩之间，是支架椽子的水平杆件。通常每隔 80 cm 左右安装一根，根据温室的大小有所变化。檩会在室内造成阴影，所以应注意选择强度高、断面尺寸小的材料。

③椽子　承担屋面上的荷载，架设在脊檩、檩、檐檩上。一般玻璃温室每隔 45 cm 安装一根。近几年，大型温室或荷兰式温室的中间距更大，实际间距应配合覆盖材料的规格而定。

④次梁　柱子之间、屋架与屋架之间需要架设平行的横梁，通过檩条承担屋面的荷载，这部分构件叫作次梁。若屋架与屋架的间隔加大，就要承受更大的屋面荷载，于是屋架的断面要随之加大，同时檩条的数量也要加大，为此常需使用次梁。

⑤窗间柱　是配置在柱与柱之间构成墙体的垂直构件。檩、椽安装过程中，结构件之间的连接保持一定的调节余量，待主要受力构件安装后，从中间几何不变体开始调整，使得立柱达到应有的垂直度，并紧固所有连接件。温室结构框架的强度只等同于其最弱的节点的强度，由于主要节点是用螺栓和螺母将各连接构件相互连接在一起的，所以就连接方法和自身的连接强度而言对所有构件的连接都必须有合适的连接件，同时，合理的结构节点设计与好的施工质量是真正使温室坚固和安全重要保障(图 5-45)。

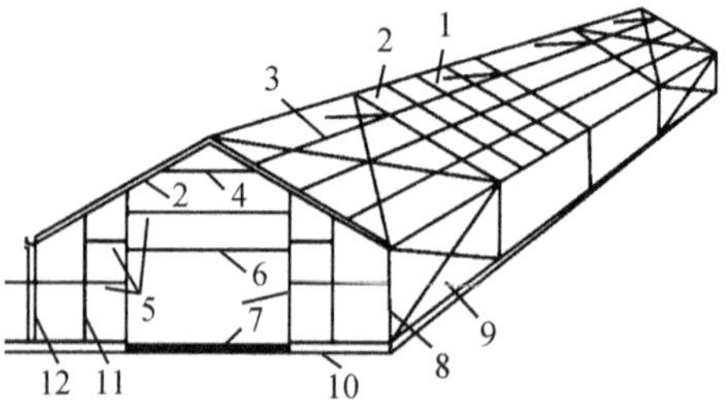

1. 椽子　2. 屋脊　3. 檩　4. 屋架横梁　5. 山墙横梁　6. 门上框　7. 门槛
8. 侧柱　9. 剪刀支撑　10. 条形基础　11. 山墙侧柱　12. 立柱

图 5-45　温室各部分结构构造名称

连栋温室骨架安装后，整体结构应紧凑、整齐。各立柱在纵横两个方向的垂直误差不大于 30 mm，横梁的直线度误差不大于 50 mm，垂直吊杆相对位置度误差不大于 50 mm。

3. 各种竖直拉筋、水平拉筋、柱间支撑的安装

为了加大温室纵向整体刚度，在每个结构平面(如侧墙、端墙、每排立柱和屋面等)内，为防止结构变形，必须加装适当的斜支撑或拉索以抵抗纵向水平风对温室的纵向推力。

(1)剪刀撑。钢结构的柱子间，用在对角线上的斜材叫剪刀撑。常在温室第二边柱对角线用 Φ14 mm 左右的圆钢做成“X”形，并加花篮螺栓随时调紧，可使结构加强，作用是防止构架受水平荷载引起菱形变形。

(2)水平支撑。设在屋顶上屋架与屋架间的斜杆叫水平支撑。

(3)斜撑。斜撑是加固水平杆件和垂直杆件衔接地方的杆件或指桁架中的短斜杆件。各柱间一般有斜撑与天沟相连，增加了天沟的承载能力，上面可同时容纳两人行走以便做温室的维修工作。

中柱之间的抗风撑有时还须用刚度较大的角钢做成“X”形撑。如果温室很长，则应在中间的开间增设抗风缆(撑)。

(三)天窗和侧窗的安装

1. 窗体的安装

天窗和侧窗常用上悬式窗；采用铝合金窗框，轻而密封性好，且不易锈蚀(图 5-46)。也有用镀锌薄壁管材、玻璃钢、镀铝硬质塑料等作窗框的。屋脊天窗直档采用 25 mm×25 mm×2 mm 镀锌方管，天窗横档采用铝合金专用型材，配合密封胶条，保证温室的密封性。

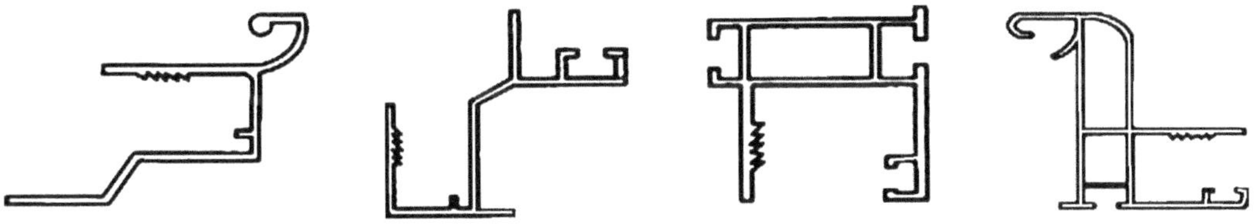

图 5-46 用于顶、侧窗固定框的铝合金型材

天窗、侧窗窗体安装要求较高，窗体框架连接好后，应进行方正度校验，以钢尺量测对角长度，调至均等时打好转角处连接筋板或固定角铁。窗体安装时，利用专门的窗体铝合金型材与屋脊相连，形成上悬式窗。窗体安装好后，应打好周边包件并做到平整线直。侧窗与墙体搭接处和周边注意装好密封胶条，其位置应视窗沿刚好压满胶条方可固定。侧窗下卡槽横梁要平直，外侧连接双圆密封条。

2. 开窗机构的安装

齿轮齿条开窗机构是目前最常用的一种开窗机构，其核心部件为齿轮齿条，附属配件随着机构整体的不同而有差异。根据传动原理和齿轮齿条布置的差异，可将齿轮齿条开窗机构分为排齿开窗机构和推杆开窗机构。

(1)排齿开窗机构。排齿开窗机构是由齿条直接推动窗户启闭，用在顶部时，排齿开窗机构可以实现单面或双面连续开窗，排齿开窗机构开窗面积较大(图 5-47)。排齿开窗机构一般使用于塑料温室、PC 板温室或有较高通风要求的大跨度单屋脊玻璃温室，当小屋面玻璃温室需要增大通风量时，也可以采用排齿开窗机构，但造价较高。另外，对于温室侧墙的开窗，如选用齿轮齿条机构，则只能采用排齿方式。

排齿开窗的主要设备配件有减速电机、传动轴、齿条、齿轮、轴承座、连接件等。安装时首先将减速电机固定在温室骨架上，然后安装轴承座，使减速电机输出端与传动轴相连。传动轴穿过轴承座，通过轴承座固定在温室骨架上，但可以转动。齿轮固定在传动轴上，齿条与齿轮咬合。把齿条的一端与通风窗边用连接件相连。当减速电机转动时，带动传动轴转动传动轴带动齿轮转动，齿轮带动齿条移动，从而实现窗户的启闭。

(2)推杆开窗机构。推杆开窗是由齿轮齿条将动力传递至推杆，再由推杆传递至开窗支杆，由开窗支杆推动窗户启闭(图 5-48)。但推杆开窗只能以间隔交错方式进行，主要用于小屋面(Venlo)型玻璃温室。推杆开窗机构使用的齿轮齿条主要有轨道式(图 5-49)和摆臂式(图 5-50)两种形式，轨道式单根齿条推力大，可适应长度较大的温室；摆臂式适用于长度较小的温室，结构简单，造价较低。

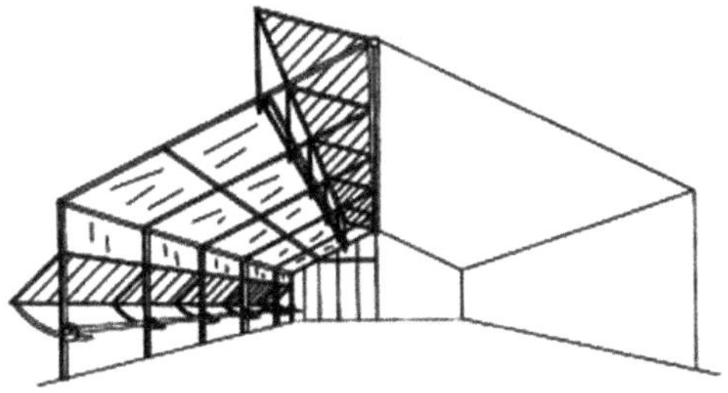

图 5-47 排齿开窗机构

图 5-48 推杆开窗机构

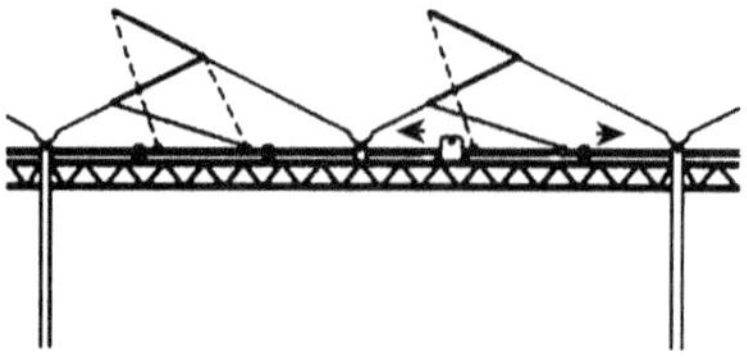

图 5-49 轨道式推杆开窗示意图

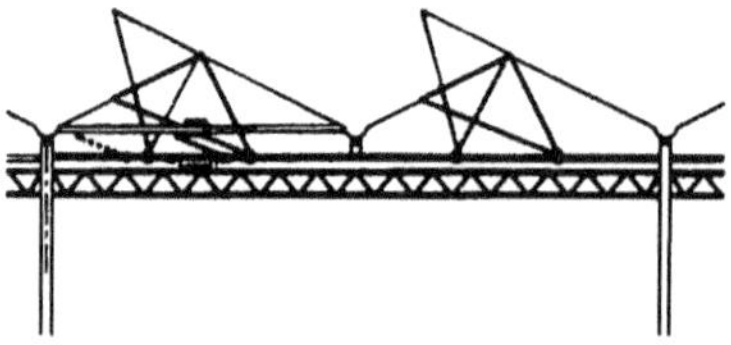

图 5-50 摆臂式推杆开窗示意图

推杆开窗的主要设备配件有减速电机、传动轴、齿条、齿轮、推杆、支杆、连接件等。安装时首先将减速电机固定在温室骨架上，然后顺次安装轴承座、开窗支撑滚轮、驱动轴、齿条推杆和齿轮齿条，推杆与齿条顺序相连，支杆一端固定于推杆上，另一端固定于窗边。一般一个窗户由 3～4 个支杆支撑。工作时，减速电机通过传动轴及齿轮带动齿条前后移动，齿条推动推杆移动，推杆将推力或拉力传递至支杆，将窗户打开或关闭。

传动装置安装时应尽量做到传动轴水平同线，保证传动均匀稳定，传动轴固定好应拉线固定，安装后校验。最后安装齿条，齿条应安在竖直平面内，保证传动方向与窗体垂直。

(四)风机、湿帘的安装

1. 风机安装

风机(图 5-51)按以下工艺顺序安装：施工准备→弹线定位→上下横梁→风机主体→百叶窗→密封→调试。

(1)施工准备。风机安装前应进行检查，表面如在运输途中有所损伤，应进行修复并预先安好风机幕帘。

(2)弹线定位。风机安装前应将墙裙顶面水泥砂浆抹平或将风机下横梁找平安装，防止机体倾斜不稳，风机安装在墙体中时，先打风机下横梁和风机支架，增大风机底框与结构的接触面积，保证风机正常运行。

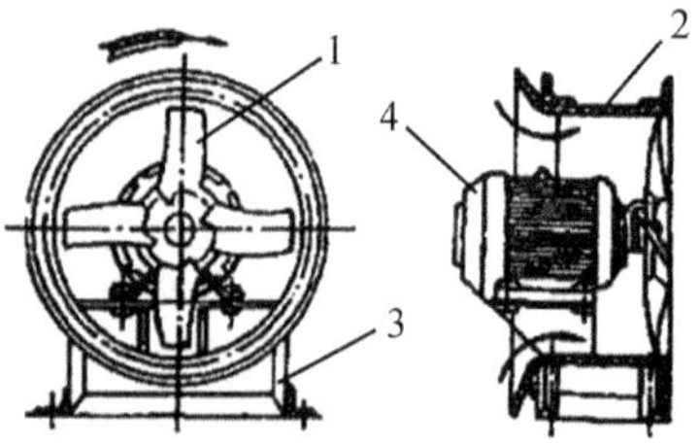

1. 叶轮 2. 外壳 3. 机座 4. 电动机

图 5-51 轴流式风机示意图

(3)安装时要注意接好地线，拆装叶轮时要小心，以免使叶片变形与箱体相碰。

(4)安装百叶窗。风机外侧应有百叶窗，防止停机时空气倒流或害虫和污物侵入。风机内侧应用防护罩，防止人体和杂物接触运动部件。若防护罩网至运动部件的距离在 100 mm 之内，护网所用钢丝直径不应小于 1.5 mm，孔口不得大于 13 mm；若防护罩网至运动部件的距离超过 100 mm，可使用直径 2.7 mm 的钢丝编网，孔口尺寸最大可达 50 mm。

(5)密封。风机四周应有密封胶皮，既起到密封又起到减小震动的作用。为确保冬季保温，风机四周加打密封角铁和卡膜卡槽，且所有墙上缝隙均用玻璃胶或水泥砂浆密封，防止风机处漏风。

(6)调试。风机安装完毕，应接线时，要测试风叶的旋转方向。

2. 湿帘安装

(1)湿帘的安装位置。湿帘应布置在温室的上风向。如果温室上风向有其他建筑物遮挡或上风向 7.5 m 范围内有相邻温室，湿帘的布置可不考虑当地主导风向。

对于装有湿帘风机系统的温室群，当温室间距小于 15 m 时，设计中应注意避免从一个温室排出的废气直接排向邻近温室的湿帘进气口。如果相邻温室的风机面对面排气，温室间距小于5 m时，两温室的风机应交错布置，以免温室排出的废气直接吹向对面的风机。如果温室装有内遮阳网，为了减少从湿帘吸入的冷空气与上部热空气的混合，改善作物生长区的降温效果，湿帘和风机的上边缘应不超过遮阳网的安装高度(图5-52)。

建议在湿帘的外侧，加装进风口。进风口尺寸可以与湿帘相等或稍小。进风口上，降温季节可安装适当的防虫网材料，防止飞絮或昆虫粘在湿帘纸上，堵塞空气流道；冬季则用塑料薄膜封闭，防止冷空气侵入温室。进风口外表面与湿帘表面的间距应不小于二者高差的一半。

(2)湿帘长度和高度的确定。湿帘通常安装在与排风机相对的山墙或侧墙上，也可选用适当规格的成品湿帘箱装在风机对面的墙上。标准的成品湿帘箱的常用高度为1.5 m、1.7 m、2.0 m，其他尺寸一般需向生产厂家定做。

(3)湿帘框的安装。湿帘的上框架设有布水通道，布水通道设置在上框架的中部，沿框架长度方向延伸，呈圆管状，其下部管壁向内凹，内凹部分的顶部分布有若干布水孔，上、下框架一般采用铝合金型材，若干段型材通过连接件插接在一起，并在左、右两端插接上下端盖，形成上、下框架的整体，其中上连接件设有水孔或短管，用于外接供水管(图5-53)。

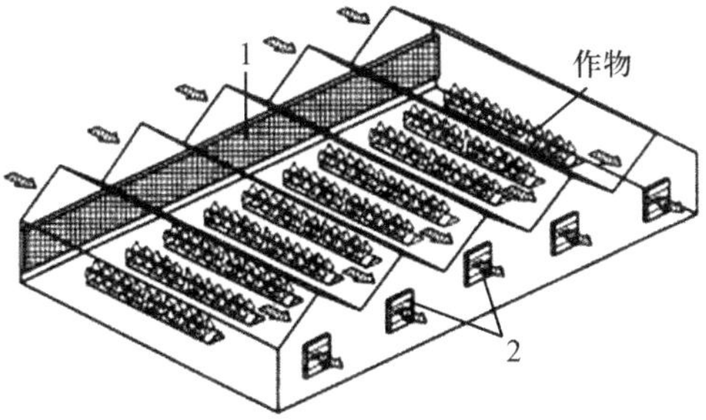

1. 湿帘　2. 风机

图5-52　温室中的湿帘布置

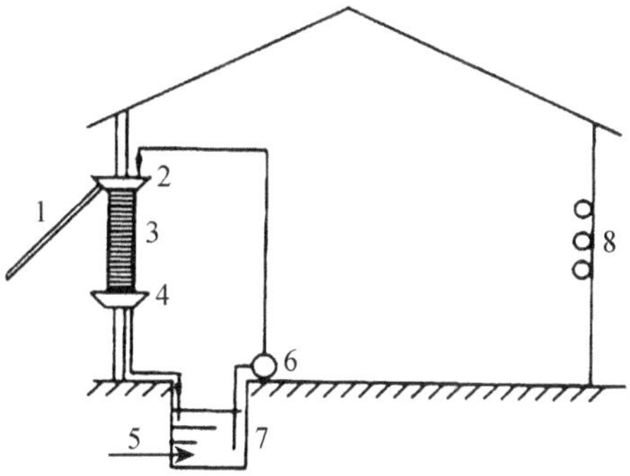

1. 侧窗　2. 淋水槽　3. 湿帘　4. 集水槽
5. 补水　6. 水泵　7. 水池　8. 风机

图5-53　湿帘系统示意图

(4)湿帘的安装。

①湿帘安装时，安装面积应与设计相符合，以保证湿帘降温效果。湿帘布置时，应尽量减少通风死角，以保证温室内换气均匀。湿帘与对面的风扇的距离一般不超过50 m，以保证湿帘降温效果。

②湿帘安装时，不得出现边缘破损或飞边等湿帘损坏现象。

③湿帘安装时，湿帘应固定牢固，并保证湿帘上下底面保持水平。

④湿帘安装时其有孔水管应孔口朝上，使之将水直接喷射到上槽内板上，从而将水均匀地淋湿整个湿帘。

⑤因北方冬天严寒，窗内湿帘外加卡簧卡槽以塑料膜密封。

(5)循环水系统的安装。

①循环水池制作应符合图纸设计要求。

②湿帘前面应加装预过滤器；水系统安装应美观，管件连接处应密封牢固，不漏水，管路布置应符合给排水要求。

(6)湿帘安装特殊注意事项。

①与风扇之最佳距离为 30～50 m。超过 60 m 风扇则失效。

②湿帘要连续设置，不要有缺口。如果有中间缺口存在，则产生的死角长度为缺口的 4 倍。

③湿帘配水十分重要，表面如果有干湿不均匀现象，表示水分配不均匀。

(五)防虫网的安装

1. 确定防虫网的安装位置

对于普通生产型温室，防虫网的设置应能使进入温室的害虫减少 70%以上。防虫网通常安装在进风口和排风口，在风向比较固定的地方，迎风侧窗上的防虫网比背风侧窗上的防虫效果好。对于开有侧窗和天窗的自然通风温室，可在侧窗和天窗是上同时安装防虫网，效果更好。对于育种和科研用温室，对防虫的要求很高，除在进、出风口安装防虫网外，风机口上也应安装防虫网，风机口防虫网宜安装在风机内侧，并保持干燥。对温室的所有缝隙均应进行适当的密闭处理。

2. 防虫网的安装要求

防虫网的安装必须与周边覆盖物叠压、卡紧或并拢，安装后应平整无皱褶，相互间不得有缝隙。

3. 防虫网的安装

根据温室结构不同防虫网安装的方式多种多样，设计者和使用者选择安装方式时应以简单有效为原则。这里仅介绍两种安装方式。

(1)固定安装。对于塑料薄膜温室或大棚，可利用窗四周的卡膜槽和卡簧将防虫网整平，固定在卡槽上。这种方法比较适用于配有强制通风系统的温室。对于玻璃温室和 PC 板温室，防虫网可参照普通建筑物的纱窗，采用框架式结构。对不宜采用框架结构纱窗的电动开窗方式，应考虑采用更复杂一些的安装方式，使密封效果良好。

(2)半固定安装。将防虫网的上边缘用卡膜槽和卡簧固定，下端装一卷轴和卷膜机构，卷轴垂下时，防虫网展开。在无虫害时期，为了改善通风条件可将防虫网卷起，减少气流阻力。这种安装方法比较适合自然通风温室。

(六)透明覆盖材料的安装

1. 塑料薄膜的安装

塑料薄膜具有柔韧性好、易于安装固定的优点，被广泛用于各种形状的温室。塑料薄膜在温室上的安装方式也多种多样，连栋温室中塑料薄膜的安装主要采取如下方法。

(1)固定天沟两翼及山墙两端拱杆上的卡槽。连栋温室的骨架一般为热镀锌方钢管或圆管，天沟两翼及山墙两端拱杆上的卡槽与骨架可用自攻螺钉或抽芯铆钉连接，也可以用专用的卡件连接，如图 5-54 所示。

图 5-54　卡槽与骨架的连接

(2)覆盖每跨屋面塑料薄膜,安装卡簧固定塑料薄膜。卡槽固定好后,就要进行塑料薄膜的铺装工作,连栋温室在铺装塑料薄膜的时候,通常需要 4～6 人同时进行(图 5-55)。注意施工时不应在一天中过热的时候安装薄膜,因为此时的薄膜受热膨胀,而当温度降低时薄膜会收缩,可能会造成断裂和撕扯。塑料薄膜铺装时,将塑料薄膜卷放在一跨温室的端部,将塑料薄膜朝外的一面向上放置,并用支架支撑起来。留两个人在端部,其余的安装人员沿天沟拉着塑料薄膜向另一端前进。跨度两边的人员同时将薄膜绷紧,再用卡簧(图 5-56)同时固定塑料薄膜。安装时不要在薄膜上行走,也不应该把装配工具或其他物体放在薄膜上,以防它们弄破薄膜。

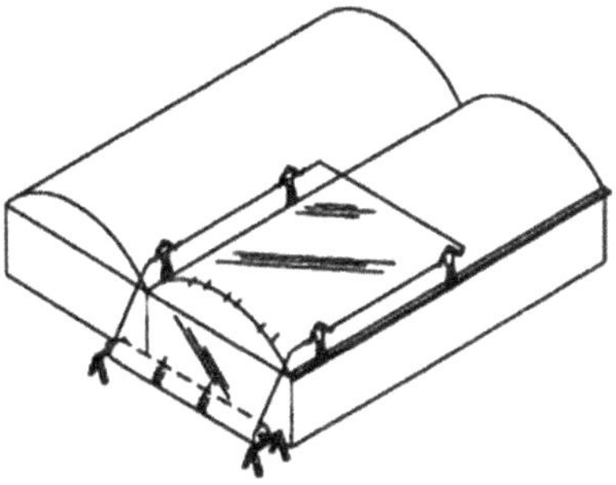

图 5-55　连栋温室铺装塑料薄膜

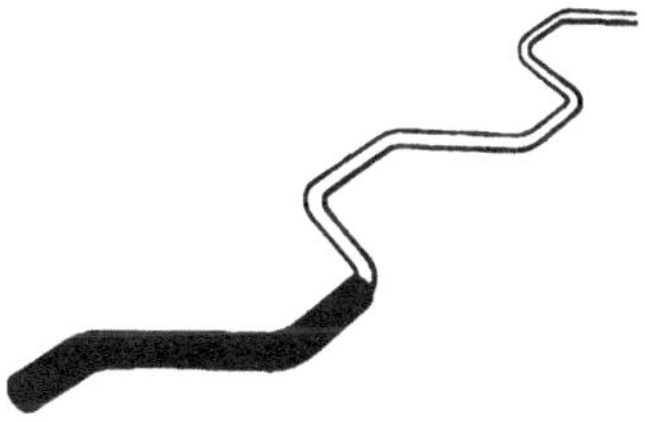

图 5-56　卡簧

(3)压膜线的固定。对于温室顶部的单层覆盖塑料薄膜,沿温室跨度应设压膜线将塑料薄膜压紧在骨架上,以防止大风对塑料薄膜的损害。压膜线的固定是根据顶部骨架的疏密程度,来确定压膜线的间距,一般为 1～2 m。其在天沟上的固定较简单,如图 5-57 所示。

在侧墙通风窗上也应该加装护膜线,目的是防止卷膜轴在风力的作用下摆动,造成塑料薄膜损坏或密封不严。护膜线可竖直安装也可斜拉成网状,侧墙压膜线的布置见图 5-58,上下两端头可通过弹簧挂钩固定在卡槽中。

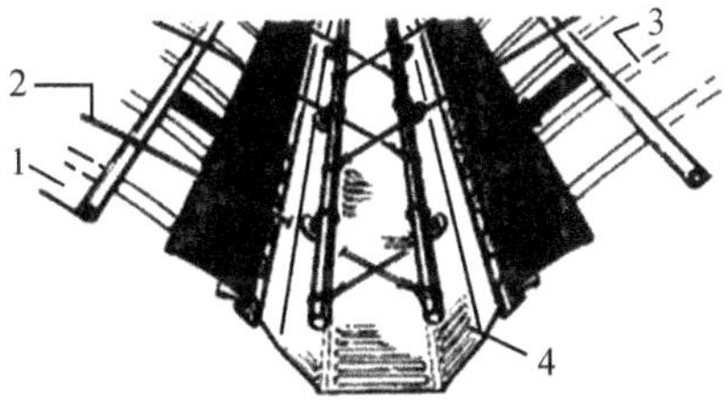

1. 塑料薄膜　2. 压膜线　3. 温室骨架　4. 天沟

图 5-57　顶部压膜线的固定

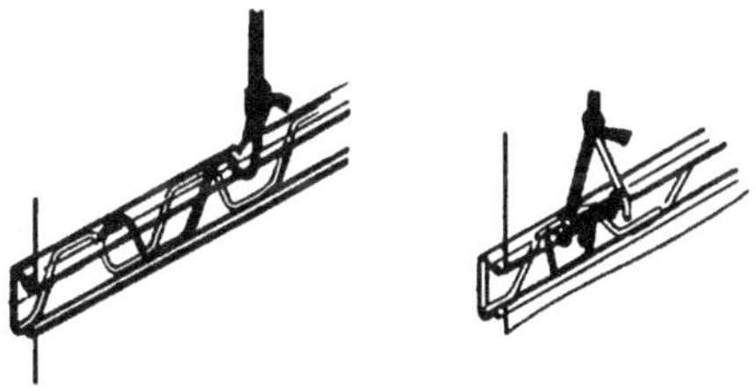

图 5-58　压膜线端部的固定

(4)卷膜机构的安装。对于需要卷膜通风的温室来说,可设置顶部及侧部卷膜通风窗,塑料薄膜与卷膜轴的连接是通过膜卡实现的。

固定塑料薄膜时将塑料薄膜沿卷膜轴扯平,由卷膜轴中部向两边安装膜卡或扣板,注意塑料薄膜不要过度绷紧,更不要起皱。安装完全部膜卡后应试运转,如发现卷膜轴出现弯曲应重新调整膜卡的位置,直至调直(图 5-59、图 5-60)。

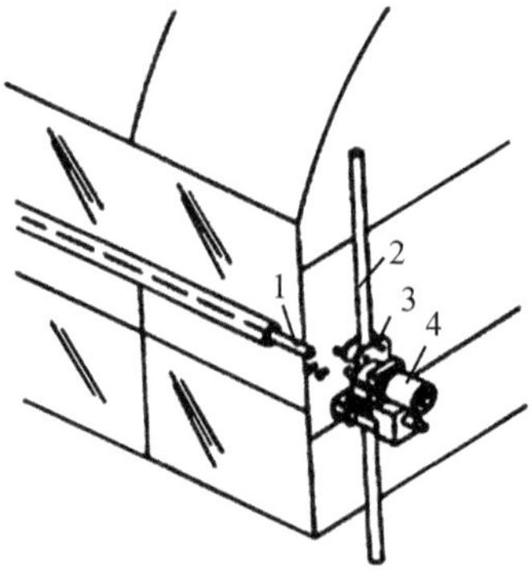

1. 卷膜轴　2. 竖向钢管　3. 导向器　4. 卷膜器

图 5-59　卷膜机构示意图

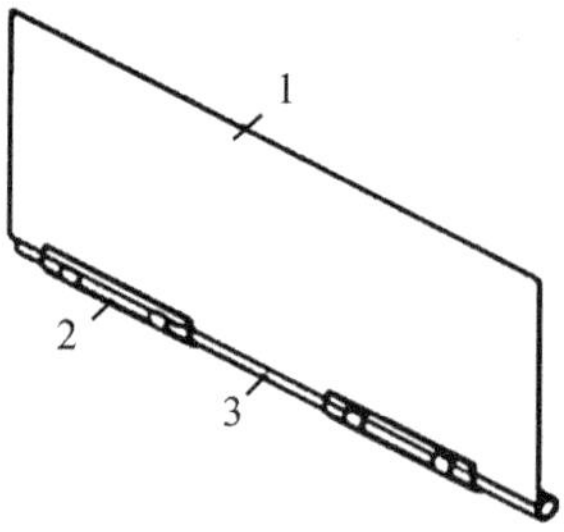

1. 塑料薄膜　2. 膜卡　3. 卷膜轴

图 5-60　膜卡的固定

2. 玻璃的安装

(1)铝合金型材与温室骨架的固定。铝合金型材与温室骨架一般通过螺栓、拉铆钉等紧固件固定,也有通过专用连接件固定的(图 5-61)。固定时除螺栓或自攻螺钉旋紧外,常加橡胶条或塑料条以防止固定螺丝的局部压力损坏玻璃,这些橡胶条或塑料条同时又起到密封的作用。比较好的密封方法是设计出专门形状的防老化密封橡胶条,与铝型材配套的橡胶密封件,应结合温室建造地区的气候特点,正确选择适宜的材质,以满足其抗老化和易安装的特点。一般橡胶密封件的材质为氯丁橡胶。

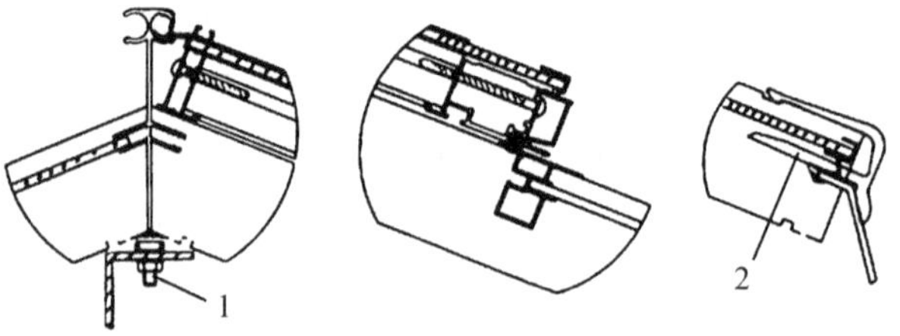

1. 螺栓　2. 专用连接件

图 5-61　铝合金与骨架的连接

(2)铝合金型材固定及对应的橡胶密封件固定。首先要将 PC 板对接铝型材与温室骨架进行固定。如图 5-62 所示,固定方法是将下部型材用自攻螺钉或抽芯铆钉固定在骨架上即可。与铝型材配套的橡胶密封件包括橡胶条和方形橡胶垫,黏附在天沟、檩条和横梁等骨架结构上。

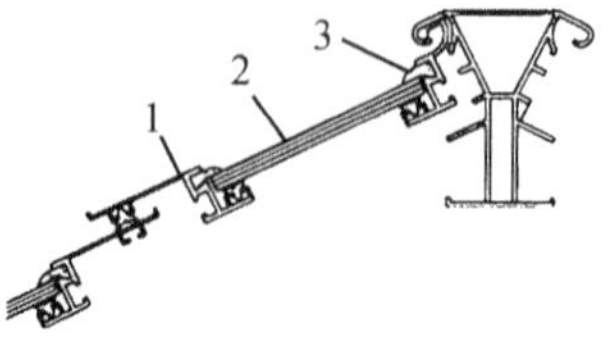

1. 铝合金　2. 玻璃　3. 橡胶条

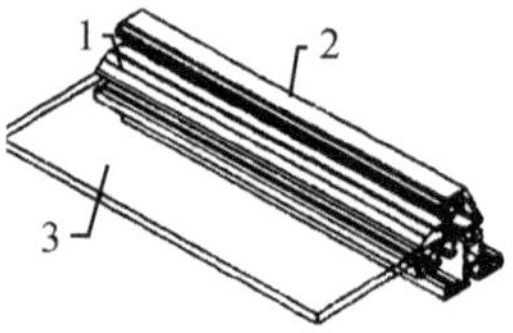

1. 橡胶密封条　2. 铝合金条　3. 玻璃

图 5-62　玻璃的密封

(3)板材的切割。

①按骨架的尺寸计算出热膨胀余量及荷载位移量,据此确定板材的尺寸,绘制下料图;然后检查板材的裁切尺寸和膨胀预留量是否合格,要特别注意留出足够的均匀的膨胀间隙。

②切割前,须按下料图使用直尺或精致样板在板面保护膜上准确划线,操作失误而造成的板材损伤可能导致板材在使用过程中因划痕而断裂。

③切割PC板可以很方便地使用普通工具进行切割,工具包括普通圆锯、带锯和裁纸刀等锋利刀具,建议采用硬质碳化钨合金锯片。切割前,须将锯片或刀的齿刃打磨锋利,切割全过程不得揭开板面保护膜(图5-63)。

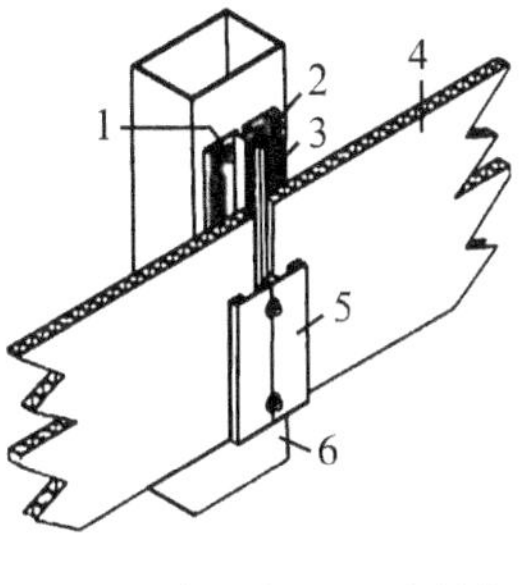

1. 自攻螺钉　2. 下部型材　3. 密封条　4. PC板
5. 上部铝合金型材　6. 下部铝合金型材

图5-63　PC板对接型材固定

④板材须平放紧贴工作台面,并用夹持器固定,避免走锯震颤和由此而使加工面粗糙。

⑤进锯速度保持自然,不可强行加速,避免锯片发热、物料黏结和锯齿阻塞,接近终点时,要放慢进锯速度。

⑥锯切板材时应随时用压缩空气将锯屑吹出中空板的槽隙,注意及时放出空气压缩机气水分离器中的积水,千万不可将水带入板材的槽隙中。

⑦中空板切割完毕后须及时用防尘胶带封边,依安装后板材端部孔道朝向选用相应类型的防尘胶带。

安装状态呈垂直、斜面及曲面(其一端与水平成向上的角度)的板材,顶端孔隙用不透气的铝箔胶带密封,底端孔隙用有过滤层的专用透气胶带密封(图5-64)。在拱形结构的安装中,板材双侧端部孔隙均用有过滤层的专用透气胶带密封。

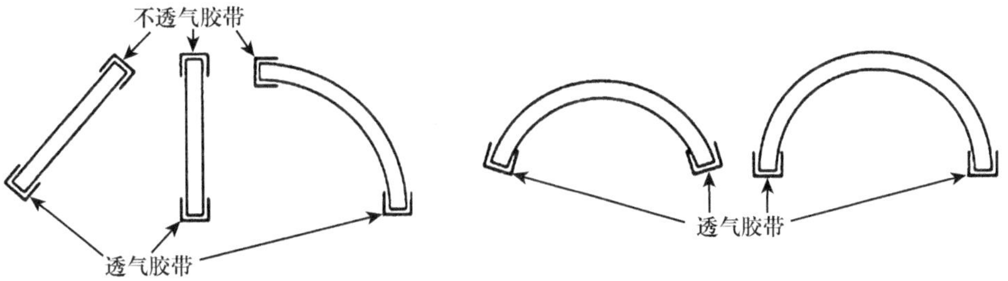

图5-64　PC板封边

(4)板材的连接与安装。PC中空板的对接有两种方式:一种为塑料夹对接;另一种为铝合金对接,如图5-65所示。现在主要采用铝合金型材对接方法,由上部型材和下部型材及橡胶条组成,上部型材和下部型材能互相啮合,且有橡胶密封条,其连接强度和密封性均很好,上下铝型材用自攻螺钉连接固定,因此安装方便。其具体施工工艺如下(图5-66):

①板材安装之前要检查胶带有无损坏,发现损坏的胶带,一定要更换。

②安装前把板材四周的保护膜揭起30～50 mm,不要让型材夹住保护膜,但也不可揭起太多,以免操作不慎而损伤板面。

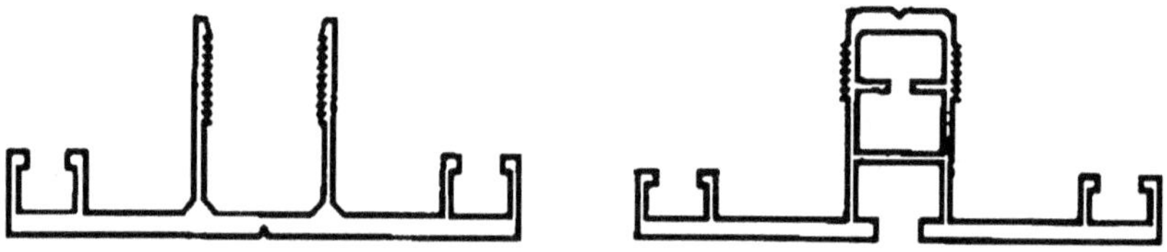

图 5-65　铝合金对接型材

③认明板材表面防紫外线的一面，并把该面朝外安装，绝不允许把防紫外线的一面朝内安装。

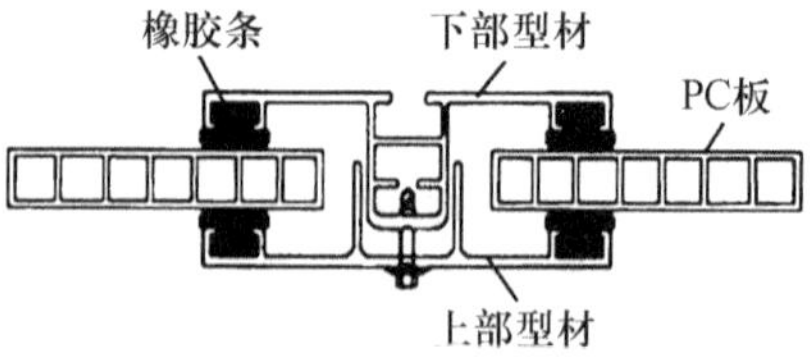

图 5-66　铝合金型材对接示意图

④板材安装好后应进行自检，特别要认真做喷淋试验，检查是否漏水，如有漏水隐患应及时消除，然后检查外观质量。

⑤板材安装全过程中严禁足踏板面，操作时须使用跨越板材的可移式踏板。

⑥中空板安装工程中板材被型材夹持的部分里必须至少含有一条筋肋，或者板材边缘被夹持的部分最小 20 mm。

⑦中空板材冷弯安装的情况下，其弯曲半径不得小于板材厚度的 175 倍；只能顺肋筋方向弯曲。

⑧中空板材倾斜安装应顺肋筋方向，有利于冷凝水导出。

⑨当发现安装缺陷时，在可能发生渗漏的部位，可充密封胶进行弥补。要选用固化后仍保持柔软、低模数、延伸率大于 50%的中性耐候硅酮胶，施胶前一定要使铝型材及板材的表面清洁和干燥。须特别注意的是所使用的中性密封胶必须提前与板材做相容性试验，以避免与板材发生化学反应。

⑩板材安装好后要求立即揭掉保护膜。施工完毕，应将阳光板上的杂物清理干净。注意：要避免工人操作时把保护膜夹在型材里，然后用锋利工具划印再揭起，这样往往会划伤板面而导致板材损坏。

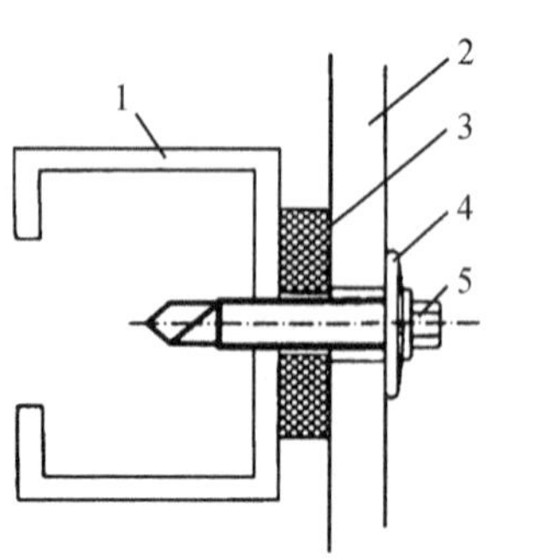

1. 檩条或横梁　2. PC 板　3. 方形橡胶垫
4. 大帽垫　5. 自攻螺钉

图 5-67　PC 板与骨架连接

(5)PC 中空板与骨架固定。通常采用带波形的大垫圈用自攻螺钉或带钩的螺栓把 PC 中空板固定在椽、檩或柱上，檐口、屋面与墙接合处可用特制的波形泡沫塑料条密封。如图 5-67 所示，自攻螺钉沿横梁或檩条的固定间距约 500 mm，固定板材的檩条或横梁间距不大于 1 300 mm，以保证板材受力均匀，不易变形。自攻螺钉拧紧时用力要均匀，确保型材真正压实密封胶条和板材；如需在板上直接固定自攻螺钉，须扩孔，所有钻孔直径应大于螺栓直径，直径差约 1.6 mm，留出热胀冷缩间隙。孔的中心到板材边缘间距应不小于 5 cm。

(6)拐角处的 PC 板连接。拐角处 PC 板的连接如图 5-68 所示，侧墙拐角处由铝合金型材(图 5-69)和橡胶密封条组成，安装时将橡胶密封条 1 预先装入型材的凹槽中，将型材用自攻螺钉固定于温室立柱上，然后将两侧的 PC 板插入型材中，PC 板放平后塞入橡胶密封条 2 即可。

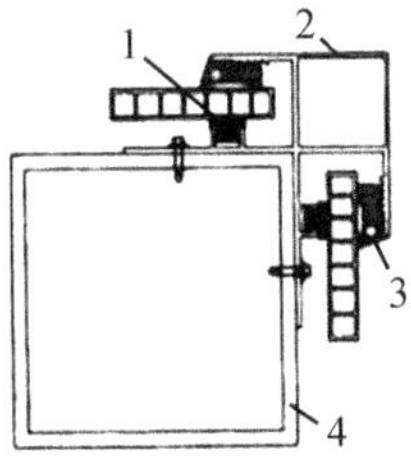

1. 橡胶密封条 1　2. 拐角型材　3. 橡胶密封条 2　4. 立柱

图 5-68　拐角处 PC 板的连接

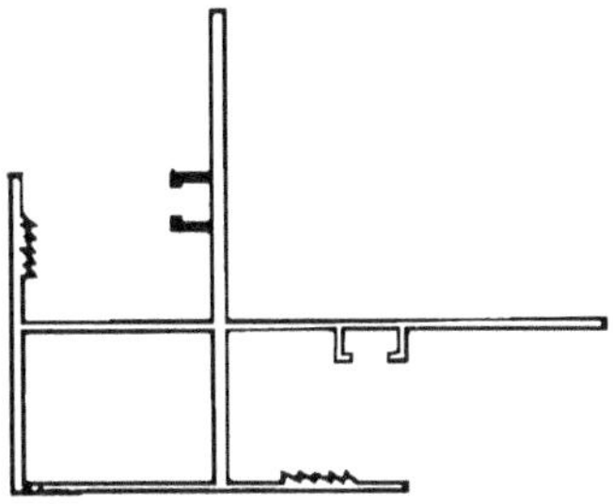

图 5-69　用于温室拐角处的铝合金型材

(七)内遮阳系统安装

1. 系统的基本组成

(1)控制箱及电机。控制箱内配有幕布展开与合拢两套接触器，既可手动开停，又可通过行程开关实现自动停车。驱动点解、联轴器和减速电机为专用电气设备，与控制箱相连接，该电机输出轴处配备了行程开关，限位准确，使整套系统运行平稳可靠。

(2)齿条。一般选用荷兰进口齿条，其设计合理，质量可靠，运行平稳无噪声，寿命长。

(3)传动部分。包括电机，传动轴和推拉杆。

(4)托幕线。上下托幕线选用温室专用 LS 托幕线，抗拉强度大于铁丝及电镀钢丝，最大延长率仅为 1%，在 −40～70 ℃范围内其几何稳定性和力学机械性均保持不变，使用多年线的表面依然能保持光滑，以避免磨损幕布，且将遮光减少到最低。

(5)幕布。通常采用瑞典斯文森专用遮阳铝箔编织幕布，使用寿命可以达到 8 年。

2. 安装托幕线

托幕线一般每隔 40 cm 或 50 cm 布置一道，托幕线拉力要均衡，并在与梁交接的地方采用专门卡具支撑托幕线，或采用不锈钢丝支撑，用以托住遮阳网。每间隔 80 cm 或 100 cm 还要布置一道压幕线，用于限制遮阳网的收拢体积。遮阳网在托幕线与压幕线之间运动，如图 5-70 所示。

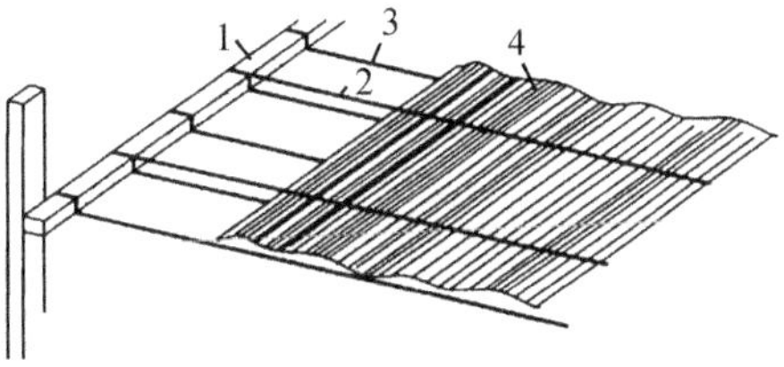

图 5-70　托幕线的布置

3. 安装驱动机构

齿轮齿条驱动机构是温室目前最常用的驱动机构，主要由减速电机、驱动轴、齿轮、齿条、推拉杆和支撑滚轮等组成。齿轮齿条驱动机构按齿轮的不同分为 A 型和 B 型两种(图 5-71、图 5-72)。安装驱动机构的程序为：安装电机→安装轴承座→安装推杆支撑滚轮→安装推拉杆→安装驱动轴→安装齿轮、齿条。

传动轴一般采用 Φ33.5 mm×3.25 mm 钢管。电机安装在传动轴的中部，齿条副均布。推拉杆为镀锌钢管，每条齿条副连一根，纵向与温室长度基本等长。传动轴固定卡要安装牢靠，保证传动轴的同轴度，电机及减速机输出轴应与传动轴同线。传动轴连接架纵向同线。遮阳幕平展后卷缚于活动杆上并穿好紧幕螺栓，传动装置安装完毕，连接控制线路并进行启闭调试，调节限位装置使幕帘完全展开并密封时与之接触。

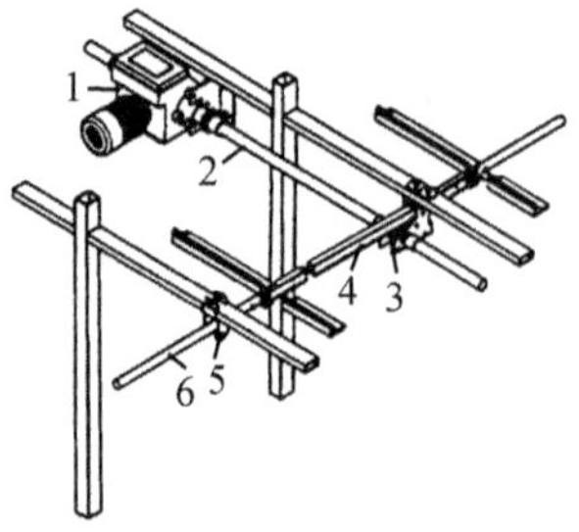

1. 减速电机 2. 驱动轴 3. A 型齿轮 4. 齿条 5. 支撑滚轮 6. 推拉杆

图 5-71 A 型齿轮齿条驱动机构

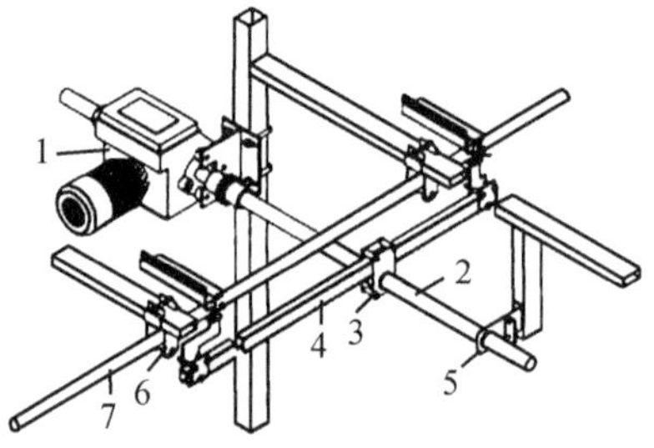

1. 减速电机 2. 驱动轴 3. B 型齿轮 4. 齿条 5. 轴承座 6. 支撑滚轮 7. 推拉杆

图 5-72 B 型齿轮齿条驱动机构

4. 安装遮阳网

遮阳网如果沿开间方向行走，则在每开间布置一块，如沿跨度方向行走，则在每一跨度布置一块，并要留有固定遮阳网的余量，以防止安装悬垂和收缩对长度造成影响。为获得最好的遮阳节能效果，遮阳保温幕的亮面应朝上放置。一般遮阳网幅宽有 3.2 m、4.3 m、5.4 m，如沿开间方向拉遮阳网，分别适用于 3 m、4 m、5 m 宽的温室开间。如果沿跨度方向拉网，若跨度为 8 m，则遮阳网采用幅宽 8.4 m 以上的。遮阳网可采用缝合方式获得所需要的幅宽。在幕布被放置到位后，应让幕布在该位置下保持 24 h，使幕布在自然状态下被安装，以尽量减少自然环境变化对拉幕系统造成影响。在现场安装时。应尽量保护产品免受各种不良影响。

遮阳网在可活动一端的固定一般是采用铝型材或 Φ19 mm 的铝管。对于铝型材，一般用蛇形的卡簧将遮阳网卡在型材内(图 5-73)，在型材上，一般还应装有导向及收拢遮阳网用的配件，以使遮阳网在规定的轨道内更好地行走。对于铝管，网的固定及导向都有专门的卡具(图 5-74)。为了让遮阳网与驱动机构一块运动，还需有专门的卡具使型材(或铝管)与驱动线、推拉杆连接起来。驱动杆采用铝合金专用型材，横向布置，拉动幕布展开、收拢，使幕布在运行中保持平展。

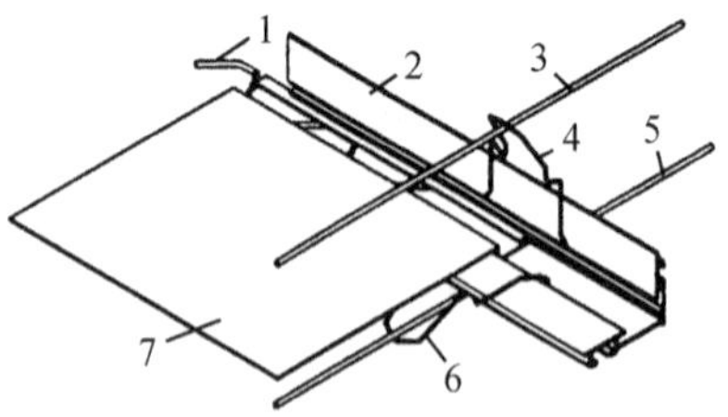

1. 弹簧卡 2. 铝型材 3. 压幕线 4. 弹簧卡 5. 托幕线 6. 弹簧卡 7. 遮阳网

图 5-73 铝型材固定遮阳网

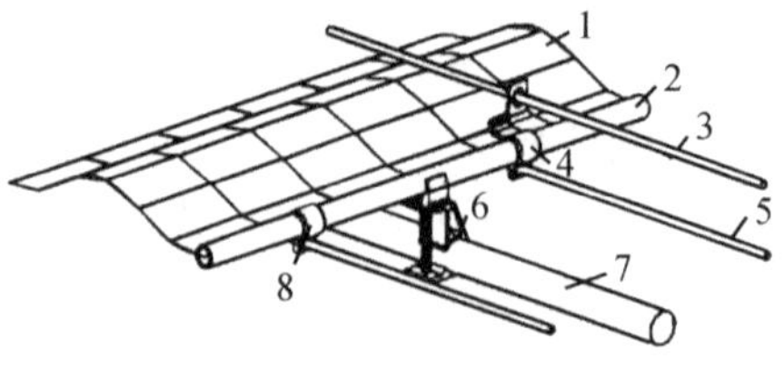

1. 遮阳网 2. 铝管 3. 压幕线 4. 大定位导向卡 5. 托幕线 6. 推杆导杆连接卡 7. 推杆 8. 小定位导向夹

图 5-74 铝管固定遮阳网

5. 遮阳网固定边的固定

遮阳网的固定边一般可直接固定在温室梁上或固定在不锈钢丝上，遮阳网固定在梁上，一般可用专门的固定卡，或者用卡簧卡槽进行固定，也有采用不锈钢丝或尼龙扎带直接捆扎在梁上。在不锈钢丝上的固定，可采用专用的塑料夹，或采用不锈钢钉书钉固定。幕帘固定端安装时立柱穿过处应小心割开，绕过立柱后用图钉缝合，固定端钢丝应平直，于立柱处调平固定。

6. 遮阳网的密封

由于梁柱安装的误差，以及遮阳网活动边调直的误差，不可能保证活动边的每一点都不出现缝隙，因此，有必要加装一些额外的材料来实现遮阳网间以及遮阳网与温室四周的密封（图 5-75、图 5-76）。当遮阳网活动边采用铝型材时，可采用密封橡胶条与梁进行密封，当遮阳网活动边采用铝管时，可采用一些特殊的卡具及结构达到密封效果。

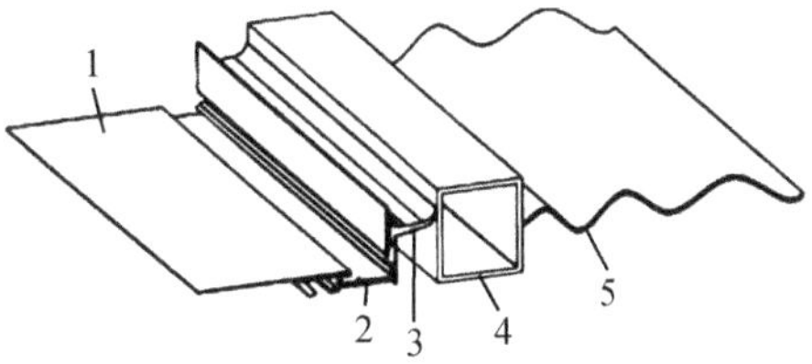

1. 遮阳网　2. 铝型材　3. 橡胶密封条　4. 梁　5. 遮阳

图 5-75　遮阳网与梁间密封

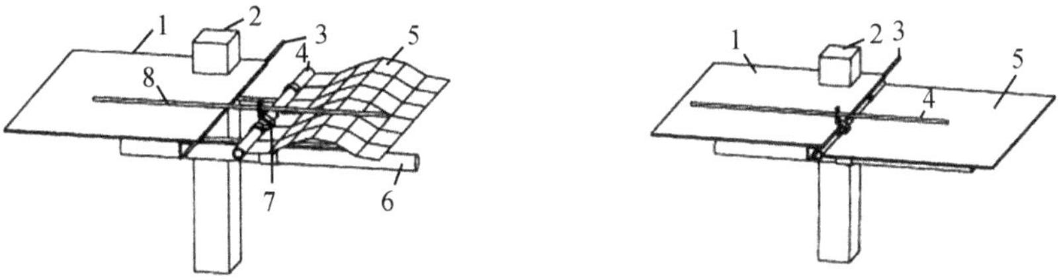

1. 遮阳网　2. 柱　3. 不锈钢丝　4. 铝管　5. 遮阳网　6. 推杆　7. 大定位导向夹　8. 压膜线

1. 遮阳网　2. 柱　3. 不锈钢丝　4. 压幕线　5. 遮阳网

图 5-76　遮阳网铝管活动边的密封

在遮阳网行走的方向上，由于系统与温室墙边还有一定的距离，因此必须进行密封（图 5-77），密封时可采用不锈钢丝在立柱外侧拉一道线，在离开立柱内侧 20 cm 左右距离拉一道，内侧的不锈钢丝采用一带孔的钢片支撑，将密封用的遮阳网固定在两道不锈钢丝上，使之形成一个密封的网兜。如果一栋温室中有两套或两套以上的内遮阳系统，在系统与系统间可采用如图 5-78 所示的方式进行密封。

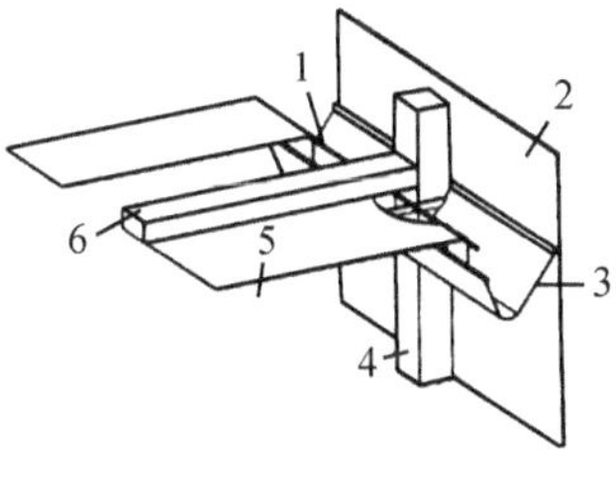

1. 不锈钢丝　2. 侧墙　3. 密封　4. 边柱　5. 遮阳网　6. 梁

图 5-77　遮阳网与墙边密封

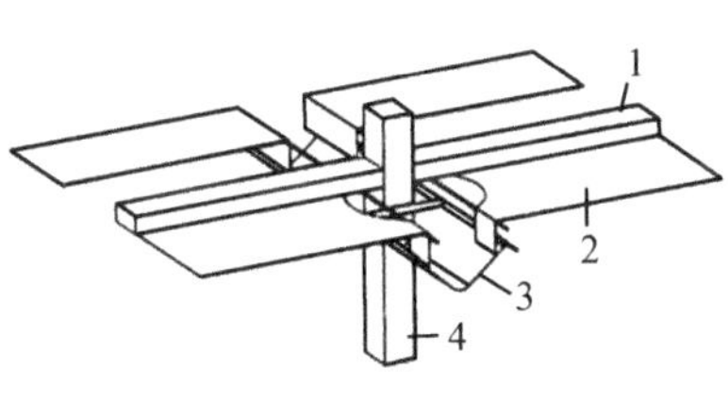

1. 梁　2. 遮阳网　3. 密封　4. 中柱

图 5-78　两套遮阳系统间的密封

（八）环流风机安装

环流风机一般设置于每跨中心线上横梁架的下边，可以避免直接吹至作物表面，也便于室内生产和操作。搅风扇的作用是推动温室内的空气循环，使室内温、湿度和 CO_2 浓度趋于相对均匀，以利于作物生长。环流风机的布置方式有平行式和连续式两种（图 5-79、图 5-80）。

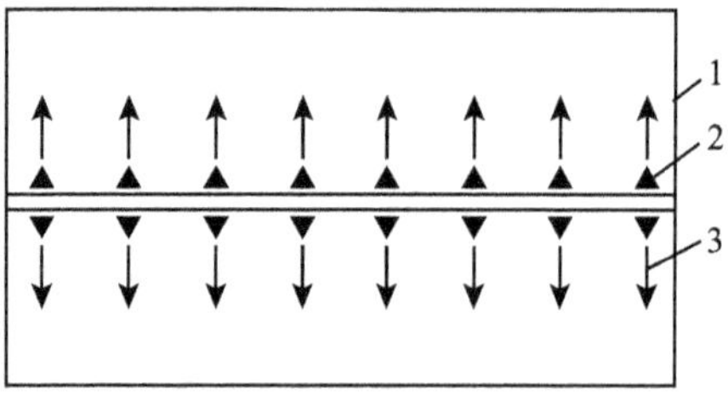

1. 温室　2. 循环风扇　3. 气流方向

图 5-79　平行布置

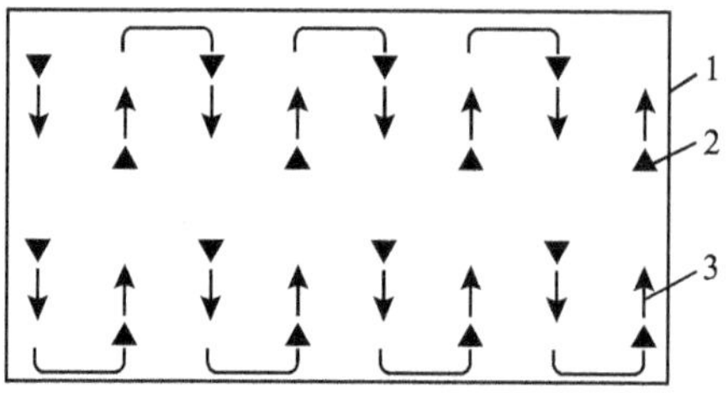

1. 温室　2. 循环风扇　3. 气流方向

图 5-80　连续布置

(九)移动苗床安装

(1)根据栽培床布置图安装栽培床支架,床面支架采用热镀锌管材,每组支柱间距 2.4 m,宽度 1 m。

(2)在支架上安装滚动轴,每组苗床安装 2 根热镀锌滚轴,带有限位装置(图 5-81、图 5-82)。

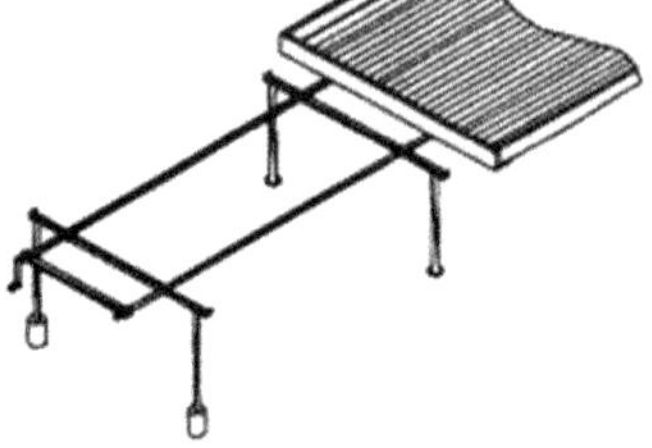

图 5-81　单向运动式苗床

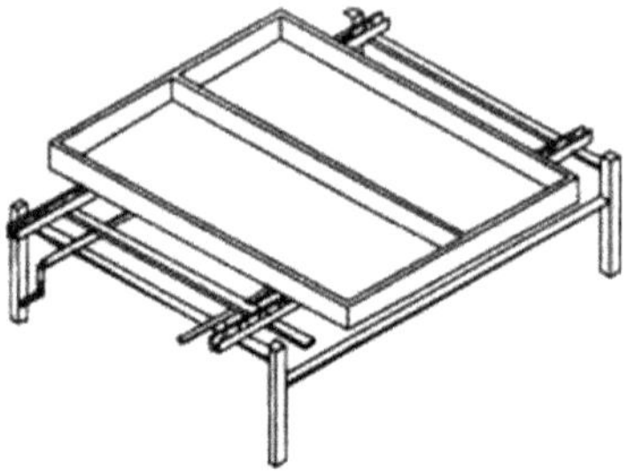

图 5-82　双向运动式苗床

(3)安装栽培床工作台,敷设并固定支撑网。

(4)调节滚轴及栽培床使之处于正常工作位置。

(十)门窗安装

1. 安全措施

(1)施工人员进场必须戴安全帽、穿防滑的工作鞋。

(2)窗孔室外安装铝合金窗必须有安全网、护身栏等防护设施,高处作业必须系好安全绳。注意电动及平动工具的安全使用。

(3)搬运玻璃时必须戴手套,高处安装玻璃时其垂直下方不得有人,五级风以上难以控制玻璃时,应停止搬运和安装玻璃。

2. 施工工艺及安装要点

(1)防腐处理。在窗框四周侧面涂刷防腐沥青漆。

(2)就位和临时固定。铝合金窗安装通常采取不完全后塞口施工法,根据窗安装位置墨线,将铝合金窗装入洞口就位,并用木楔调整窗与墙的安装缝隙,调整好窗框的水平、垂直、对角线长度等。位置及墙体偏差符合验收标准。

(3)窗框与墙体的连接固定。连接铁件与预埋件焊接固定,铁脚至窗角的距离不应大于 180 mm,铁脚间距按设计要求不大于 600 mm。

(4)窗框与墙体安装缝隙的密封。铝合金窗安装固定后,应先进行隐蔽工程验收,检查合格后再进行窗框与墙体的密封处理。先将缝隙用岩棉塞实,然后填嵌防水密封膏,注意窗框与墙饰面之间留 3～5 mm 缝隙。

(5)五金配件齐全,并保证其使用正确。

(6)先调整好框与窗的缝隙,再将玻璃加入并调整,最后镶嵌密封条和填嵌密封胶。

七、给排水工程

(一)施工准备

(1)充分熟悉图纸,技术主管对技术骨干进行技术培训考核并做好交底。

(2)做好现场放线定位,配合土建做好预埋、预留等工作。

(3)选好预制、加工材料存放场地,选好材料样品,请业务主管审查,应尽早落实厂家。

(4)备好施工力量和机具,提前进场。

(二)管道施工要求

(1)阀门必须按 GB/T 242 规定进行 100%水压试验,经检验合格后方可安装。

(2)安装在▽±0.000 以下的管道,在▽±0.000 地坪施工之前必须进行水压试验,并与甲方共同检查验收,做好隐蔽工程记录。

(3)立管安装时,严格按照要求两面吊线,确保立管垂直度。

(4)UPVC 水源水管的安装接口要清洁,并用 UPVC 胶均匀涂抹,插接牢固后方可移动。

(5)管道安装时,应对管道进行检验,其质量应符合设计要求和相关规范规定。管道安装的坡向、坡度偏差等符合设计要求。

八、采暖系统工程

(一)采暖器件的安装前检查

管子、管道、附件、阀门必须具有制造厂的合格证明书,否则应补全所缺项目的检验,其指标应符合现行标准。

管子、管道、阀门在使用前应按设计要求核对其规格、材质、型号,并进行外观检查,对其表面有如下要求:

(1)无裂纹、缩孔、夹渣、折叠、重皮等缺陷;

(2)不得有超过壁厚负偏差的锈蚀或凹陷;

(3)纹密封面良好,精度及光洁度应达到设计要求或制造标准;

(4)合金钢应有材质标记。

(二)施工工艺及安装要点

(1)镀锌钢管应用机械法切割,切口应符合下列要求:

①切口表面平整,不得有裂纹、重皮、毛刺、凸凹、缩口、熔渣等,铁屑等应予以清除。

②切口平面倾斜偏差为管子直径的 1%,但不得超过 3 mm。

(2)螺纹加工要做到螺纹端正、光滑、无毛刺、不断丝、不乱扣等。在进行螺纹管安装时,选用的管钳要合适,不允许因拧过头而用倒扣的方法进行找正。填料的选择要合适。

(3)阀门安装前应根据要求仔细核对型号、规格。鉴定有无损伤,安装前要做强度和严密性试验,阀门不得反装,安装法兰阀时,不得使用双垫,紧螺栓时要对称进行,用力要均匀。

(4)进行干管道安装时管道固定支架的位置和构造必须符合设计要求,安装牢固可靠。尽量不采取气焊割口。管道焊接时根据管壁厚度,正确选择焊接电流和焊条;操作时焊条角度要正确,并沿焊缝中心对称和均匀的摆动;焊接中不允许焊接区受到风吹雨打,不要突然熄弧。

(5)暖气管线的安装应有一定的坡度,便于线路充分排气,暖气托架安装应牢固,采暖管安装时法兰对接处加设密封胶垫,并拧紧螺栓,以法兰间隔 5～7 mm 为宜(图 5-83)。

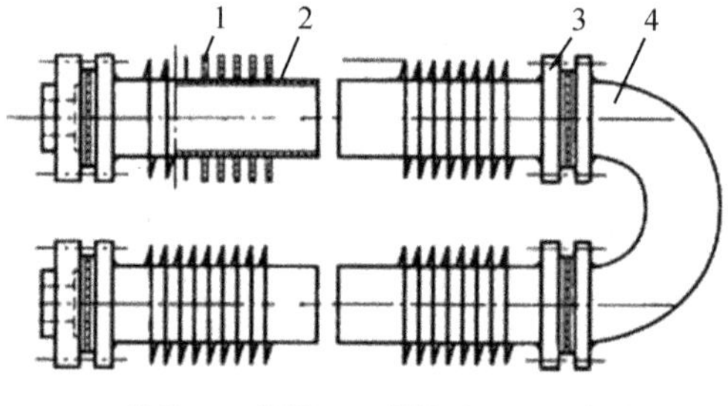

1. 肋片 2. 钢管 3. 焊接法兰 4. 弯头

图 5-83 圆翼型散热器外形

(6)法兰连接应对密封面及密封垫片进行外观检查,不得有影响密封性能的缺陷存在,连接时法兰保持平行,偏差不大于法兰外径的 1.5/1 000,且不大于 2 mm,不得用强拧螺栓的方法消除歪斜,法兰连接保持同轴,螺栓孔中心偏差一般不超过孔径的 5%,保证螺栓自由穿入。

(三)试压试验

水压试验应按下列步骤进行:

(1)经分水器缓慢注水,同时将管道内空气排出。

(2)充满水后,进行水密性检查。

(3)采用手动泵缓慢升压,升压时间不得少于 15 min。

(4)升压至规定试验压力后,停止加压,稳压 1 h,观察有无漏水现象。

(5)稳压 1 h 后,补压至规定试验压力值,15 min 内的压力降不超过 0.05 MPa,无渗漏为合格。

(四)防腐处理

管道试压完毕,应进行保温防腐处理,直埋管线包岩棉管壳,外包玻璃丝布,涂沥青漆两遍,沟内管道直接加套岩棉管壳,外包玻璃丝布即可。

九、电气工程

(一)材料的准备

准备的材料主要包括电控箱、各类绝缘电线电缆、钢丝绳、花篮螺栓、绳夹、各类规格扎带、线槽、电线管、防水防溅插座、角连接、防水胶布、三通、二通等。

(二)安装要求

(1)导体之间及导体与其他电气设备之间的连接应保证做到安全和接触可靠。在容易接触到雾滴的导体连接处,要有可靠的防水措施。

(2)电线电缆安装位置不应影响温室内人员的活动,不能妨碍农艺或园艺机械的正常工作。

(3)电线电缆不应在温室内单独走线，以避免其成为攀缘植物的支撑，造成不安全因素。

(4)电线电缆在沿温室长度方向布置时，尽量沿天沟或桁梁走线。沿温室宽度方向布置时沿水平支承管件走线。保证与温室环境协调、整洁。

(5)温室内 2.6 m 高以下的布线应有线路保护套管，以防机械损伤。

(6)控制系统面板布线应采用维修方便的板前安装和布线。

(7)电源控制柜不在温室内放置时，电缆或电线可以从空中或地下进入温室。从空中进入温室时，架线高度应以不影响其他作业活动为原则。从地下进入温室时，电缆电线埋深 0.8 m 以下并超过冻土深度，电线应用 PVC 塑料管保护。

(8)室内导线采用防潮型 RVV 塑料套线(暗管布线)，信号线为 RVVP 屏蔽导线。插座采用防水防潮型；为使室内美观，布线采用穿管暗敷方式，能增加其使用寿命，提高安全性能。按需要设接地极，并将接地极引至所需位置；包含室内的所有电源线、控制线、传感器信号线等导线及电气安装敷料。

(三)电气布线

1. 配电敷设

配管敷设在现浇混凝土内的，应根据施工图纸尺寸位置配合土建施工预留电气孔洞。主体内管路的敷设应在主体结构施工完毕将配管、盒、箱安装在主体构件上。

2. 管内穿线

钢管在穿线时，先检查护口是否齐整；穿线时，配合协调，有拉有送，同一交流回路的导线穿于同一管，不同回路、不同电压的交流与直流的导线穿入各自管内，导线连接、焊接、包扎完成后，进行检查和互检，检查导线是否符合设计要求、有关施工规范及质量验收标准的规定。

3. 电工施工要求

(1)管子弯曲处弯扁度要求小于管外径的 1/10 倍，并且不得有弯痕，钢管连接接头处应焊接跨接线，管线伸缩缝处做伸缩处理。

(2)配管必须到位，管子进入箱、盒时，应顺直并排列整齐，露出长度应小于 5 mm，管口应光滑并应护口。

(3)暗配 PVC 管管口应平整、光滑，管与管及箱盒等器件应采用插入片连接，连接处结合面应涂专用的胶合剂，接口应牢固密封。

(4)PVC 管在地面易受机械损伤，一般应采取保护措施。在浇筑混凝土时，应采取防止 PVC 管发生机械损伤的措施。

(5)暗配管在墙体内及现浇混凝土内敷设时，应有大于 15 mm 的保护层。电缆及导线沿钢索或钢丝绳布线时，固定点的间距不应大于 0.75 m，温室内水平敷设的电缆或电线距水平面不应小于 2.5 m。

(6)管内所穿导线的总截面积(包括外护层)不应超过管子截面积的 40%，同一回路的导线必须穿于同一管内，严禁一根管内穿一根导线。线管中不得有积水或杂物，管内导线不允许有接头。

(7)导线连接要牢固，铜线可采用焊接、压接；铝线可采用压接，电阻焊、气焊等。导线连接后的电阻不得大于导线本身的电阻，导线的接头包扎一律采用橡胶带包两层，黑胶带包两层。连接绝缘导线时，接头的连接长度应符合以下要求：截面在 6 mm^2 以下的铜线，本身自缠不应少于 5 圈；铜线用裸绑线缠绕时，缠绕长度不应小于导线直径的 6 倍。

(8)开关必须切断相线,应上开下闭,单相二孔、三孔及三相四孔。插座的板面排列和接零线相序必须一致,不得有混乱现象。如单相电源,二孔插座左右孔或上下孔排列均应一致。

(9)成排灯具安装时,中心线允许偏差不得大于 5 mm。距地面 1.8 m 以下的电气设备走线要穿管。

(10)护套线进入接线盒或与电气设备连接时,护套层应引入盒内或设备内,导线与设备端子的连接应使用线鼻子。入接线盒、设备、电控箱内的导线应留有一定的余量,至少可供两次以上削头重压。

(11)所有导线必须进行绝缘电阻测试,大于 0.5 MΩ 时,方可进行通电试运行,接线时相序应分清,不得零相线混淆。所有配合、安装工序需要严格按国家施工验收规范进行。

(12)保护零线的最小截面必须符合国家及地区规范。

(13)护地线或保护零线应可靠连接,严禁缠绕或钩挂。保护零线上严禁装设熔断器。

4. 接地及安全

(1)温室电源进线为三相五线制,PE 线和温室结构架连接。

(2)整个温室配电系统接地形式为 TN-S 系统。

(3)各种用电设备外壳要可靠接地。外壳和结构架直接相连接的用电设备外壳不必单独接一根 PE 线,外壳没有和结构架直接相连接的用电设备,外壳必须单独引一根符合标准的接地线和就近的结构架相连。

(4)PE 线应采用黄绿双色线。

5. 配电箱

(1)配电箱一般位于温室内一端靠近门的位置,以便于操作和维修、调试;配电箱安装要牢固。

(2)配电箱结构密封紧密,油漆完整均匀,标识牌、标识框排列整齐,字迹清晰。

(3)盘面清洁,电气元件完好,型号和规格与图纸相符。电控箱内导线排列整齐美观;导线与端子的连接紧密、标志清晰、齐全,不得有外露带电部分。

(4)各种开关及控制元件固定牢固、端正,动作可靠灵活,需要设定参数的元件按图纸要求设定。

(5)配电箱的导线进出口应设在箱体的下底面,进出线应分路成束并做防水弯,导线束不得与箱体进出口直接接触。

(6)设备动作符合图纸要求。

(7)温室各配电箱及电气装置应有醒目的安全警示标志,其安全警示标志应符合国家标准的有关规定。

十、自动控制系统工程

(一)自控仪表安装

(1)自控仪表安装应符合相关标准、规范的要求。

(2)仪表装置必须具有独立的接地系统,其接地板与电气防雷接地板的间距应大于 5 m。

(3)配电柜安装应与土建专业施工密切配合,仪表盘安装水平度偏差不大于 1/1 000,垂直度偏差不大于 1.5/1 000。

(4)仪表盘安装之后,应使用原制造厂包装的塑料薄膜护罩加以覆盖。

(5)仪表电气线路敷设不应有中间接头，当无法避免时可在分线箱或接线盒内接线。

(6)仪表的单体校验宜在安装之前进行，仪表系统在使用前，必须进行系统调试。

(7)仪表系统调试前应具备下列条件：

①仪表系统安装完，管道清排及压力试验合格，电线绝缘检查合格。

②电源应符合仪表运行的要求。

(二)计算机控制系统安装

(1)传感器的布置不能紧贴立柱，可用钢丝绳或吊链吊挂。

(2)传感器信号线按图纸要求布线。

(3)计算机通信线与控制线应分开敷设，不能敷设于同一线管中。

(4)计算机及控制器的接地线不能与其他负荷的接地线混用，以免对计算机及控制器产生干扰。

(三)室外气象站的安装

温室安装气象站，智能控制系统可通过气象站采集室外的温度、湿度、光照以及风速、风向等参数，从而实现对温室的控制。在气象站处应设避雷针，防直击雷装置的引下线可直接利用温室的骨架。

十一、室内墙裙抹灰工程

抹灰前将墙面挂线找垂直，并做好阳角保护，用方尺检查角是否方正。抹灰以前应先做好室内封闭保温工作。室内抹灰的养护温度不低于 5 ℃，水泥砂浆层应在潮湿的条件下养护，并应通风换气。

砂浆应在搅拌棚中集中搅拌，并应在运输中保温，要随用随拌。为防止砂浆冻结，砂浆室内抹灰的环境温度不应低于 5 ℃。室内抹灰工程结束后，在 7 d 以内应保持室内温度不低于 5 ℃。抹灰层可用加温措施加速干燥。当施工要求分层抹灰时，底层灰不应受冻，抹灰砂浆在硬化初期应采取防止受冻的措施。

任务四　连栋温室建造的验收

✓ 任务目标

1. 熟悉连栋温室的验收项目。
2. 熟悉各验收项目的验收要求及验收依据。
3. 会进行连栋温室的验收工作。

✓ 知识与技能

一、土建工程验收

1. 温室总长度(总宽度)尺寸偏差

不大于总长度(总宽度)的 1/3 000；温室跨度(开间)尺寸偏差不大于 10 mm；基础顶面标高偏差不大于 5 mm。

2. 土建工程质量验收

根据设计图参照下列标准执行：GB 50202—2018《建筑地基基础工程施工质量验收标

准》、GB 50204—2015《混凝土结构工程施工质量验收规范》、GB 50007—2011《建筑地基基础设计规范》、GB 50209—2010《建筑地面工程施工及验收规范》。

二、钢结构工程验收

1. 钢结构工程验收

根据施工图参照如下标准执行：GB 50300—2013《建筑工程施工质量验收统一标准》、GB 50205—2020《钢结构工程施工质量验收标准》、GB 55006—2021《钢结构通用规范》；JGJ 82—2011《钢结构高强度螺栓连接技术规范》。

2. 热镀锌钢管镀锌层的重量测定方法

按 GB/T 3091—2015 中附录 B 的规定进行测定，也允许通过称量镀锌前后的钢管重量差得出。

3. 热镀锌钢管镀锌层结合强度试验

在室温不低于－10 ℃的条件下，将电镀锌试件（长 100 mm、宽 30 mm、厚 0.5～1.0 mm）的中间部位放在两个弯曲半径为 50 mm 的背靠背的弯头中间，夹在台虎钳上。让试件反复弯曲三次，折成 90°，锌层不应起皮、脱落。

将热镀锌或电镀锌试件放到恒温器中加热至 180～200 ℃，持续 1～2 h，锌层不得起皮或脱落。

4. 热镀锌层均匀性试验

按 GB/T 3091—2015 中附录 A 的规定进行试验。

三、透光覆盖材料工程验收

(1)透光覆盖材料应有标明生产厂家、产品型号、生产日期等的标识物和质量证明书。

(2)透光覆盖材料的安装应严格遵照供应商提供的安全手册或安装说明进行。

(3)塑料膜需采用镀锌或铝制固膜卡槽配合包塑卡簧固定，卡簧搭接长度不小于 100 mm。

(4)PC 板与玻璃均采用铝合金固定，并采用抗老化橡胶条密封。

(5)板材表面平整，玻璃牢固无松动。施工完毕，透光覆盖材料表面干净无污迹，中空板内无水汽、污点，铺装面朝向正确。

(6)玻璃透光率按 GB/T 2680 规定的太阳光直接投射比的测定方法进行测定。

(7)塑料薄膜的透光率按 GB/T 2410 规定的方法，用积分球式雾度计测量。

(8)透光覆盖材料工程验收根据施工图参照如下标准执行。

①GB 3199—2007《铝及铝合金加工产品的包装、标志、运输、贮存》；

②GB 5721—1993《橡胶密封制品标志、包装、运输、贮存的一般规定》；

③GB 11614—2022《平板玻璃》；

④JGJ 113—2015《建筑玻璃应用技术规程》；

⑤JG/T 116—2012《聚碳酸酯(PC)中空板》。

四、门窗工程验收

1. 保证项目验收

(1)铝合金型材必须有出厂合格证，符合设计要求。

(2)铝合金门窗开启方向、安装位置必须符合设计要求。

(3)门窗安装必须牢固,防腐处理和预埋件的数量、位置、埋设连接方法必须符合设计要求。

2. 基本项目验收

(1)附件齐全,安装牢固、可靠,无相对位置滑动。窗户开启角度须满足设计要求,机构运行平稳、步调一致、无异常噪声。

(2)开启灵活,关闭严密,定位准确,扇与框搭接量符合设计要求。窗户为开启状态时,驱动轴全长范围内窗户的最大开启差不得超过 20 mm,任何地方开启差(窗户开启差为同一驱动轴的窗户上最前和最后差异)测量值不得超过 10 mm。窗户关闭时窗户各处密封胶条与窗户不得有缝隙,也不得出现窗边与窗口压迫过紧的现象。

(3)表面洁净,无明显划痕、碰伤及锈蚀。所有相对传动部件均采用润滑措施和防锈措施。

五、湿帘降温系统的验收

1. 验收基本要求

(1)湿帘降温装置应按经规定程序批准的图样和技术文件制造。

(2)湿帘外形尺寸和湿帘箱体尺寸规格应符合标准规定。

(3)湿帘降温装置所用的板材、管材和管件等材料及水泵应符合有关标准的规定。

(4)应在湿帘降温装置使用说明书中给出湿帘材料的蒸发冷却换热效率-风速特性曲线和过流阻力损失-风速的特性曲线。

2. 外观验收

(1)湿帘箱体表面不允许有明显的碰撞损坏。

(2)湿帘材料的叠层及波型应均匀。

(3)湿帘表面不允许有明显的粘胶聚集。

(4)不允许出现明显的湿帘材料局部缺损,如撕裂、脱胶和凹陷等。

(5)湿帘与箱体框架压接紧密,不留缝隙。

(6)长度尺寸采用精度为 1 mm 的长度量具测量。湿帘箱体宽、高、厚尺寸的公差等级不得低于 GB/T 1804 中 c 级的规定。

3. 性能验收

采用现场试验方法,以额定供水流量为湿帘降温装置供水,验收要求为:

(1)湿帘在完全浸湿后不允许有材料塌陷、出现孔洞等缺陷。

(2)湿帘箱体安装使用中,在湿帘上不允许出现未被水流过的干带,不允许在湿帘内外表面有集中水流。

(3)在湿帘降温装置的供水、配水和回水管路中不允许出现漏水现象。

4. 耐震动性能验收

湿帘降温装置经耐震动试验后,湿帘不得有脱胶、撕裂、从湿帘箱体组件移位或其他的损坏。

耐震动试验方法:湿帘降温装置经检验合格后,按规定包装,放在卡车中部并加以固定,卡车的负载不超过其额定负载的 1/3,在 3 级路面上行驶 100 km,行车速度为 20～40 km/h,经运输试验后的湿帘降温装置按耐震动性能的要求复检。

六、遮阳系统工程验收

1. 驱动机构工程验收

(1)驱动机构应运行平稳,步调一致,无异常噪声。

(2)驱动电机配置行程开关,限位准确。

(3)齿条不得有明显弯曲、扭曲变形,肉眼观察无挠度。

(4)幕布展开后,活动边型材前边与桁架之间没有明显缝隙(缝隙平均宽度≤20 mm)。

2. 幕线与幕布验收

幕线与幕布均有标明型号、规格、类型及产地等的明显标记。缀铝遮阳材料铝箔表面光滑、无划痕。幕线不允许有接头或其他异物妨碍活动边型材往复运动。

七、活动式栽培床工程验收

(1)温室内栽培床排列应该整齐,高低一致,通常排列直线度误差不得超过 15 mm,栽培床外观不得有明显的质量缺陷。栽培床四周不得有毛刺。

(2)整个栽培床宽度误差不得超过 10 mm。

(3)转动手柄应转动灵活,工作台移动平稳。

(4)所有零件均需防锈处理。

(5)所有焊接均应符合要求。

(6)工作台网面采用符合《工业用金属丝纺织方孔筛网》(GB 5330—2003)规定的金属丝网,并应进行镀锌等防锈处理。

(7)所有连接件均需采用镀锌处理的标准件。

(8)工作台不得与温室周边的立柱、暖气及其他设施发生干涉现象。

八、电气工程验收

所有电气布线完毕,在投入运行前均应进行检查和测试,以验证所完成的工程符合标准。

1. 绝缘性验收

布线完毕必须进行对地绝缘检查,以防出现漏电、连电现象。

2. 对控制柜、配电盘的验收

检查时核对线路、线号标记、接线位置、控制运行顺序及安全标志无误后方可进行调试。

3. 线路验收

对执行设备的电气电路、线号标记、接线方法和位置进行核对,并与控制柜接线对应核查,以保证执行设备的正确运行。

4. 漏电保护验收

漏电保护试验应符合 GB/T 13955—2017 的要求。

九、自动控制系统工程验收

1. 外观验收

(1)检验产品(包括全部控制单元)是否符合制造图样及相应的标准,各种器件安装是否牢固、端正,所有连线是否正确。

(2)检验所有的机械操作零部件、锁扣等运动部件的动作是否灵活,动作效果是否正确。

(3)检查导线和电缆的规格、尺寸、色标和布置等是否符合要求。

(4)检查技术文件与资料是否完整。

2. 一般性能验收

(1)温室自动控制系统装置应按照 GB/T 6587.2 进行温度试验。

(2)安装在温室内无法与整个温室环境隔离的控制装置除进行规定的检验外,还应按照 GB/T 2423.3 在温度为 40 ℃±2 ℃、相对湿度为 93%±3%的条件下,进行 21 d 的恒定湿热试验。

(3)安装在大中城市周围或空气污染严重的地点的自动控制装置应按 GB/T 2424.11 进行二氧化硫试验。

(4)安装在高湿环境中的自动控制装置应按照 GB/T 2423.16 进行长霉试验。

3. 运行连续性验收

(1)对于现场安装的自动控制系统,为保证连续运行的可靠性,现场安装后应进行连续运行试验,以检验系统的性能稳定性及抗干扰的能力。

(2)连续运行试验时的电源应符合要求,运行时间应在 24 h 以上。测试结果及各个功能动作均应正确无误。

(3)对可以人为控制的项目如湿帘、开窗机构、拉幕卷帘机构,可直接运行试验。对于以上项目由测温、湿、风、光等仪器自动控制的,应采用模拟性方法试验。

4. 安全性验收

温室控制系统应符合 GB 4793.1 相关部分的有关规定,并按其要求进行检验。在控制系统凡存在潜在危险的区域应安装安全操作标志,其标志应符合 GB/T 5465.2 的有关规定。

十、建筑设备工程验收

1. 建筑设备工程部分验收

按下列标准进行:

(1)GB 50242—2002《建筑给水排水及采暖工程施工质量验收规范》;

(2)GB 50243—2016《通风与空调工程施工及验收规范》;

(3)GB 50254—2014《电气装置安装工程低电器施工及验收规范》;

(4)GB 50268—2008《给水排水管道工程施工及验收规范》;

(5)GB 50270—2010《输送设备安装工程施工及验收规范》;

(6)GB 50300—2013《建筑工程施工质量验收统一标准》。

2. 工程整体验收

在进行工程整体验收时,施工单位需提供下列技术文件和记录:

(1)原材料的质量合格证和质量鉴定文件;

(2)加工件、预制件等产品的质量检验报告、出厂合格证明;

(3)施工记录及隐蔽工程验收文件;

(4)检测、试验及见证取样文件;

(5)工程竣工图;

(6)设计变更及材料代用通知单;

(7)混凝土试块的试验报告;
(8)钢材、连接材料和镀锌质量证明书或验收报告;
(9)结构安装记录及安装质量评定资料;
(10)各种设备的出厂证明、合格证、质量保证书;
(11)温室整体及内部配套系统的使用维护说明书等。

任务五　连栋温室的维护

✓ **任务目标**

1. 了解连栋温室的结构、各系统的维护要求。
2. 掌握连栋温室和各系统维护技术。
3. 会进行连栋温室的维护。

✓ **知识与技能**

一、连栋温室结构的维护

(一)主体结构维护

温室主体结构为热镀锌钢材,采用螺栓连接,但经过长时间运行后,可能产生脱层、螺丝松动等现象。应定期进行维护,使其处于最佳状态。

(1)对温室的紧固螺栓要随时检查,发现螺栓松动要拧紧,对脱层锈蚀螺栓进行更换,保证温室的稳定性能。严格按要求使用镀锌件,不可用次品、代用品。必要时,表面涂防锈油。

(2)阳光板表面的连接安装件应定期检查,以防松动并造成密闭性能降低。

(3)由于受风、雪等各种条件的影响,可能造成连接件松动现象。若有松动现象,应及时处理,以免造成不必要的损失。

(4)请勿随意改动温室结构或增加主体结构的承重,不得在立柱上使用氧焊、电焊焊接任何吊挂物。加装吊挂时所需的结构应符合推荐方案,否则会降低温室及温室设备的实用性及安全性。

(5)温室的各种构件不得承受强烈碰撞和冲击,不得随意在非承受吊挂荷载的构件上吊挂重物。

(6)温室的使用温度由用户自己确定,但冬季应维持室内温度不低于 4 ℃,否则可能造成室内设备损坏。

(7)室内严禁存放使用强酸、强碱等对结构及设备有腐蚀性的物品或对环境有严重污染的化学品。

(8)温室雨槽连接处采用密封胶皮和玻璃胶密封,长期使用可能会因老化失效而出现漏雨现象。此时须将漏水处擦干净,然后重新用密封胶皮和玻璃胶密封。

(9)门、窗采用橡胶条密封,如果发现老化破损应及时更换,以免降低温室的密封性能,给冬季加温造成能源浪费。

(10)每当春、秋换季时,应对因磕、碰、刮、划造成的热镀锌表面的锈迹进行局部喷锌处理。若发现紧固件锈蚀,要及时更换。

(11)入冬时,使用薄膜封住湿帘窗,用风机罩固定于温室外部的风机上,以提高温室冬季的保温性能。

(二)门的维护

(1)经常清理推拉门轨道缝内的灰土和杂物，以保证门体活动自如，开关轻便、到位。

(2)门底部的滑动轨道要保持平直，严禁人为破坏，影响门体运动。

(三)排水系统的维护

温室外或温室内设有排水管道，采用有坡度排水，在温室端墙外侧设排水明沟和 PVC 落水管。排水沟内保持清洁，使水流畅通无阻，在北方地区因天气寒冷易冻裂落水管，有条件的最好冬天取下，春天更换。

(四)防虫网的维护

防虫网使用一段时间后，容易被昆虫、飞絮、灰尘等污物堵塞孔眼，增加气流阻力，影响通风。在维护时要注意以下几点：

(1)根据不同材料和不同编织方法采用不同的清洗方法，以不损坏防虫网为原则。

(2)通风作业时不要进行防虫网的清洁工作。

(3)不要使用高压水泵和较硬的刷洗工具。

(4)清洗时用低压水泵活喷头由温室内部向外清洗。

(5)按照清洗说明清洗。

二、遮阳系统的维护

(一)室内遮阳系统的维护

操作人员应掌握其工作原理及关键部件的检查、维修和保养知识。每次启动应检查电机运转情况，齿条副是否啮合正常、限位是否正常、幕布是否挂牢，无问题后方可正常使用。出现异常后应立即停止并检修。

(1)减速电机采用油脂润滑，不能长时间运转，应避免频繁启动，否则易造成损坏。驱动电机每年检查 1 次，机油不足应及时添加，减速机要每 3 个月更换 1 次机油，传动齿条和驱动轴轴承每年上锂基脂润滑油 1 次。

(2)在日常使用中应观察各个活动部件有无异常变化，如发现驱动管和遮阳网牵引铝材之间或驱动齿轮与齿条之间松动，要及时紧固；定期检查调整幕布推动杆，保持推动杆平直。

(3)遮阳机构的各轴承如出现异常响声或遮阳网卡住的现象，要立即关机，查明原因并排除故障后再启动，否则会加剧机构的损坏。

(4)遮阳网拉不动或阻力明显增大，多因传动齿条阻力过大，或遮阳网尾部松脱卷入传动齿条内，或传动齿条接头勾住遮阳网。此时应查明原因后做相应处理。

(5)还有一些因素，比如紫外线、热累积等都会缩短遮阳网使用寿命；磨损和撕裂、戳破也会缩短其使用寿命。如长期不用，建议撤下并保存起来。一种延长遮阳网寿命的方法是使用带波动范围可控的温控器的计算机控制系统。

(6)经常用柔和的清洁剂清洗遮阳网。

(二)室外遮阳系统的维护

在日常使用中，应观察各个活动部件有无异常变化，如发现各种拉线松动，要及时系牢、拉紧；遮阳网破损，要及时修补或更换。每年应给遮光机构的铜滑轮和传动轴轴承加一次油，经常检查传动钢丝绳在铜滑轮处有无滑出和在卷轴处有无重叠，如有，除复原外，还要及时将钢丝绳拉紧。

三、天窗、侧窗通风系统的维护

(一)连栋温室天窗的维护

(1)经常检查天窗传动机构上的紧固螺栓,至少每年检查1次。如有松动,要及时拧紧,否则会加快机构磨损,甚至造成损坏。在使用中应观察各活动部件,如发现有异常变化,要及时维修或更换。

(2)驱动电机每年检查1次,机油不足应及时添加,减速机每3个月更换1次机油。

(3)随时检查传动齿条与主动齿轮的啮合情况,保持通风窗整体运动的平稳。

(4)经常检查传动系统的紧固件的连接情况,防止因紧固件脱落引起传动故障。

(5)传动系统中的转动部分要保持润滑,传动齿条和驱动轴轴承每年上锂基脂润滑油1次。

(6)天窗提不动或阻力明显增大,多是传动机构上的紧固螺栓松脱,可在复位后紧固。

(7)遇到大风及大雨等恶劣气候时,应及时关闭天窗及侧窗,以免对窗户及种植物造成损害。对于覆膜温室更应注意防范。

(8)冬季下雪后,由于室内温度高,雪有可能融化,在天窗的连接处结成冰,将天窗冻住,使打开天窗的阻力急剧增大,此时如开启天窗,将会造成天窗机构的损坏。故在每年下雪后至来年完全解冻前严禁开启天窗。

(二)连栋温室侧窗的使用与维护

(1)经常检查齿轮齿条和连杆上的紧固螺栓,如有松动,要及时拧紧,否则会加快机构磨损,甚至造成损坏。

(2)减速机每年检查1次,机油不足应及时添加,传动齿条和驱动轴轴承每年上锂基脂润滑油1次。

(3)侧窗电动机要注意防雨淋。

(4)经常检查卷膜机上的紧固螺栓,如有松动,要及时拧紧,否则会加快卷膜机磨损。

四、湿帘/风机降温系统的维护

(一)湿帘的维护

国内使用湿帘的时间集中于夏季,在傍晚停止供水后,大气相对湿度增高,因此无法使湿帘材料所含水分完全蒸发。多余水分残存于材料内,使用期间有生长菌类、藻类、青苔等问题。主要维护方法如下:

(1)检查湿帘状况,注意表面有无结垢及藻类滋生。

(2)每次用完湿帘后要先关闭水泵,待半小时后再关闭风机和外翻窗,以加速湿帘内水分蒸发,使湿帘保持干燥。

(3)每天在降温系统停止后检查湿帘底部的水槽中的积水是否排空,避免湿帘底部长期浸泡在水中。因为湿帘会向上吸水,从而导致藻类和霉菌滋生。

(4)当藻类滋生成为问题时,务必使湿帘每天彻底晾干一次,如果可能的话,应为湿帘遮阳。关闭供水系统后,应让风机继续运行10 min以上,以便使湿帘晾干。

(5)清洗湿帘表面时要用软毛刷上下轻刷,不能横向刷动,刷完后只启动供水系统冲洗掉水垢及藻类物质即可，不可用蒸汽或高压水冲洗湿帘。

(6)水质的直接改良。在未流入湿帘材料之前，先检查水中所含离子浓度，如果超过使用范围，则预先处理改良。水中所含杂质在允许范围内，但是湿帘有盐分累积问题，则以淋洗增加水量。

(二)风机的维护

(1)风机应每年检查 1 次，皮带过松要及时调整。

(2)检查零配件，必要时更换；检查恒温器，在投入使用前进行校准。

(3)检查电机接线是否安全，皮带是否有打滑迹象，给发动机加润滑油；检查皮带和转轮是否张紧到位，齿轮轴承是否润滑。

(4)经常检查外壳和百叶窗是否有腐蚀、隐蔽性破坏；检查风扇叶片是否平衡、有无裂缝，如有疏忽可能导致风机损毁。

(5)风机是湿帘降温系统的心脏，平时要谨慎维护，不要让电机受潮或进水，若发生故障应立即切断电源，及时请电工修理。安装时要注意接好地线，拆装叶轮时要小心，以免使叶片变形而与箱体相碰。

(6)由于风机是低压型的(静压、动压均小)，故不在能在风机出风口用加长管道的办法来远距离送风。

(三)循环水系统的维护

(1)水池应加盖，以避免阳光直射，冷风机使用前，检查湿帘和水池中有无纸屑与尘土等杂物，加入池中的水应为自来水或其他清洁水。

(2)当气温低于 4 ℃时，不可使用湿帘降温系统，因为这会阻碍气流，并可能冻坏供水管路。

(3)经常保持积水槽、水箱、供水循环系统以及水泵进口清洁；每周清洗一次水池及循环系统(过滤器等)，发现损坏时应及时修复或更换。

(4)施水季节结束后，应排出所有管道的存水，封堵阀门井；检修水泵和管道；取出过滤器滤芯，刷洗晾干后备用。

(5)为防止水泵因缺水运行而损坏，回水池的水在静止时要加至离盖板 5～10 cm。

(6)水流过湿帘后水质会变差，夏季使用时，每个月应将回水池的水全部更换 1 次。

(7)如发现湿帘供水不足或不均，要检查池中是否缺水，水泵是否运转以及供水管路和水泵入水口，尤其是喷水管路上的小孔是否堵塞，并检查喷水管路是否位于湿帘的正中。正常的喷水高度应大于 80 mm。

(四)供水系统故障处理

如表 5-8 所示。

表 5-8　供水系统常见故障及处理

故障原因	故障处理
水泵供水不足	清理进水口过滤器，检查水池水位
水滴溅离水帘	检查供水量是否合适；检查湿帘安装是否正确；检查喷出的水是否喷到反射盖板上；检查是否有损坏的湿帘，边缘破损或飞边都会引起水滴飞溅

续表5-8

故障原因	故障处理
上部水管位置不正确	上部水管出水孔应朝上，如果朝下可能很快堵塞出水孔
出水孔堵塞或水管内有脏物	打开末端管塞，冲洗水管

五、透明覆盖材料的维护

（一）聚碳酸酯中空板日常维护

（1）使用低于 60 ℃的温水冲洗。

（2）使用中性溶液或洗涤剂，不得用对阳光板有侵蚀作用的洗涤剂。

（3）要求用软布或海绵蘸中性液轻轻擦洗，禁用粗布、刷子、拖把及其他坚硬、锐利的工具实施清洗。

（4）当表面出现油脂、未干油漆、胶水印迹等情况时，可用充分蘸湿无水酒精、煤油或汽油的鹿皮或软布擦掉。

（5）必须用清水把清洗下来的污垢彻底冲净；最后用干净软布或海绵把板面擦干擦亮，不可有明显水迹。

（6）不适用的清洗剂包括碱性溶液、溶剂及其他能侵蚀板面的物质。禁用酸类、酮类、卤代烃类及一切可使聚碳酸酯溶解或溶胀的物质。

（7）在降雪量大的地区，冬季雪大时需加温以融掉积雪，避免压坏温室。

（二）玻璃日常维护

（1）清洗玻璃的中性清洁剂应经过检验，证明对镶嵌玻璃的铝合金和玻璃无腐蚀作用。

（2）用中性清洁剂清洗后应及时用清水冲洗干净。

（3）注意保护玻璃硅酮耐候密封胶和镶嵌玻璃的铝合金框，防止玻璃破碎和铝合金框变形。

（4）在温室内进行搬运操作时，不得磕碰玻璃。更换屋面破损玻璃时，维修人员不得踩踏屋面。

（三）塑料薄膜日常维护

（1）塑料薄膜在安装使用之前应储存在遮阳的地方，并且不得超过 6 个月。如在冬季安装，安装前需将薄膜放置在室温下 2～3 d 为宜。

（2）保证薄膜有统一的松紧度以防其与构件的摩擦和撞击，但不应该绷得太紧，否则会在寒冷的季节里由于收缩或堆积雨雪而造成破裂。薄膜在使用一定时间或大风过后，由于老化和在压力的作用下会被拉长，需要重新装卡，以保证薄膜张紧。

（3）结构中铁和金属线应该被很好地电镀，确保不使用弄脏的和生锈的构件。尽可能地避免薄膜与温室构件直接连接，如果无法避免，应该在连接区域涂抹白色的丙烯酸-乙烯基树脂，不涂抹混合的有机溶剂。

（4）在结构中，应该避免有暴露的金属线和锐角，以防它们划破薄膜。避免植物及灌溉、暖气管路等设备与薄膜的接触。在建设中应注意观察，必须在安装薄膜前修正结构。

（5）遇到大雪天气，雪后应用钝器（木制或塑料工具）将顶部及侧面积雪清除，以免影响覆盖物的寿命。

(6)要经常巡视，如发现膜卡具有脱开现象，应及时复位，否则在起风时易造成薄膜局部甚至整体脱落，造成更大的损失。

(7)每半年进行一次顶部及侧面覆盖物例行检查(大雪、大风等恶劣天气过后应及时增加一次检查)，重点部位是卡具附近、横梁上连接件与膜接触部位等，发现局部破损处，必须用补膜胶带及时粘补。

(8)修补薄膜必须用专用的修补胶带。修补时应先将修补部位擦拭干净，再剪下大小适宜的修补胶带粘贴上去，抚平贴实即可。

六、连栋温室设备的维护

(一)苗床的维护

(1)经常检查苗床支架的稳定情况，如紧固螺丝是否松动。

(2)不要踩踏苗床网，以免使苗床变形影响使用。

(二)照明/补光系统的维护

(1)如果温室湿度较大，应定期擦拭补光灯表面，增强其透光性。

(2)定期检查线路，如果发现绝缘破损或严重老化应及时更换。

(3)灯具损坏或达到使用寿命后要更新灯具。

(4)在维护过程中禁止带电作业。

(三)喷灌机使用维护

(1)喷灌机经常运行在高湿环境下，要注意电气设备的日常维护、防潮；不能让插座、电机和控制箱进水。

(2)不经厂家允许不得随意拆卸或修改控制箱内部接线与程序。

(3)定期对轴承加锂基脂润滑油，防止其过度磨损或生锈。

(4)不能在喷灌机上随意放置重物或腐蚀性物品。

(5)除安装的磁开关外，轨道及喷灌机附近不要放置强磁体，防止信号干扰，带来不必要的麻烦。

(四)施肥灌溉系统的维护

(1)对泵站、调蓄水池等水源工程应经常维修养护，每年应进行年修，保持工程完好。对蓄水池沉积的泥沙等污物应定期清刷排除。经常清洗过滤器，保证管路畅通、水源洁净。

(2)检查定比调节阀是否正常、是否有渗漏，并及时处理。

(3)若长期不用(半月以上)应排出所有管道的存水，封堵阀门井；取出过滤器的滤芯，刷洗晾干后备用；对首部枢纽装设的测量仪表(压力表、水表等)经常进行保养、调试。

(4)灌溉季节应经常对管道进行检查维护，做到控制阀门启闭自如，裸露在地面上的管道及管件完整无损。对管道进行定期冲洗，支管应根据供水质量情况经常冲洗，毛管一般至少每月打开尾端的堵头，在正常工作压力下彻底冲洗一次，以减少灌水装置的堵塞。

(5)如果温室内冬季有低于 0 ℃的情况，一定要注意防冻，所有的管道和设备都要排空存水，以防冻裂。

(6)每次使用都应检查灌水器与管路的连接密封是否良好，如有滴漏现象，应在灌溉之后擦干接头，然后用密封胶进行密封，固化 24 h 后再使用。

(7)水池和肥料罐应盖严，肥料罐不能放在阳光直射的地方，防止藻类滋生。

(8)化肥或农药的注入设备一定要放在水源与过滤器之间(肥料罐),肥(药)液先经过过滤器之后再进入灌溉管道,使未溶解的化肥和其他杂质被清除掉,以免堵塞管道及灌水器。

(9)施肥和施药后必须用清水把残留在系统内肥(药)液全部冲洗干净,防止设备被腐蚀。

(10)防止肥(药)液流进水源,更严禁直接把化肥和农药加进水源而造成环境污染。

七、水暖加温系统的维护

每年使用前先要试运行,可用冷水灌充,检查管路密封情况和压力表状况,管路如有渗漏应做出标记。试运行完毕后,将水排干,对渗漏处进行修复和密封,系统正常后可进行正式供暖。维护主要从以下几方面着手。

(1)水暖系统容易产生表面锈蚀,应随时检查,锈蚀点及时刷防锈漆。

(2)检查阀门、压力表、温度计等管件是否正常,不能继续使用的应及时更换。

(3)系统运行时要查看有无滴漏现象。

(4)随时检查排气是否正常。

(5)在使用时应逐渐提升水温,禁止在管路温度相对较低的情况下,对管路灌充高温高压水源。避免因剧烈温差变化造成管件膨胀率的急剧变化而导致管件损坏。

八、控制系统维护

控制系统及执行机构属于精密电气产品,应经常维护检查以使其保持良好的运行状况。

(一)控制箱的维护

(1)控制箱周围不得含有爆炸性和易燃的气体,否则有引发爆炸和火灾的危险。

(2)对控制箱的任何电气维护、检修,应由专业人员操作,否则有触电的危险。

(3)确认输入电源处于完全断开后,才能进行检修及维护工作,否则有触电的危险。

(4)在通电的情况下,不要用手触摸裸露端子,否则有触电的危险。

(5)不要将螺丝、垫片及金属棒之类的导电异物掉进控制箱内部,否则有引发火灾及设备损坏的危险。

(6)非专业技术人员不得私自更改、变动控制箱内配线,各设备电机的行程已经调定,不得随意变动,以免行程错乱,损坏电机及其他设施。

(7)如接触器吸合及断开时有振动,应由专业人员定期检查控制箱内接线端头是否松动,如有松动,应及时紧固。

(8)长期不用时,应断开控制箱内电源。

(9)漏电开关应每月试验 1 次,检查是否失灵。漏电开关对从漏电开关出线后的相线、零线间触电和相线间的触电不起漏电保护作用。

(10)控制箱放置的位置要求避免阳光直接照射,周围温度在 0～55 ℃、相对湿度在 10%～90%的范围内,避免因温度、湿度的急剧变化而凝结露水,避免腐蚀性物质和盐分的接触,避免灰尘和撞击。

(二)执行机构的维护

(1)对各种执行电机应经常检查巡视,注意有无过载失控及发热现象,各种传动部分应经常加油。如发现有过热、声音不正常现象,应立即切断电源检查维修。

(2)要非常注意执行电机的各种限位开关的状况,防止因限位开关失控而造成损失。限位开关应定时检查，及时发现问题。

(3)随时查看水帘电机所用的蓄水池的水位情况，确保水位在安全范围内。绝对要避免水泵无水空转。

(4)控制箱内装有精密电气元件，在使用时要避免箱内进水及金属异物造成短路起火。控制面板上的按钮及动作指示灯要随时检查、及时更换，保证动作准确无误。

(5)温湿度传感器不要触及金属立柱，这样会造成传送的数据不准确，造成控制偏差。

(三)仪表的维护

(1)仪表设定时要严格遵循仪表使用说明书，以免影响控制系统的正常运行。仪表面板上的按键不要随便触动，以免在无意中锁定仪表，造成不必要的损失。

(2)室外风速传感器应每 3 个月维护 1 次，注意维护时不要损坏传感器件。

(3)温度、湿度传感器不要随意触动。

(四)配电系统的维护

具有传动系统的电气负荷应保持清洁，定期对传动部件加润滑油。开窗电机、遮阳电机的电源接线应注意相序。操作人员必须有相关电气经验，并按说明书正确使用和维护。

(1)传感器数据信号传输线应与电源线分开，如果必须穿越应垂直跨越或对信号线做防护，防止对数据信号产生干扰。

(2)开窗电机、遮阳幕电机等设备的工作与安全限位调整要可靠，一旦负荷不动作时，应检查限位及电源相序接线，决不可人为顶住接触器使之强行吸合。

(3)维修、接线后要认真全面检查，接线准确无误后才能试验动作。

(4)温室要保持环境清洁，定期检查清扫(断电后用干燥的气体吹)接触器和继电器等带触点的电气元件，防止灰尘积累造成接触不良或拒动。

(5)禁止从操作盒接线作外部电源；系统调试完毕后，不经允许禁止随意改动接线。

(6)检修时一定要先断开电源，禁止在系统运转时直接或间接触碰转动及传动部分。由于温室环境具有高温、高湿的特殊性。为了防止人员受到伤害及设备损坏，甚至引发火灾，所有电气设备应定期查看其状态，非专业操作人员禁止操作。禁止从控制箱、继电器箱等处私自接线；禁止随意改动接线及安装位置。

九、水源工程维护

(一)水泵运行维护

1. 水泵每次启动前的检查

(1)检查水泵与电机的联轴器，看两轴是否同心、间隙是否合适。

(2)用机油润滑的水泵，检查油位是否合适，油质是否洁净。

(3)检查各个螺丝有无松动现象。

(4)离心泵启动前应关闭出水管路上的闸阀，以降低启动电流。

2. 水泵的运行维护

(1)检查各种测量仪器读数是否在规定的范围内。

(2)检查泵和水管有无漏水和进气现象。

(3)离心泵停车前，应先关闭出水管路上的闸阀，减少震动。

3. 过滤器的运行维护

(1)过滤器清洗前水头损失增大，滤网两侧压力差的增大会使颗粒通过滤网进入系统中或冲破滤网，引起堵塞，因此要注意按时清洗。

(2)当进出水口压力差达到 0.005 MPa 时，应进行清洗，扳动手柄，放松螺杆，拆开压盖，取出滤芯用刷子刷洗滤芯网上的污物，并用清水冲洗干净。

(二)管道运行维护

(1)初次运行时，为避免污物堵塞淋水器，应打开干管、支管和所有毛管尾端进行冲洗。冲洗时间约 15 min，冲洗完毕关闭干管排水阀，最后封堵毛管尾端。

(2)日常运行时为防止产生水锤，必须缓慢启闭管道上的闸阀。

(3)灌溉作业应按计划的轮灌次序进行，灌溉期间应检查管道的工作状况，对损坏或漏水严重的管段要及时修复。

十、防灾维护

(一)风灾维护

连栋温室设计的抗风能力大都为 9～11 级，在此范围内的防风措施主要是关闭整座连栋温室的门窗、收拢遮阳网。如遇到停电，不能将天窗关闭，可将电机(电动开窗温室)后盖拆下，用手转动电机轴将天窗关闭。特别要注意保持 PC 板的密封性，各部分的 PC 板都不能破裂，即使是很小的孔也应消除，否则一旦大风进入室内，就可能对温室整个构架造成破坏。

(二)雪灾维护

防雪措施主要是收拢遮阳网、关闭连栋温室的天窗。雪停后要及时清理温室顶面的积雪，一是防止积雪过多对温室骨架造成损坏；二是使连栋温室内的光照可以及时得到补充。

(三)雨灾维护

暴雨会在短时间内倾注大量雨水，在得到预报后要迅速关闭天窗，以防雨水飘入室内。要及时排除水槽上的积存杂物，并检查和保持下水道畅通无阻，防止排水不畅致使雨水从水槽中漫出。

拓展阅读

一、季节性施工保证措施

(一)雨期施工措施

在工程施工中土方开挖及基础底板施工有可能处于雨期，所以需编制雨期施工措施。

1. 雨期准备工作

(1)现场排水。结合施工平面布置图，利用自然地形确定排水方向，找出坡度，现场挖临时排水沟，防止地面水流入基坑。

(2)原材料、成品、半成品堆放，水泥入库存放，现场设水泥库，做到水泥不因雨而受潮，其他材料应用方木垫起，不能被雨淋的应用篷布覆盖。

(3)温室施工应抢先将室内外排水管网接通，并先行将温室顶部覆盖系统装好，要处理好顶部打胶密封与雨季施工的关系。

2. 分项工程雨期施工技术措施

(1)土方及基础工程。

①土方开挖应按规定放坡或支撑加固，现场设潜水泵，及时将基坑内水排出.

②从基坑开挖至下一道工序要搭接紧凑，尽量赶在晴好天气施工。

③回填应在有条件时立即进行，回填时应分层夯实，按规范要求及时确定含水率和压实系数，以确保工程质量，施工时要严格控制含水率，若回填土太湿，必须经过晾晒，待含水率满足要求后再进行回填夯实。

(2)混凝土工程。

①雨期施工，砂石含水率变化幅度大，要及时测定，调整拌和器用水量。混凝土浇筑后要进行覆盖，避免雨淋混凝土表面。

②模板支撑增加垫板，雨后及时检查，若有下沉，应及时采取措施。

③现浇混凝土应考虑施工缝留设位置，以便大雨来时随时停到一定部位，混凝土浇筑前，应仔细检查模板内是否有积水。不到预定部位的施工缝，应采取结构增强措施，确保工程质量。

④现场堆放的钢筋，应垫方木，及时除去钢筋上的污泥。

(二)冬季施工措施

(1)冬期土方回填时，每层铺土厚度应比常温施工时减少20%～25%，预留沉陷量应比常温施工时增加。

(2)冬季填方施工应在填方前清除基底上的冰雪和保温材料，填方边坡的表层100 cm以内不得采用含有冻土块的土填筑。整个上层部位应用未冻的或透水性好的土回填，其厚度应符合设计和规范要求。

(3)地基外的基坑可采用含有冻土块的土回填，但冻土块粒径不得大于15 cm，含量不得超过15%，且应均匀分布。

(4)暂未进行回填的裸露部位，应用保温材料进行覆盖。

二、工期保证措施

(1)严格按施工规划确定的施工顺序和流水方式组织计划、采购、发货、施工；施工工序垂直交叉，以关键过程为主导工序，必须在人力、物力方面给予绝对保证，以关键过程带动一般过程，确保总工期。

(2)充分利用黄金施工时间，在保证质量的前提下加快施工速度，缩短工期。认真安排各阶段施工作业计划，包括月、旬、日作业计划。

(3)降低劳动强度，做好机械进场前和间歇时的鉴定、维修、保养，准备一定数量的易损部件，以保证适宜的过程施工能力。

(4)积极采用已成熟的新工艺、新技术，在保证施工质量的前提下加快施工进度。

(5)做好各项施工准备，确保机械、材料、劳动力及时到位，全力以赴保证施工的正常进行。

(6)提高工厂化生产，凡能在施工现场以外作业的工序、部件加工等均采用工厂化生产成半成品，运到现场进行安装。

三、降低成本的具体措施

(1)施工方法要合理选择，小流水作业，提高施工的连续性，有效缩短施工周期，从人工、机械、周转材料等各方面提高效率。

(2)加强施工现场管理，采取有效措施，要求班组在施工过程中做到“工完、场清、料尽”，有效防止材料浪费。

(3)编制科学合理、切实可行的施工方案，合理组织人、财、物等生产资源的流动和使用，充分发挥其作用。

(4)强化工程质量管理，工地设专职质量检查员，对各施工班进行跟踪检查，发现问题及时纠正，加大现场检查、监督和指导的工作力度，使各分项工程做到一次完成，减少返工浪费。

(5)强化安全施工管理。做好安全防护，防止发生轻伤事故，杜绝重大伤亡事故。

(6)大力提高施工机械化程度，以降低劳动强度，节约人工。

(7)在管内穿线过程中，每个器具处所留的线头控制在 10 cm 以内，防止多留，减少浪费。

(8)穿完线后应及时进行接头烫锡，以防因遗失而造成工料上的浪费。

(9)采用新工艺、新材料、新设备，节省材料，提高工作效率。

自测训练

一、填空题

1. 温室的单元尺寸参数主要包括________、________、________和________等。

2. 温室几何尺寸包括温室的________、________、________、________、________等。

3. 对于温室结构来说，恒载主要是指温室本身的________，包括梁、柱、檩条等________的荷载，________、________、________的荷载等。

4. 风机的安装按以下工艺顺序进行：________→弹线定位→________→风机主体→________→密封→________。

5. 内遮阳系统兼起________和________作用，夏季白天展开是为了________，冬季夜晚展开则起到________的作用。内遮阳安装要求传动平稳，噪声小，幕帘平整，完全展开后无漏气带。

6. 钢材表面防腐常用的方法有________和________两种，表面镀锌又分为________和________两种。

7. 条形基础的材料可根据当地情况因地制宜，一般常采用________、________、________。

8. PC 中空板与温室骨架的连接一般通过________、________来固定。

9. 温室中常用的开窗系统有________、________、________、________、________等。

10. 湿帘加湿系统包括湿帘材料，支撑湿帘材料的________或________，加湿湿帘的配水和供回水管路、水泵、集水池、水箱，________，________及电动控制系统等。

二、判断题

1. 檐高指温室柱底到温室屋架与柱轴线交点之间的距离。通常，温室檐高规格为 3.00 m、3.50 m、4.00 m、4.50 m。（　　）

2. 一般认为玻璃及 PC 板温室单位面积耗钢量为 10～15 kg/m^2。（　　）

3. 所有钢管或型钢构件出厂前均应进行热镀锌或喷塑处理。镀锌方法采用通用的“改良森吉米尔法”，连续热浸镀锌。镀锌后的增重应达到 6%～13%，镀层厚度一般不小于 0.01 mm。（　　）

4. 外遮阳托网线应高于屋面最高点 500～600 mm。（　　）

5. 常用的内遮阳驱动系统中钢索驱动机构效果最好。（　　）

6. 对于瓦楞纸湿帘，设计时的过帘风速一般为 2.0～2.5 m/s。（　　）

7. 接近半个屋面的翻转式天窗全开后，窗的边沿的高度应接近但不超过屋脊高度。（　　）

8. 所有用电设备必须有良好接地，其绝缘电缆应能承受 500 V 电压 1 min 的试验。（　　）

9. 自动控制系统温度测量范围为棚内温度 0～50 ℃，测量误差为±0.5 ℃。（　　）

10. 根据顶部骨架的疏密程度来确定压膜线的间距，一般为 1～2 m。（　　）

三、选择题

1. 连栋温室骨架主要构件在正常使用条件下，从交付使用之日起，至少要保证使用（　　）年。

A. 10　　B. 15　　C. 8　　D. 20

2. 当埋深大于原有温室基础时，两基础间应保持一定净距，一般取相邻温室两基础底面高差的（　　）倍。

A. 1～1.5　　B. 0.5～1　　C. 1～2　　D. 3～4

3. 对于长度大于（　　）的温室，建议沿天沟方向双向找坡，最高点放在长度方向的中点。

A. 54 m　　B. 45 m　　C. 30 m　　D. 65 m

4. 当风机与湿帘之间的距离小于 30 m 时，计算温室总通风流量需考虑用（　　）进行修正。

A. 光照强度调整系数　　B. 允许温升调整系数

C. 风速因子　　D. 海拔高度调整系数

5. 采用自然通风的温室，宜选种（　　）的作物，有利于改善降温效果。

A. 蒸腾速度快　　B. 生长速度快　　C. 遮阴面积大　　D. 根系发达

6. 天窗面积不应小于温室覆盖地面面积的（　　），有时可用半个屋面开窗。

A. 10%～15%　　B. 20%～30%　　C. 15%～20%　　D. 5%～10%

7. 风机应垂直于地面悬挂，在作物上方 0.6～0.9 m。风机的间距，以不大于其叶轮直径的（　　）倍为宜。

A. 20　　B. 15　　C. 25　　D. 30

8. 机械挖槽时应留（　　）厚土层，人工清除，如有超挖现象，应清除超挖部分虚土，不得擅自回填，待验槽时处理。

A. 150～200 mm　　B. 100～150 mm　　C. 120～180 mm　　D. 200～300 mm

9. 湿帘应布置在温室的（　　）。

A. 上风向　　B. 下风向　　C. 左侧　　D. 右侧

10. 配管必须到位，管子进入箱、盒时，应顺直并排列整齐，露出长度应小于（　　），管口应光滑并应护口。

A. 10 mm　　B. 9 mm　　C. 7 mm　　D. 5 mm

四、简答题

1. 齿轮齿条开窗系统的特点有哪些？

2. 连栋温室主要技术性能指标有哪些？

3. 内遮阳系统采用齿轮齿条传动的工作原理是什么?

4. 执行机构如何进行维护?

五、论述题

1. 为确保预埋地脚螺栓的准确性,应采取的措施有哪些?

2. 湿帘安装时的注意事项有哪些?

技能训练　PC 板的安装

一、技能操作目标

根据任务要求及 PC 板的规格计算出 PC 板的用量,并且能够运用工具完成 PC 板的安装任务。

二、材料及场地

1. 材料

普通圆锯、带锯和裁纸刀、标准螺旋钢钻或斜角楔形刀的钻、PC 板材、皮尺、自攻螺钉、铝箔胶带、铝合金型材、密封胶条与方形胶垫、钢卷尺、木架、导线、插座等。

2. 场地

室内、室外均可。

三、技能操作与方法

1. 计算板材用量

(1)先检查板材的裁切尺寸和膨胀预留量是否合格,要特别注意留出足够的均匀的膨胀间隙,计算公式如下:

总膨胀间隙=膨胀系数×当地安装前后最大的温差×板材长度

(2)按下料图使用直尺或精致样板在板面保护膜上准确画线。

2. 板材切割

(1)切割前,须将锯片或刀的齿刃打磨锋利,切割全过程不得揭开板面保护膜。

(2)板材须平放紧贴工作台面,并用夹持器固定,进锯速度保持自然均匀。

(3)锯切板材时应随时用压缩空气将锯屑吹出中空板的槽隙,中空板切割完毕后须及时用防尘胶带封边。

3. 板材的连接

(1)安装前把板材四周的保护膜揭起 30～50 mm,但也不可揭起太多,以免因操作而损伤板面;把防紫外线的一面朝内安装。

(2)板材安装好后立即揭掉保护膜。

(3)用自攻螺钉固定,板材安装好后应进行自检。

项目六　设施环境调控

项目导读

作物生长发育是作物与其周围环境条件相互作用的结果。在正常生长发育过程中，需要光照、温度、水分和气体等因素，这些因素相互联系、相互影响，构成了影响作物生长发育的综合环境条件。设施栽培要获得速生、优质、稳产高产、低能耗和最大经济效益的作物产品，就需要人为地调控获取最佳的综合环境条件，打破地域、气候、环境差异，使作物正常生长发育。

知识目标

1. 明确设施环境各因素的类型。
2. 掌握设施环境各因素的特点。
3. 掌握设施环境各因素调控的原理。

能力目标

1. 能对设施环境因素进行分类。
2. 能分析设施环境因素的变化。
3. 能熟练进行各类环境条件的调控。

微课　设施环境调控

素质目标

1. 培养勇于探索的创新精神、提高动手能力、加强社会活动能力。
2. 增强服务农业农村现代化建设的使命感和责任意识。
3. 培养在生产实际中研究、观察、分析、解决问题的能力。

任务一　设施温度调控

✓ 任务目标

1. 了解设施内热量收支状况。
2. 熟悉设施温度变化规律和温度环境的特点。
3. 了解设施温度调控的原理。
4. 掌握设施保温、加温和降温的操作技术。

✓ 知识与技能

温度是影响作物生长发育的主要环境因子之一。本任务的重点是在了解园艺设施热量收支状况与温度环境变化规律的基础上，掌握园艺设施保温、加温和降温的技术措施，以及园艺设施温度环境调控的原理与基本技巧。

一、设施温度环境特点

（一）气温

（1）设施内的气温一般情况下高于外界气温。由于温室效应，园艺设施内温度大多高于外界，这是设施进行非正常季节栽培的基础和主要条件。在非常特殊情况下设施内温度有时低于外界，即“逆温”现象。“逆温”现象一般出现在阴天后、有微风、晴朗的夜间，设施表面辐射散热很强，设施内气温反而比外界气温还低。“逆温”一般出现在凌晨，日出后设施迅速升温，“逆温”消除。

(2)与外界温度有一定的相关性。光照充足的白天，外界温度较高时，室内气温升高快，温度也高；外界温度低时，室内温度也低，但室内外温度并不成正相关，设施内的温度主要取决于光照强度，严寒的冬季只要晴天光照充足，即使外界温度很低，设施内温度也能很快升高，并且保持较高的温度：遇到阴天，设施外温度并不低，设施内温度虽然也因接收到散射光而上升，但上升很少。

(3)季节变化规律。设施内温度受外界温度的季节性变化影响很大。低温季节在不加温情况下，温度往往偏低，一般当外界温度下降到－3 ℃时，塑料大棚内就不能栽培喜温性蔬菜，当外界温度下降到－15 ℃时，日光温室也难以正常栽培喜温性蔬菜。晚春、早秋和夏季设施内的温度往往偏高，需要采取降温措施，以防高温。

(4)气温的日变化。太阳辐射的日变化对设施的气温有着极大的影响。在一天中，设施内最低气温往往出现在揭开防寒被前的短时间内，隆冬季节只有 6～10 ℃。日出之后设施内气温迅速上升，12 时以后上升趋于缓慢，最高气温出现在 13 时，14 时以后气温开始下降，15 时以后下降速度加快，日落前下降速度最快，此时昼夜温差也较大，直到覆盖防寒被时为止。覆盖防寒被后气温稍有回升，一般为 1～3 ℃，以后气温平缓下降，直到第二天早晨。夜间在不进行加温的情况下，由于辐射放热、贯流放热、换气放热等原因，设施内的气温逐渐下降，只依靠土壤、墙体中贮存的热量辐射来保持温度，故夜间设施内的地温高于气温。

(5)气温在空间上的分布。设施内的气温在空间上分布是不均匀的。在垂直方向上，白天设施内的气温在垂直方向上的分布为日射型，即设施内的气温随高度的增加而上升；夜间设施内的气温在垂直方向的分布为辐射型，设施内的气温随着高度增加而降低；8 时至 10 时和 14 时至 16 时是以上两种类型的过渡型。

南北延长的塑料大棚里，水平方向的气温分布是上午东部高于西部，下午则相反，温差 1～3 ℃。夜间，大棚四周气温比中部低，所以塑料大棚一旦出现冻害，边缘一带最先发生。

日光温室内气温在水平方向上的分布存在着明显的不均匀性。在南北方向上，中柱前 1～2 m 处气温最高，向北、向南递减。在高温区水平梯度变化不大，在前沿和后屋面下变化梯度较大。晴天的白天，南部气温高于北部；夜间，北部高于南部。温室前部昼夜温差大，对作物生长有利。东西方向上气温差异较小，只是靠东西山墙 2 m 左右温度较低，靠近出口一侧最低。

(二)地温

设施内的地温不但是作物生长发育的重要条件，也是设施夜间保持一定温度的热量来源，夜间设施内的热量近 90%来自土壤的蓄热。

1. 热岛效应

热岛效应是设施内地温水平、垂直分布不均衡的具体体现。首先，设施内外地温温差很大，设施内的土壤并没有与外界隔绝，设施内外的土壤的热交换是不可避免的。由于土壤的热交换，使大棚、温室四周与室外交界处地温不断下降，形成了中间温度高，四周温度低的现象。其次，在我国北方冬季土壤温度下降快，地表出现冻土层，纬度越高封冻越早，冻土层越深。日光温室采光、保温设计合理，室外冻土层深达 1 m，室内土壤温度也能保持在 12 ℃以上，设施内从地表到 50 cm 深的地温都有明显的增温效应，但以 10 cm 以上的浅层增温显著，这种增温效应称之为热岛效应。

日光温室地温的水平分布具有以下特点：5 cm 土层温度在南北方向上变化比较明显，晴天白天，中部温度最高，向南向北递减，后坡下低于中部，但比前沿地带高，夜间后屋面下最高，向南递减。阴天和夜间地温的变化梯度比较小。东西方向上差异不大，靠门的一侧变化较大，东西山墙内侧温度最低。

2. 地温的变化

无论白天还是夜间，塑料大棚、温室中部的地温都高于四周。晴天白天上层土壤温度高，下层土壤温度低，地表温度最高，随深度的增加而递减；阴天，特别是连阴天，下层土壤温度比上层土壤温度高，越靠近地表温度越低，20 cm 深处地温最高。这是因为阴天太阳辐射能少，气温下降，温室的热量主要靠土壤贮存的热量来补充。因此，阴天连续时间越长，地温消耗也越多，经过连续 7～10 d 的阴天，地温只能比气温高 1～2 ℃，对某些作物就会造成危害。

(三)地温与气温的关系

设施内的气温与地温表现为“互利关系”，即气温升高时，土壤从空气中吸收热量，地温升高；气温下降时，土壤则向空气中放热来保持气温。低温期升高地温能够弥补气温偏低的不足，一般地温升高 1 ℃，对作物生长的促进作用，相当于提高气温 2～3 ℃的效果。

二、园艺设施热量收支状况

设施内的热量主要来自太阳辐射和人工辅助加温两条途径，热量支出有辐射放热、贯流放热、通风换风放热、土壤传导失热(地中传热)、显热放热和潜热放热 6 条主要途径(图 6-1)。

(一)热量来源

1. 太阳辐射

晴朗的白天，当太阳光线照射到透明覆盖物表面上后，一部分光线透过覆盖物进入设施内，照射到地面、墙体后坡及植株上，地面、墙体、后坡及植株获得太阳辐射热量，地面、墙体后坡及植株温度升高，同时地面、墙体后坡及植株也放出长波辐射，使气温升高。由于设施处于封闭或半封闭，设施内与外界的冷、热空气交流微弱，再加上透明覆盖物的长波辐射透过率较低原因，致使大部分长波辐射保留在设施内，使设施内的气温升高。在没有人工加温的情况下，设施内获得或积累太阳辐射，从而使设施内的气温高于外界环境气温。太阳辐射是园艺设施的热量主要来源，塑料大棚和日光温室等设施是根据温室效应原理设计建造的。太阳辐射增温的效果受到许多因素的影响：

(1)天气。晴天，太阳辐射较强，设施的增温幅度较大；阴天或多云天，太阳辐射较弱，设施的增温幅度较小。

(2)设施类型。由于设施结构、空间大小及材料的差异，辐射增温能力也不完全相同。据观测，北方地区日光温室的晴天增温能力一般为 30 ℃左右，即温室内白天的最高温度比室外高 30 ℃左右，塑料大棚只有 15 ℃左右。一般大型设施的内部空间大，蓄热能力强，升温缓慢；空间小的设施蓄热量少，升温比较快，温度高。

(3)透明覆盖物种类。不同透明覆盖物间，由于透光率和红外光透过率等不同，增温情况也不一致。一般规律是，覆盖透光率高的透明覆盖物增温快，覆盖红外光透过率低的覆盖物增

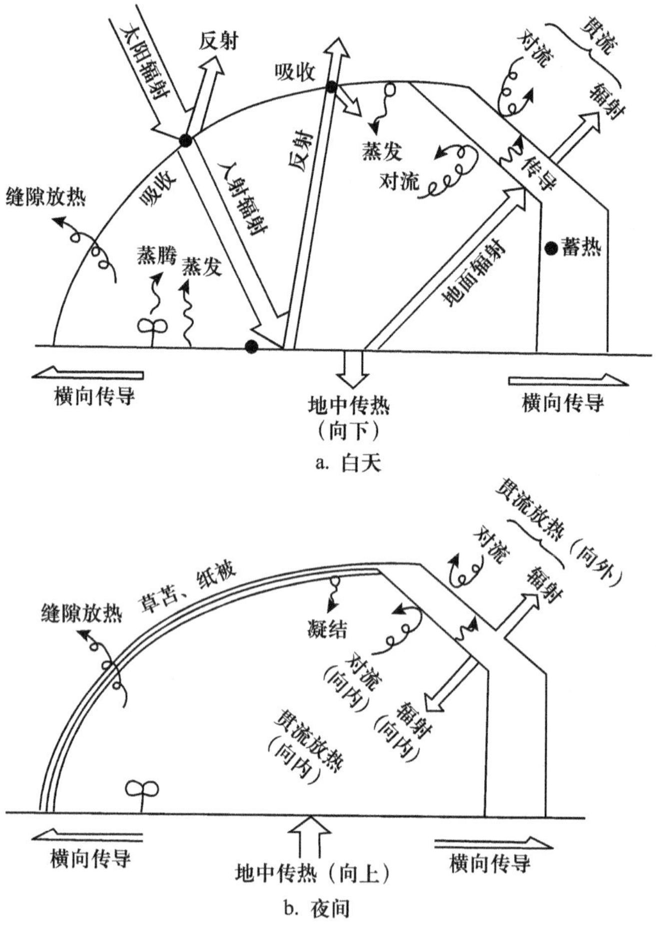

图 6-1　设施内热量收支状况示意图

温也快。

(4)设施方位。设施方位主要是通过影响设施的采光量而对增温幅度产生影响。例如，东西延长塑料大棚较南北延长塑料大棚的日采光量大，升温幅度也高。

2. 加温

加温的升温幅度除了受加温设备的加温能力影响外，设施的空间大小对其影响也很大。据试验，温室的高度每增加 1 m，温度升高 1 ℃所需的能量相应增加 20%～40%。

(二)热量支出

1. 辐射放热

辐射放热是设施内热量支出的主要途径之一。辐射放热主要是在夜间，以有效辐射的方式通过地面、覆盖物、作物表面向外放热，在夜间几种放热的方式中所占的比例很大。辐射放热受设施内外的温差、设施表面积及地表面积等的影响比较大。不加温时，设施的辐射放热量计算公式为：

$$Q=F_C(S+D)/2$$

式中，Q——整个设施的辐射放热量；

F_C——放热比，$F_C=S/D$，最大值为1；

S——设施的表面积，m^2；

D——设施内的地表面积，m^2。

2. 贯流放热

在地面得到的热中，有一部分以反射和对流的形式被传递到温室各维护面(包括墙体、屋顶及棚膜)的内表面，然后又由外表面以辐射和对流的方式把热量散失到空气中去，我们把通过覆盖材料或围护材料向外散热叫作“贯流放热”。

贯流放热的快慢受到覆盖材料或围护材料的种类、状态(如干湿)、厚度、设施内外的温度差、设施外的风速等因素的影响。材料的贯流放热能力一般用热贯流率来表示。热贯流率是指材料的两面温度差为1 ℃时，单位时间内，单位表面积上通过的热量，单位为kJ/(m^2·h·℃)。材料的热贯流率越大，贯流放热量也越大，保温性能越差。不同材料的热贯流率值见表6-1。

表6-1　几种材料的热贯流率　　kJ/(m^2·h·℃)

材料种类	规格/mm	热贯流率	材料种类	规格/mm	热贯流率
玻璃	2.5	20.9	木条	厚5	4.6
玻璃	3～3.5	20.1	木条	厚8	3.8
聚氯乙烯	单层	23.0	钢管	—	41.8～53.9
聚氯乙烯	双层	12.5	砖墙(面抹灰)	厚38	5.8
聚乙烯	单层	24.2	土墙	厚50	4.2

设施外的风速对贯流放热的影响也很大，风速越大，贯流放热越快。如导热率为2.84 kJ/(m^2·h·℃)的玻璃，当风速为1 m/s时，热贯流率为33.44 kJ/(m^2·h·℃)，当风速为7 m/s时，热贯率为100.32 kJ/(m^2·h·℃)。所以，低温季节多风地区要加强设施的防风措施。

3. 通风换风放热

该部分包括由设施的自然通风、强制通风、建筑材料裂缝、覆盖物破损、门窗缝隙等渠道进行的热量散放。换气散失热量的计算公式为：

$$Q=RVF(t_r-t_o)$$

式中，Q——整个设施单位时间内的换气热量损失量，kJ/h；

R——换气率，即每小时的换气次数；

V——设施的体积，m^2；

F——空气比热，$F=1.29$ kJ/(m^2·h·℃)；

t_r-t_o——设施内外的温度差值，℃。

风速对换气放热的影响很大，风速增大时，换气散热量也增大。

4. 土壤传递失热

土壤传递失热又称地中传热，是设施内土壤失热的主要途径，包括土壤上下层之间以及土壤的水平热传递。对温度影响大的是水平方向的热传递。据报道，土壤水平传递失热量占温室总失热量的5%～10%。土壤传递失热受土壤的质地、成分、湿度以及设施内外地温的差值大小等因素的影响。

5. 显热放热

设施内由温差引起的热力传递称为显热放热，显热放热也是设施内放热的途径之一。显热放热是通过设施内的局部之间温度差异造成空气流动而失热。

6. 潜热放热

设施内由于水相的变化引起的热量传递称为潜热放热。潜热放热通过设施内的土壤表面水蒸发、作物蒸腾、覆盖物表面蒸发，以潜热的形式失热。潜热失热量较小，一般忽略不计。

三、设施温度环境调控

设施温度环境调控以其调控的目的不同，表现为保温、降温、增温、变温四种不同的调控措施。

(一)保温

1. 设施保温原理

有效的保温措施可以减少热损失，在节省能源的同时，保持作物正常生长所要求的环境温度。原理包括：减少向设施内表面的对流传热和辐射传热；减少覆盖材料自身的热传导散热；减少设施外表面向大气的对流传热和辐射传热；减少因覆盖面漏风而引起的换气传热。

2. 设施保温主要措施

(1)增强设施自身的保温能力。设施的保温结构要合理，场地安排，方位与布局等也要符合保温要求。

(2)用保温性能优良的材料覆盖保温。如覆盖保温性能好的期料薄膜；覆盖草把密、干燥、疏松，并且厚度适中的草苫等。保证草苫厚度、覆盖质量，加厚后屋面，保持其干燥。

(3)减少缝隙散热。加强围护结构的保温能力，如墙体、后屋面、不透明覆盖材料、多层覆盖、适时通风换气、关闭风口、卷苫、放苫。设施密封要严实，薄膜破孔以及墙体的裂缝等要及时粘补和堵塞严实。通风口和门关闭要严，门的内、外两侧应张挂保温帘。

(4)多层覆盖。增加保温覆盖的层数，采用隔热性能好的保温覆盖材料，以提高设施的气密性。多层覆盖材料主要有塑料薄膜、草苫、纸被、无纺布等。

①塑料薄膜　主要用于临时覆盖。覆盖形式主要有地面覆盖、小拱棚、保温幕以及覆盖在棚膜或草苫上的浮膜等。一般覆盖一层薄膜可提高温度 2～3 ℃。

②草苫　覆盖一层草苫通常能提高温度 5～6 ℃。生产上多覆盖单层草苫，较少覆盖双层草苫，必须增加草苫时，也多采取加厚草苫来代替双层草苫。不覆盖双层草苫的主要原因是便于管理。草苫数量越多，管理越不方便，特别是不利于自动卷放草苫。

③纸被　多用于临时保温覆盖或辅助覆盖，覆盖在棚膜上或草苫下。一般覆盖一层纸被能提高温度 3～5 ℃。

④无纺布　主要用作保温幕或直接覆盖在棚膜上或草苫下。

(5)保持较高地温。增加白天透光量，改善根际环境，增加地温。主要措施有：

①覆盖地膜　最好覆盖透光率较高的无滴地膜。

②合理浇水　低温期应于晴天上午浇水，不在阴雨天及下午浇水。一般当 10 cm 地低于 10 ℃时不得浇水，低于 15 ℃要慎重浇水，只有 20 ℃以上时浇水才安全。另外，低温期要尽量浇预热的温水或温度较高的地下水，不浇冷凉水；要浇小水、浇暗水，不浇大水和明水；使用滴

灌、喷灌。

③挖防寒沟　在设施的四周挖深 50 cm 左右、宽 30 cm 左右的沟，内填干草，其上用塑料薄膜封盖，减少设施内的土壤热量散失，可使设施内四周 5 cm 地温增加 4 ℃左右。

(6)在设施的四周夹设风障。一般于设施的北部和西北部夹设风障，以多风地区夹设风障的保温效果较为明显。

(二)加温

1. 加温原理

冬季，温室内部温度受到室外自然环境的影响而降低，可能降至作物生长温度最低基点以下，若不及时采取加温措施，将很难维持作物正常生长所要求的环境温度，因此需要加温。

我国北方传统的大棚或温室多采用炉灶煤火加温。近年来现代化大型连栋温室发展加快，由于大型连栋温室缺少单屋面温室墙体贮热及室外覆盖的保温条件，加热措施是其维持其正常生产的必不可少的环节。大型连栋温室和花卉温室多采用锅炉水暖加温或地热水暖加温的，也有采用将热水或蒸汽转换成热风的采暖方式的。塑料大棚大多没有加温设备，多用热风炉短期加温、临时加温，对提早上市提高产量和产值有明显效果。用木炭、电力等临时加温措施，对大棚或日光温室生产抵御连续阴雨雪天气等低温自然灾害的作用十分明显，在北方广大农村应用比较普遍。

2. 设施加温主要措施

(1)火炉加温。用炉筒或烟道散热，将烟排出设施。该法多见于简易温室及小型加温温室。

(2)暖水加温。用散热片散发热量，加温均匀性好，但费用较高，主要用于玻璃温室以及其他大型温室和连栋塑料大棚中。

(3)热风炉加温。用带孔的送风管道将热风送入设施内，加温快，也比较均匀，主要用于连栋塑料或连栋塑料大棚中。

(4)明火加温。设施内直接点燃干木材、树枝等易于燃烧且生烟少的燃料，进行加温。加温成本低，升温也比较快，但容易发生烟害。该法对燃烧材料以及燃烧时间的要求比较严格，主要作为临时应急加温措施，用于日光温室以及普通大棚中。

(5)火盆加热。用火盆盛烧透的木炭、煤炭等，将火盆均匀放入设施内或来回移动火盆进行加温。方法简单，容易操作，并且生烟少，不易发生烟害，但加温能力有限，主要用于育苗床以及小型温室或大棚的临时性加温。

(6)电加温。这种方法主要使用电炉、电暖气以及电热线等，利用电能对设施进行加温，具有加温快，无污染且温度易于控制等优点，但也存在着加温成本高、受电源限制较大以及漏电隐患等一系列问题，主要用于小型设施的临时性加温。

(三)降温

1. 温室的降温原理

温室的降温在夏季尤为重要，主要通过减少太阳辐射、增加地面辐射、增强设施内外气体交换来减少设施内的热量，从而使设施内降温。

2. 降温的主要措施

保护设施内降温最简单的途径是通风，但在温度过高，依靠自然通风不能满足作物生长的要求时，必须进行人工降温。

(1)通风散热。通风，包括自然通风和强制通风。通风是设施内降温最简单的途径，包括以下 3 种方式：

①带状通风　又称扒缝放风。扣膜时预留一条可以开闭的通风带，覆膜时上下两幅薄膜相互重叠 30～40 cm。通风时，将上幅膜扒开，形成通风带。通风量可以通过扒缝的大小随意调整。

②筒状通风　又称烟囱式放风。在接近棚顶处开一排直径为 30～40 cm 的圆形孔，然后黏合一些直径比开口稍大，长 50～60 cm 的塑料筒，筒顶黏合上一个用 8 号线做成的带十字的铁丝圈，需大通风时，将筒口用竹竿支起，形成一个个烟囱状通风口；小通风时，筒口下垂；不通风时，筒口扭起。这种方法在温室冬季生产中排湿降温效果较好。

③底脚通风　多用于高温季节，将底脚围裙揭开，昼夜通风。

温室大棚通风降温需遵循的原则：

一是逐渐加大通风量。通风时，不能一次开启全部通风口，而是先开 1/3 或 1/2，过一段时间后再开启全部风口。可将温度计挂在设施内几个不同的位置，以决定不同位置通风量大小。

二是反复多次进行。高效节能日光温室冬季晴天 12 时至 14 时之间室内最高温度可以达到 32 ℃以上，此时打开通风口，由于外界气温低，温室内外温差过大，常常是通风不足半小时，气温已下降至 25 ℃以下，此时应立即关闭通风口，使温室贮热增温，当室内温度再次升到 30 ℃左右时，重新通风排湿。这种通风管理应重复几次，使室内气温维持在 23～25 ℃。由于反复多次的升温、通风、排湿，可有效地排出温室内的水汽，使二氧化碳得到多次补充，这时室内温度维持在适宜温度的下限，并能有效地控制病害的发展和蔓延。遇多云天气，更要注意随时观察温度计，温度升高就通风，温度下降就闭风。否则，棚内作物极易受高温、高湿危害。

三是早晨揭苫后不宜立即放风排湿。冬季外界气温低时，早晨揭苫后，常看到温室内有大量水雾，若此时立即打开通风口排湿，外界冷空气就会直接进入棚内，加速水汽的凝聚而使水雾更重。因此，冬季日光温室应在外界最低气温达到 0 ℃以上时通风排湿。一般开 15～20 cm 宽的小缝半小时，即可将室内的水雾排出。中午再进行多次放风排湿，尽量将日光温室内的水汽排出，以减少叶面结露。

四是低温季节不放底风。喜温蔬菜对底风（扫地风）非常敏感，低温季节生产原则上不放底风，以防冷害和病害的发生。

(2)遮光降温法。遮阳降温主要包括设置内、外遮阳幕系统，采用无纺布覆盖，温室透明屋面涂刷半透明涂料等。遮光 20%～30%时，温度相应可降低 4～6 ℃。在与温室大棚屋顶部相距 40 cm 左右处张挂遮光幕，对温室降温很有效。遮光幕的质地以温度辐射率越小越好。考虑塑料制品的耐候性，一般塑料遮阳网都做成黑色或墨绿色，也有的做成银灰色。室内用的白色无纺布保温幕透光率 70%左右，也可兼做遮光幕用，可降低棚温 2～3 ℃。另外，也可以在屋顶表面及立面玻璃上喷涂白色遮光物，但遮光、降温效果略差。在室内挂遮光幕，降温效果比在室外差。

(3)蒸发降温。该方法利用水分蒸发吸热的原理降低温室温度，主要有湿帘、屋顶喷雾和雾化降温 3 种方式。

①湿帘　湿帘是由梭罗状纸板层叠而成的幕墙，墙内有水分循环系统。借助轴流风机形成室内负压，室外空气流经湿帘，经湿帘内水分蒸发吸热，形成低温气体流入室内，起到降温作用。降温幅度一般可达 2～4 ℃。

②雾化降温　雾化降温的基本原理是普通水经过滤后，加压(4 MPa)，由孔径非常小的喷嘴(直径 15 μm)形成直径 20 μm 以下的细雾滴，与空气混合，利用其蒸发吸热的性质，大量吸收空气中的热量，从而达到降温目的。降温幅度可达 7 ℃，降温效率较湿帘提高 15%。

③屋顶喷雾　在整个屋顶外面不断喷雾湿润，使屋面下冷却了的空气向下对流。

(4)屋面流水降温法。据测定，流水层可吸收投射到屋面的太阳辐射的 8%左右，并能用水吸热来冷却屋面，室温可降低 3～4 ℃。采用此方法时需考虑安装费和清除玻璃表面的水垢污染的问题。水质硬的地区需对水质做软化处理再利用。

(5)强制通风。大型连栋温室或大型日光温室，因其容积大，需强制通风降温。

(四)变温

1. 四段变温管理的原理

上午，作物光合作用效率较高，需要较高的温度配合，以使作物光合作用充分进行；午后，作物需转化上午的光合产物，出现光合效率下降趋势，此时需适当降低温度，抑制呼吸；前半夜，需转移同化产物，如温度太低，转移速率较慢，需适当加温；后半夜，降低温度，抑制呼吸消耗。

2. 四段变温管理的主要措施

在设施栽培中，目前主要推广的是棚室四段变温管理，即把一昼夜 24 h 分成 4 个阶段，上午、下午、前半夜和后半夜。在温度管理上采用四段变温管理技术，不仅可以达到节能的目的，还可以获得最适产量。因此，上午以促进作物的光合作用为目标，进行高温管理；下午和前半夜温度逐渐降低，以便把光合产物运送到各个器官；后半夜在保证作物正常生长的前提下，进行低温管理，防止消耗更多的养分。

任务二　设施光照调节

✓ 任务目标

1. 了解影响设施内光照环境的各种因素及其变化特点。
2. 熟悉光照强度、光照时间及光质变化对作物的影响。
3. 掌握改善设施光照条件、调控光照时数、设施内遮光和人工补光的方法。

✓ 知识与技能

设施内的光照换进过包括光照强度、光质、光照时数与空间分布。光照环境对设施内作物的生长发育产生光效应、热效应、形态效应，直接影响作物的光合化作用、光周期反应和器官形态的建成。而设施内的光照条件受设施外自然光照、设施建筑方位、设施结构、透光屋面大小、形状、覆盖材料特性、清洁程度、作物的群落结构及辐射特性等多种因素的影响。只有了解设施的光照环境特点，熟悉作物对光照条件的要求，掌握设施光照环境调控的方法，才能促进作物的安全、优质、高产、高效生产。

一、设施光照环境特点

(一)设施外的太阳辐射

设施内的光照来源，除少数地区或温室进行补光育苗及部分利用人工光源栽培植物外，主要依靠自然光源，其通常是指太阳辐射中的可见光部分，波长在 380～760 nm，与植物生长和设施环境控制密切相关的太阳辐射，不仅有占总辐射能量约50%的可见光部分，还包括分别占太阳总辐射能量约43%和7%的红外线和紫外线。所以，用太阳辐射量来表达设施光照环境更为恰当。

到达地面的太阳辐射由直接辐射和散射辐射两部分组成。前者是指未经大气层微粒的反射和散射而直接到达地面的太阳辐射；后者是指阳光通过大气层时经气体分子、尘埃、水滴等的吸收、反射而成为散射光到达地面。两者之和称为太阳总辐射，单位为 W/m^2。在晴天条件下，散射光能约占总辐射的10%，阴雨天时散射光占比几乎达到100%。

(二)影响设施内光照条件的因素

太阳光投射到设施表面会发生反射、吸收和投射而形成设施内的光照环境。影响设施内光照环境的主要因素，除室外时刻变化的太阳辐射等气象因素外，还受设施本身结构与管理技术的影响，其机理较为复杂。在生产实践中对设施内光照环境的要求是能最大限度地透过光线(透光率大)、透光面积大、光照时间长和光照分布均匀。

二、设施光照环境与作物生长

(一)光照强度对作物的影响

光照强度首先影响作物的光合作用，在一定范围内(光饱和点以下)，光照越强光合速率越高，产量也越高。光照强度同时还影响植株的形态和花色，一般随着光照强度的减弱，叶面积变大，株高增加；有些色素(如花青素)必须在强光下才能产生，散射光下不易产生。园艺作物的种类不同，对光照强度的要求也不同。

(二)光照时数对作物的影响

光照时数的长短影响蔬菜的生长发育，也就是通常所说的光周期现象。光周期是指一天中光照时间长短受季节、天气、地理纬度等的影响。蔬菜根据其对光周期的反应可分为长日性蔬菜、短日性蔬菜、日中性蔬菜三类。

(三)光质及光分布对作物的影响

一年四季中，光的组成有明显的变化。如紫外光以夏季的阳光中最多，秋季次之，春季较少，冬季则最少。夏季阳光中的紫外光是冬季的20倍，而蓝紫光比冬季仅多4倍。因此，这种光质的变化可以影响同一种植物不同生产季节的产量及品质。表6-2反映了光质对作物产生的生理效应。

表6-2 各种光谱成分对植物的作用

波长/nm	植物生理效应
>1 000	被植物吸收后转变为热能，影响有机体的温度和蒸腾情况，可促进干物质的积累，但不参加光合作用
720～1 000	对植物伸长起作用，期中700～800 nm辐射称为远红光，对光周期及种子形成有重要作用，并控制开花及果实的颜色
610～720	(红、橙光)被叶绿素强烈吸收，光合作用最强，某种情况下表现为强的光周期作用
510～610	(主要为绿光)叶绿素吸收不多，光合效率也较低
400～510	(主要为蓝、紫光)叶绿素吸收最多，表现为强的光合作用与成型作用

续表6-2

波长/nm	植物生理效应
320～400	起成型和着色作用
<320	对大多数植物有害,可能导致植物气孔关闭,影响光合作用,促进病菌感染

光质还会影响蔬菜的品质,紫外光与维生素C的合成有关,玻璃温室栽培的番茄、黄瓜等,其果实维生素C的含量往往没有露地栽培的高,就是因为玻璃阻隔紫外光的透过率,塑料薄膜温室的紫外光透光率就比较高。光质对设施栽培的园艺作物的果实着色有影响,颜色一般较露地栽培色淡,如茄子为淡紫色。番茄、葡萄等也没有露地栽培风味好,味淡,口感不甜。例如,日光温室的葡萄、桃、塑料大棚的油桃等都比露地栽培的风味差,这与光质有密切关系。

由于农业设施内光分布不如露地均匀,使得作物生长发育不能整齐一致。同一种类品种、同一生育阶段的园艺作物长得不整齐,既影响产量,成熟期也不一致。弱光区的产品品质差,且商品合格率降低,种种不利影响最终导致经济效益降低,因此设施栽培必须通过各种措施,尽量减轻光分布不均匀的负面效应。

三、设施光照环境调控

园艺设施内对光照条件的要求:一是光照充足;二是光照分布均匀。从我国目前的国情出发,主要还依靠增强或减弱农业设施内的自然光照,适当进行补光。

(一)改善设施内光照条件

1. 改进园艺设施结构、提高透光率

(1)选择适宜的建筑场地及合理建筑方位。原则是根据设施生产的季节,以及当地的自然环境,如地理纬度、海拔高度、主要风向、周边环境(建筑物、水面、地面平整与否等)决定。大棚南北延长或东西延长;日光温室坐北朝南,东西延长,在黄淮地区,以南偏东5°～10°为多,而气候寒冷的高纬度地区则多以南偏西朝向居多;连栋温室以南北延长为主。

(2)设计合理的屋面坡度。单屋面温室主要设计好后屋面仰角,前屋面与地面交角,后坡长度,既保证透光率高也兼顾保温好。连接屋面温室屋面角要保证尽量多进光,还要防风、防雨(雪),使排雨(雪)水顺畅。并选用良好的透明覆盖材料及建筑材料。

(3)采用合理的透明屋面形状。生产实践证明,拱圆形屋面采光效果好。

(4)选择骨架材料。在保证温室结构强度的前提下尽量用细材,以减少骨架遮阴,梁等材料也应尽可能少用,如果是钢材骨架,可取消立柱,对改善光环境很有利,见表6-3。

表6-3 不同棚型结构的透光量及透光率

大棚类型	透光量/万lx	透光率/%
单栋钢架结构	7.67	72
单栋竹木结构	6.65	62.5
连栋钢筋水泥	5.99	56.3
露地对照	10.64	100

(5)选用透光率高且透光保持率高的透明覆盖材料。我国以塑料薄膜为主,应选用防雾滴

且持效期长、耐候性强、耐老化性强等优质多功能薄膜，如漫反射节能膜、防尘膜、光转换膜。大型连栋温室有条件的可选用 PC 板材。

透明覆盖物应选用坚固耐用并且透光性能良好的覆盖材料，如玻璃应选用 3 mm 厚的平板玻璃散射光透光率高达 82%，而 5 mm 厚的平板玻璃和 6 mm 厚的钢化玻璃散射光透光率均为 78%，并且建筑成本增加。用塑料薄膜覆盖的温室和大棚，应选静电作用小的防尘膜，聚氯乙烯大棚膜覆盖两个月后透光率为 55%，而聚乙烯防尘膜覆盖两个月后透光率仍为 82%左右，覆盖一年后聚氯乙烯膜透光率下降到 15%，而聚乙烯防尘膜透光率仍然高达 58%。结合考虑其透光性和耐用年限，目前应选用多功能抗老化耐低温的聚乙烯防尘膜最为理想。

2. 改进栽培管理措施改善光照环境

(1)保持透明屋面干洁。使塑料薄膜温室屋面的外表面少染尘，经常清扫以增加透光表面积，应通过放风等措施减少结露(水珠凝结)，防止光的折射，提高透光率。

(2)在保温前提下，尽可能早揭晚盖外保温和内保温覆盖物，增加光照时间。在阴雨雪天，也应揭开不透明的覆盖物，在确保防寒保温的前提下时间越长越好，以增加散射光的透光率。双层膜温室，可将内层改为白天能拉开的活动膜，以利于光照。

(3)合理密植，合理安排种植行向。目的是减少作物间的遮阳，密度不可过大，否则作物在设施内会因高温、弱光发生徒长，作物行向以南北行向较好，没有固定阴影。若是东西行向，则行距要加大，尤其是北方单屋面温室更应注意行向。栽培床高度要南低北高，防止前后遮阳。

(4)加强植株管理。黄瓜、番茄等高秧作物及时整枝打杈，及时吊蔓或插架。进入盛产期时还应及时将下部老叶或过多的叶摘除，以防上下叶片相互遮阳。

(5)选用耐弱光的品种。

(6)地膜覆盖。有利于地面反光以增加植株下层光照。

(7)采用有色薄膜。人为地创造某种光质，以满足某种作物或某个发育时期对该光质的需要，实现高产、优质。但有色覆盖材料透光率偏低，只有在光照充足的前提下改变光质才能收到较好的效果。

(8)充分利用反射光，提高设施光照强度。在日光温室北墙张挂反光幕(板)，可使反光幕前光照增加 40%～44%，有效范围达 3 m。

3. 光照时数的调控

(1)长光照与短光照处理。电光源照射(或称长光照处理)或遮光(或称短光照处理)是依作物的光周期特性，利用人工照明延长光照时间或利用遮光缩短光照时间来调节切花、盆花和蔬菜的开花期或休眠期，使其产品在价格较高或特别需要的时段上市。长光照与短光照处理现已广泛应用于菊花、草莓、紫苏等作物的设施周年优质高产栽培中。如中高纬度地区，电光源照射处理可延长秋菊花开花期至冬季元旦、圣诞节、春节三大节日期间，实现反季节栽培，增加淡季菊花供应，提高效益。草莓电光源照射栽培，可阻止休眠或打破休眠，提早开花结果，提前上市。

(2)调控方法。短光照处理，采用遮光率 100%的遮光网(具透气性)覆盖。长光照处理，处理的强度、方法均依作物种类而异。电光源处理的方法有：

①延长光照(初夜照明)　应用于抑制短日照植物花芽分化或促进长日照植物开花。从日落开始给予短日照植物超过临界日长时数的补光来抑制花芽分化；给予长日照植物补光到适于开花的日照时数以促进开花。

②中断暗期(深夜照明) 植物光周期反应实际上由暗期的长短所诱导,因此在黑夜中插入连续照明 2～4 h,把暗期一分为二,中断暗期,可与延长光照起同样效果。

③间歇照明 把日落后照明延长光照改为利用定时装置,调控为每小时开灯 10～20 min,其余时间熄灯,如此反复,与连续长光照处理效果相同;在规模大的设施中,采取顺次反复循环移动的方式进行间歇照明,既可节约能耗,又防灯具频繁点灭而缩短使用寿命。

④黎明前照明(清晨光照) 与入夜照明的延长光照处理效果相同。

⑤再电照处理 多头小菊类菊花冬季电照栽培时,往往在停止电照后因冬季日照长度显著变短,出现顶部叶变小、舌状花数减少等早衰现象,导致切花品质下降,为防止早衰、维持品质,在电照停止 10～14 d 后再电照处理 5～7 d,以克服上述早衰现象。

(3)园艺设施遮光。芽菜和软化蔬菜,观叶植物、花卉等进行设施栽培或育苗时,往往通过遮光来抑制气温、土温和叶温的上升,借以改善品质,保护作物的稳定生产,或者进行短日照处理,都要利用遮光来调控光照时数或光照强度。

①缩短日照时间 根据黄瓜花芽分化特点,在早春温室育苗时通过晚揭、早盖防寒被的办法,进行短日照处理,即上午 8 时把温室草帘子卷起来,午后 16 时再把草帘子盖上,这种短日照处理既有利于温室保温,又能多结瓜,提高黄瓜产量。

有些短日照植物,如草莓、牵牛花等浆果或花卉要想提早开花,必须进行短日照处理,方法是用黑色塑料薄膜或内层为红色、外层为黑色的双面窗帘,每天及时盖上和揭开,让太阳照射 8～10 h,很快就会开花。

②减弱光照强度

a. 遮阳网或不织布覆盖 夏季高温季节,对于喜阴植物,应采取遮光措施,以防日晒和减弱光照强度,一般上午 9～10 时到下午 15～16 时,在温室外面用竹帘、遮阳网等覆盖或直接覆盖无纺布,均能减弱光照强度。设施遮光 20%～40%能使室内温度下降 2～4 ℃。在育苗过程中,移栽后为了促进缓苗,通常也需要进行遮光。

b. 设施内种植藤本植物 设施内种植一些爬蔓的藤本植物,也能达到遮光效果,特别是一些观赏花卉植物,如兰科、天南星科、蕨类及食虫植物等,在高纬度的黑龙江省,即使在冬季,也需要进行适当遮阴。园林花卉植物专用温室常在温室北墙处,种植或摆放几盆原产热带或亚热带的多年生草本植物,如叶子花、佛手瓜或一年生的丝瓜、苦瓜等,夏季高温时茎蔓爬到温室架上,下面形成荫蔽环境,能起到遮光、降温的作用。

c. 玻璃面上涂白灰 先将生石灰块 5 kg 加少量水粉化,过滤后加入 25 kg 水和 250 g 食盐,用喷雾器均匀地喷布在温室外的玻璃面上,如被暴雨冲掉后可再喷,喷白能大量反射太阳光,能起到减弱温室内部光照强度的作用,但喷白对降低温度效果不大。

d. 玻璃屋面喷水 夏季高温、光照过强,结合降温采取屋顶喷水,徐徐流水不但可带走大量热能,同时还能吸收和反射一部分的光照,从而使温室内的光照强度有所减弱。

e. 室外种植落叶树种 在温室外部四周距墙 2～2.5 m 处,种植成排的高度适宜的小乔木,树种要求选枝叶不过于繁茂、树冠比较开张、枝条萌发力强、生长迅速且病虫害较少的落叶树,如垂柳、合欢等。夏季既可降温又可遮阴,并能使温室周围环境更与自然的生态条件相近,秋末太阳高度角开始降低,光照强度减弱,对树木进行强修剪,防止冬季遮光,早春又可重新萌发形成新的植物景观。

(4)人工补光。人工补光的目的有两个:一个是人工补充光照,以满足作物光周期的需要,当黑夜过长而影响作物生育时，应进行补光。另外，为了抑制或促进花芽分化，调节开花期，也需要补充光照。这种补充光照要求的光照强度较低，称为低强度补光。另一个是作为光合作用的能源，补充自然光的不足。据研究，当温室内床面上光照日总量小于100 W/m^2 时或光照时数不足4.5 h/d时，就应进行人工补光。因此，在北方冬季保护设施内很需要这种补光，但这种补光要求的光照强度大，为1 000～3 000 lx，所以成本较高，国内生产上很少采用，主要用于育种、引种、育苗。

人工补光的光源为电光源。对电光源有3点要求：一是要有一定的光照强度；二是要求光照强度具有一定的可调性；三是要求有一定的光谱能量分布，可以模拟自然光照，要求具有太阳光的连续光谱，也可以采用类似作物生理辐射的光谱。

冬季利用温室栽培植物，为满足植物生长发育的生理需要，进行人工补光，在生产实践中有重要意义。常用的人工光源有白炽灯、荧光灯、水银荧光灯、钠灯、氙灯等。

①白炽灯和卤钨灯　它们同属热辐射光源，即在发光的同时还产生热效应。为了防止高温烧伤植物，往往采取以下两种措施：

a. 用移动灯光　电灯距秧苗15 cm，灯光在苗床上移动的速度为15～20 cm/s，适宜培育各种要求光照强度高的秧苗，一般功率为200～500 W/m^2。

b. 用水滤器　在灯光下装置透光良好的水滤器，里面盛有流动的水，使植物在水滤器下生长，利用水将多余的热量吸收。

②日光灯　光谱全但缺乏紫外光，可克服白炽灯产生辐射热的缺点，苗期连续补光30 d，4～8 h/d，番茄、黄瓜可早熟15～20 d。

③生物汞灯　农业专用，缺点是寿命短。

④钠灯　作为广场照灯比较理想，照射幅度大，可兼做农业用。

⑤水银荧光灯　这种灯能把紫外光变为可见光，光照强度高，有利于长日照植物进行光合作用。

⑥荧光灯　这种灯辐射能的紫外部分被玻璃罩内所涂的荧光粉吸收转变为可见光，光的颜色取决于所涂的特殊的荧光粉，这种荧光灯特别适合于增加日照长度。

任务三　设施湿度调控

✓ **任务目标**

1. 了解设施内空气湿度和土壤湿度的环境特点。

2. 掌握设施内湿度调控的原理及措施。

✓ **知识与技能**

设施内的环境湿度，包含空气湿度和土壤湿度两个方面。水是农业的命脉，也是植物体的主要组成成分，因此设施空气湿度和土壤湿度调控的重要性尤为突出。

一、设施土壤水分环境特点及调控

(一)设施土壤湿度

1. 土壤湿度表示法

表示土壤湿度一般有两种表达方法：一种是质量分数，即土壤中水的质量占其干土重的百分数。此法应用普遍，但土壤类型不同，相同的土壤湿度下土壤水分的有效性不同，不便于在不同土壤间进行比较。另一种是田间持水量百分数，指土壤水分占该类土壤田间持水量的百分数。此法有利于在不同土壤间进行比较，但不能给出具体的含水量。

2. 土壤湿度的特点

(1)土壤湿度高于外界。设施空间或地面有比较严密的覆盖材料，土壤耕作层不能依靠降水来补充水分，故土壤湿度只能由灌水量、土壤毛细管上升水量、土壤蒸发量及作物蒸腾量的大小来决定。与露地相比，设施内的土壤蒸发和植物蒸腾量小，故土壤湿度比露地大。

(2)土壤湿度不均衡性。设施内各部位的土壤湿度因地温分布上的不同而有所差异。蒸发和蒸腾产生的水汽在薄膜内表面结露，顺着棚膜流向大棚两侧的前底脚，逐渐使棚中部干燥而两侧或前底脚土壤湿润，引起局部湿度差。

(3)设施内土壤湿度随设施环境变化而变化。土壤湿度受设施温度、作物生长情况、空气湿度及浇水等影响较大。

(4)设施内空气湿度相对稳定。与空气湿度相比较，土壤湿度比较稳定，变化幅度较小。一般低温季节土壤湿度容易偏高而且变化较小，高温季节的变化较大。

(二)土壤湿度的调控

1. 土壤湿度调控

设施土壤湿度调控主要是保持适宜的土壤湿度，防止湿度长时间过高。目前我国设施栽培的土壤湿度调控仍然依靠传统经验，主要凭人的观察感觉，调控技术的差异很大。随着设施园艺向现代化、工厂化方向发展，要求采用机械化自动化灌溉设备，根据作物各生育期需水量和土壤水分张力进行土壤湿度调控。常用的灌溉方式有：

(1)增加土壤湿度。

①喷灌　采用全园式喷头的喷灌设备，安装在温室或大棚顶部 2.0～2.5 m 高处。也有的采用地面喷灌，即在水管上钻有小孔，在小孔处安装小喷嘴，使水能平行地喷洒到植物的上方。

②水龙浇水法　采用塑料薄膜滴灌带，成本较低，可以在每个畦上固定一条，每条上面每隔 20～40 cm 有一对 0.6 mm 的小孔，用低水压也能使 20～30 m 长的畦灌水均匀，也可放在地膜下面，降低室内湿度。

③滴灌法　滴灌是通过安装在毛细管上的滴头把水一滴滴均匀而又缓慢地滴入植物根区附近的土壤中，借助于土壤毛细管力的作用，使水分在土壤中渗入和扩散，供植物根系吸收和利用。

④地下灌溉　地下灌溉是灌溉水借土壤下毛细管作用自下而上湿润土壤，以达到灌溉作物目的的灌溉方法，也称渗灌。

(2)控制土壤湿度的措施。

①用高畦或高垄栽培　增加地面水分的蒸发量。

②适量浇水　低温期应采取隔沟浇沟法进行浇水，或用微灌溉系统进行浇水，即要浇小水，不能大水漫灌。

③适时浇水　晴暖天设施内的温度高，通风量也大，浇水后地面水分蒸发快，易于控制土壤的湿度，低温阴雨天，温度低，地面水分蒸发慢，不宜浇水。

二、设施空气水分环境特点及调控

(一)设施空气湿度

1. 空气湿度表示法

空气湿度表示有两种表达方法:一种叫绝对湿度,表示的是每立方米空气中所含水蒸气的质量分数;另一种叫相对湿度,是空气中实际含水量与同温度下最大含水量的百分比,通常所说的空气湿度是指空气的相对湿度。

2. 空气湿度的特点

(1)空气湿度高于外界。设施内空气湿度主要源于土壤水分蒸发和作物蒸腾作用,即空气湿度由土壤蒸发量、作物蒸腾量来决定。设施内空间小,气流相对比较稳定,又是在密闭条件下,不容易与外界交流,因此空气相对湿度比露地高。相对湿度大时,叶片易结露,引起病害的发生和蔓延。因此,设施园艺生产需要解决如何降低空气湿度的问题。

(2)空气湿度与温度的关系。设施内相对湿度的变化与空气温度成负相关,晴天的白天随着温度升高,相对湿度降低,夜间和阴雨雪天气随室内温度的降低而升高;设施内相对湿度的变化与地温成正相关,当土壤温度升高时,地面以及作物向空中散放的水蒸气也增多,故空气湿度变大。一般浇水后第 1～3 d 内的空气湿度增大较为明显,主要表现为薄膜和作物表面上的露水增多,温室内的水雾也较浓。

(3)空气湿度与设施空间的关系。空气湿度大小还与设施容积相关,设施空间大,空气湿度小些,但往往局部湿度差大,如边缘地方相对湿度的日平均值比中央高 10%;反之,空间小,相对湿度大,而局部湿度差小。空间小的设施,空气湿度日变化剧烈,对作物生长不利,易引起萎蔫或叶面结露。

(4)与植株的高度的关系。由于植株的表面积随着植株的增高而增大,因此空气湿度也随植株蒸发量的增多而增大。此外,植株增高时,设施内的通风排湿效果变差,也造成了内部的空气湿度增大。

(5)空气湿度与建材及主要农事活动的关系。加温或通风换气后,相对湿度下降;灌水后相对湿度升高。薄膜表面水滴增多时,上午设施升温时水滴汽化,向空气中散发的水蒸气量也增多,白天的空气绝对湿度值增大。有色薄膜覆盖的设施内的空气湿度一般较无色膜较低,无滴膜覆盖设施内的空气湿度较普通膜低。

3. 空气湿度的日变化

一般情况下,在晴天白天的空气相对湿度最大值出现在上午设施升温前,不通风时相对湿度通常在 95%以上,随着温度的升高,空气相对湿度值减小,中午当气温达到最大值时,空气相对湿度降到一天中的最低值;夜间的相对湿度值则因温度的下降而增大。露地的空气相对湿度的日变化规律与设施内相似,但露地的空气相对湿度变化幅度较大,白天下降较快,中午时的相对湿度值只有设施内的 14%。

空气的绝对湿度变化则和气温的变化规律一致,白天随着温度的升高,绝对湿度值也升高,到中午时达到最大值;夜间则由于温度的下降,空气的容水能力减弱,空气中大量的水蒸气凝聚到薄膜、铁丝、立柱等物体的表面,形成露珠,从而使空气的含水量减少,一般在日出前,空气绝对湿度下降到最低值。露地的空气绝对湿度随着温度的升高而降低,随着温度的降低而升高,故中午的空气绝对湿度最低,与设施内的空气绝对湿度的日变化规律恰好相反。

(二)设施空气湿度的调控

1. 降低空气湿度

(1)通风排湿。在一天内设施通风排湿效果最佳时间是中午,此时设施内外的空气湿度差异最大,湿气容易排出,其他时间也要在保证温度的前提下,尽量延长通风时间。温室排湿时,要特别注意加强以下5个时期的排湿:浇水后的2～3 d内,叶面追肥、喷药后的1～2 d内,阴雨雪天,日落前后的数小时内(相对湿度大,降湿效果明显)和早春(温室蔬菜的发病高峰期,应加强排湿)。通风排湿时要求均匀排湿,避免出现通风死角。一般高温期间温室的通风量较大,各部位间的通风排湿效果差异较小,而低温期间则由于通风不足,容易出现死角。

(2)减少地面水蒸发。主要措施是覆盖地膜,在地膜下起垄或开沟浇水。大型保护设施在浇水后的几天里应升高温度,保持32～35 ℃的高温,加快地面的水分蒸发,降低地表湿度,对裸露的地面应勤中耕松土。不适合覆盖地膜的设施以及育苗床,在浇水后应向畦面撒干土压湿。

(3)合理使用农药和叶面肥。低温时期,设施内尽量采用烟雾法或粉尘法施农药,不用或少用叶面喷雾法;叶面追肥以及喷洒农药应选在晴暖天的上午10时至下午3时进行,保证在日落前有一定的时间进行通风排湿。

(4)清除薄膜表面的流水。常用方法是在温室前柱南面拉一道高30～40 cm的薄膜,薄膜的下边向上折起压到南边的薄膜上,两道膜构成一排水槽,水槽西高东低,便于流水。水槽的东口与塑料管相连接,用水管把水引到温室外。

(5)减少薄膜表面的聚水量。主要措施是选用无滴膜。选用普通薄膜时,应定期做消雾处理,并保持薄膜表面的排水流畅,薄膜松弛或起皱时应及时拉紧、拉平。

2. 增加空气湿度

(1)喷雾加湿。喷雾器种类很多,可根据设施面积选择。

(2)湿帘加湿。主要是用来降温的,同时也可达到增加室内湿度的目的。

(3)喷淋加湿。温室顶部安装喷雾系统,降温的同时可加湿。

任务四　设施气体调控

✓ 任务目标

1. 了解设施内气体变化特点。
2. 掌握设施内二氧化碳气体施肥技术要点。
3. 掌握设施内气体调控的方法。

✓ 知识与技能

随着设施内光照和温度条件的不断完善,保护设施内气体成分和空气流动状况对作物生育的影响逐渐引起人们的重视。设施内空气流动不但对温湿度有调节作用,并且能够及时排出有害气体,同时补充CO_2,对增强作物光合作用、促进作物生长有重要意义。

一、设施主要气体变化特点

(一)夜间氧气(O_2)不足

对作物生长发育最重要的是氧气,尤其在夜间,光合作用因为黑暗的环境而几乎不再进行，呼吸作用则需要充足的氧气。地上部分的生长需氧来自空气，而地下部分根系的形成，特别是侧根从根毛的形成，需要土壤中有足够的氧气，否则根系会因为缺氧而窒息死亡。

（二）二氧化碳(CO_2)缺乏

对作物生长发育最重要的气体是氧气和二氧化碳，氧气对植物根系生长发育起作用，二氧化碳则是光合作用的原料，在植物生长发育过程中必不可少。设施内作物的光合作用需要大量的二氧化碳气体，设施内与外界气体交换较少，二氧化碳难以及时补充，造成严重亏缺，这是设施气体变化的主要特点。在二氧化碳日变化过程中，夜间、凌晨、傍晚二氧化碳浓度较高，而白天较低。作物冠层内的二氧化碳浓度变化规律明显，一般作物冠层上部最高，下部次之。上部分布的主要是功能叶，光合作用最旺盛，二氧化碳浓度最低。因此，在中午前进行二氧化碳施肥十分必要。

（三）有害气体增多

设施是一个相对密闭的环境，在密闭的设施内，有害气体不易散发出去，设施内常见有害气体有氨(NH_3)、二氧化氮(NO_2)、乙烯(C_2H_4)、氟化氢(HF)、臭氧(O_3)、氯气(Cl_2)等。若用煤补充加温，还常发生一氧化碳(CO)、二氧化硫(SO_2)毒害。当前普遍推广的日光温室一般不进行加温，有害气体主要不是来自煤燃烧，而往往来自有机肥腐熟发酵过程中产生的氨气，或有毒的塑料薄膜、管道挥发出的有害气体。当设施内通风不良，氨气在温室中积聚，浓度超过 40 μL/L，持续大约 1 h时，就会产生危害。若尿素施用过量又未及时盖土，在高温、强光下分解就会有氨气释放出来，若不及时将这些气体排出，就会对园艺作物造成较大的危害。

二、设施气体调控措施

（一）设施内二氧化碳浓度的调节与控制

1. 设施内 CO_2 浓度的变化

设施中 CO_2 来源除了空气固有的 CO_2 之外，还有作物呼吸作用、土壤微生物活动以及有机物分解发酵、煤炭柴草燃烧等放出 CO_2，所以夜间保护设施内 CO_2 浓度比外界高。但从清晨天亮之后，作物立即开始旺盛地进行光合作用，吸收大量的 CO_2，造成白天设施内 CO_2 浓度比外界低。由于园艺设施的类型、面积、空间大小、通风换气窗开关状况以及所栽培的作物种类、生育阶段和栽培床等条件不同，保护地内 CO_2 浓度日变化有很大差异。如图 6-2 所示。

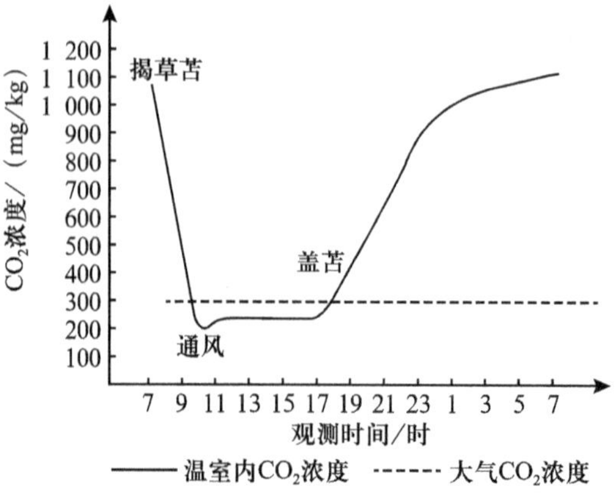

图 6-2　日光温室 CO_2 浓度日变化

2. CO_2 浓度的分布

设施内各部位的 CO_2 浓度分布不均匀。以温室为例，晴天当室内天窗和一侧侧窗打开时，作物生育层内部 CO_2 浓度降低到 135～150 μL/L，比生育层的上层低 50～65 μL/L，仅为大气 CO_2 标准浓度的 50 %左右。但在傍晚、阴雨天则相反，生育层内 CO_2 浓度高，上层浓度低。设施内 CO_2 浓度分布不均匀，使作物植株各部位的产量和质量也不一致。塑料大棚横断面的中部与边区的 CO_2 浓度分布也不均匀，使大棚中部黄瓜光合强度与边区的差异大，造成大棚中部为高产区、边区为低产区。

3. CO_2 浓度的调节与控制

二氧化碳肥源及其生产成本，是决定二氧化碳气体施肥技术在设施生产中能否推广及应用的关键问题。

(1)有机肥发酵。肥源丰富，成本低，简单易行。其能提供作物生长必需的营养物质，改善土壤理化性状，释放大量二氧化碳；释放二氧化碳的持续时间短，产气速度受外界环境和微生物活动影响较大，不易调控；未腐熟厩肥在分解过程中还可能产生氨气、二氧化硫、二氧化氮等有害气体。

(2)燃烧煤油。每升煤油完全燃烧可产生 2.5 kg(1.27 m^3)的二氧化碳，但成本高，目前难以在生产中推广。

(3)燃烧天然气(包括煤油、丙烷、液化石油气)。燃烧后产生的二氧化碳气体通过管道输入到设施内，但成本也较高。在释放二氧化碳的同时可产生一定热量，有利于提高设施内温度。缺点是气热分布不均匀，有时因不完全燃烧产生有害气体。

(4)液态二氧化碳。为酿造工业、酒精工业的副产品，经压缩装在钢瓶内，可直接在设施内使用，容易控制用量，肥源较多。

(5)固态二氧化碳(干冰)。放在容器内，任其自由扩散，可起到施肥的效果，但成本较高，适合于小面积试验用。

(6)使用二氧化碳发生器 利用强酸或强碱发生反应产生二氧化碳气体，补充设施内二氧化碳。

(7)二氧化碳颗粒气肥。以碳酸钙为基料、有机酸作调理剂、无机酸作载体，在高温高压下挤压而成，施入土壤后在理化、生化等综合作用下可缓慢释放二氧化碳。使用方便、安全，但对贮藏条件要求极其严格，释放二氧化碳的速度受温度、水分的影响，难以人为控制。

(8)通风换气。强制或自然通风可迅速补充设施内二氧化碳，此法简单易行，但二氧化碳浓度的升高程度有限，作物旺盛生长期仅靠自然通风不能解决二氧化碳的亏缺问题且寒冷季节通风较少，因此本法难以应用。

(9)生物生态法。将作物和食用菌间套作，菌料发酵、食用菌呼吸过程中释放出二氧化碳。大棚、温室内发展种养一体，利用畜禽新陈代谢产生的二氧化碳。

(二)通风换气

1. 自然通风

我国设施目前多以单栋小型为主，所以主要靠自然通风，利用设施内外气温差达到换气目的，效果明显。

(1)底窗通风型。从门和边窗进入的气流沿着地面流动，大量冷空气随之进入室内，形成室内不稳定气层，把室内原有的热空气顶向设施的上部，在顶部就形成了一个高温区。而在棚四周或温室底部和门口附近，常有 1/5～1/4 的面积受"扫地风"危害，造成苗生长缓慢。因此，初春时，应避免底窗、门通风。必须通风时，在门下部 50 cm 高处用塑料膜挡住，日光温室与塑料大棚目前底窗与侧窗通风时，多用扒缝方式，通风口不开到底，多在肩部开缝，以避免冷空气直入。

(2)天窗通风型。开窗通风包括开天窗和顶部扒缝，天窗面积是固定的，通风效果有限，不如扒缝的效果好。天窗的开闭与当时的风向有关，顺风开启时排气效果好，逆风开启时增加进风量，排气的效果就差。天窗的主要作用是排气，所以最好采用双向启闭的天窗，尽量保持顺风开窗，有利于排气。扒缝通风的面积可随室温和湿度高低调节，调节控制效果好。

(3)底窗(侧窗)、天窗通风型。天窗主要起排气作用，底窗或扒底缝主要是进气，从侧面进风，冷气流进入室内，将热空气向上顶，一般进入设施内的风速迅速衰减一半，并且继续削弱，所以排气效果特别明显。

2. 强制通风

大型连栋温室，需进行强制通风。在通风的出口和入口处增设动力扇，吸气口对面装排风扇，或排气口对面装送风扇，使室内外产生压力差，形成冷热空气的对流，从而达到通风换气目的。强制通风一般有温度自控调节器，它与继电器相配合，排风扇可以根据室内温度变化情况自动开关。通过温度自动控制器，当温室超过设定温度时即进行通风。

(1)强制通风方式。强制通风大致分为以下几种方式：

①低吸高排型　即吸气口在温室的下部，排风扇在上部。这种通风方式风速较大、通风快，但是温度分布不均匀，在顶部及边角常出现高温区，如图 6-3(a)所示。

②高吸高排型　即吸气口和排风扇都在温室上部，这种配置方式往往使下部热空气不易排出，常在下部存在一个高温区域，对作物生长不利，如图 6-3(b)所示。

③高吸低排型　吸气口在上部，排风扇位置在下部。室内温度分布较均匀，只有顶部有小范围的高温区，如图 6-3(c)所示。

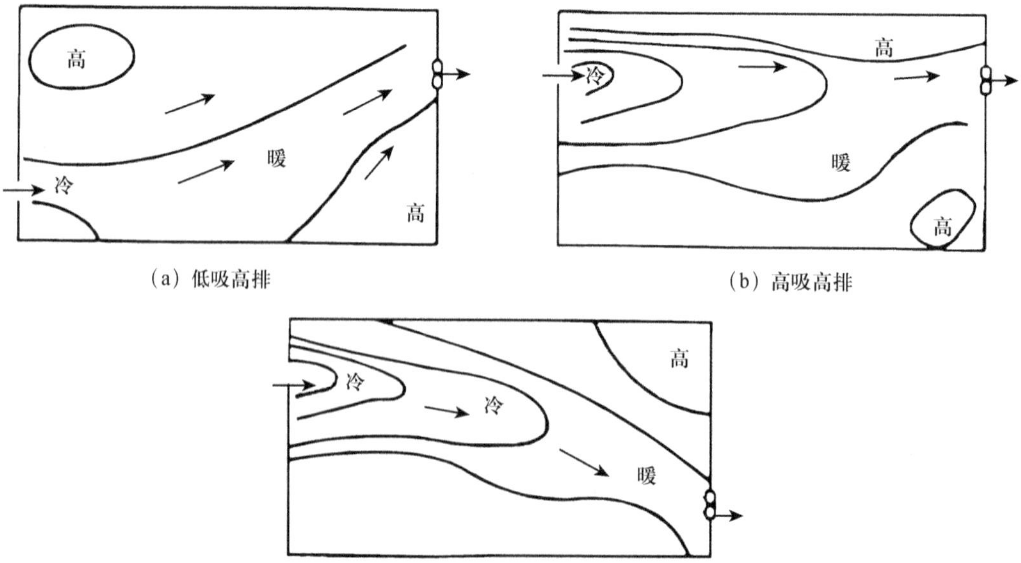

图 6-3　强制通风方式示意图

(2)强制通风的效果。强制通风的目的是使设施内温度、湿度和气体环境得到迅速的改善,使不利的条件在较短的时间内变为有利的条件,比自然通风效果明显。由控温仪根据作物生长需要的温度和实际室内温度发出信号,排风扇自动开关,高温、高湿及有害气体随时排出,所以其提升产量的效果比自然通风好。

(三)设施土壤气体的调控

1. 土壤气体环境

在根际环境中,要求土壤有良好的通气性,土壤气体中 CO_2 浓度不可过高,应当强调土壤气体环境是作物生长的重要条件。土壤气体中的 O_2 减少和 CO_2 增多,能影响蔬菜种子的发芽、根的生长和根对养分的吸收。一般蔬菜种子的发芽需要土壤中有10%～50%的 O_2。黄瓜和蒜苗较耐低 O_2 浓度,在 O_2 浓度为1%时发芽率是20%,2%时发芽率增加到50%;芹菜和萝卜等 O_2 浓度在5%以下时几乎不能发芽。

O_2 浓度的降低还能影响根对各种养分的吸收,如N、P、K、Ca、B的含量变少,Mg、Na等的含量变多,所以在设施内要注意使用发酵好的有机肥,改进土壤的物理性质。

2. 土壤气体的调控

一般是施用腐熟的有机肥或用作物改进土的透气性,由于透气性变好,其他物理性状如保温性、保水性和透水性都变好。施有机物时,能提高土的保肥性和减少肥料对pH的影响。孔隙多、透气性好的土壤 O_2 含量高,有充分的氧进行呼吸作用,使根系发育好,也促进了地上部的发育。除此之外,土壤中气体的调节方法还有以下几种:

(1)地面覆盖。利用地膜、无纺布、沙石、秸秆、落叶等进行土壤表面覆盖,不仅可以防寒,防止土壤水分蒸发散失,而且还能保持土壤良好的物理性质,使土壤疏松通气。

(2)勤锄地,深中耕。锄地可以疏松地表土,以增加土壤的容气量;中耕,特别是深中耕,可以大大提高土壤的通透性,以改善土壤的水、气条件。

(3)采取垄作。垄作不仅便于中耕,而且可以增加土壤与空气的接触面积,以提高土壤中气体的含量。

(4)采取滴灌或膜下滴灌。可以防止土壤表面板结,以提高土壤的通气性。

(5)播种水或定植水采取暗水。即先浇透底水后再播种、覆土;或随水栽苗,待水渗下后再覆土。采取这种方法,地表土壤疏松通气,不仅保墒,有利于提高地温,还保证了种子萌发和幼苗根系活动对氧气的需要。

自测训练

一、名词解释

1. 逆温现象　　2. 贯流放热　　3. 光周期现象　　4. 相对湿度　　5. 气体施肥

二、填空

1. 一般在________、________和________,设施内的温度往往偏高,需要采取降温措施,以防高温。

2. "逆温"现象一般出现在________,日出后设施迅速升温,"逆温"消除。

3. 加温的多层覆盖材料主要有________、________、________和________。

4. 设施栽培中，四段变温管理指的是________、________、________和________。
5. 按照作物对光照强度的不同要求，可分为________、________和________。
6. 设施内的遮光处理方法有________和________。
7. 设施内气体的变化特点为________、________和________。
8. 温室的强制通风的方式可分为________、________和________三种。

三、判断题

1. 一般大型设施内部空间大，蓄热能力强，升温较快。（　）
2. 材料的热贯流率越大，贯流放热量也越大，保温性能越差。（　）
3. 设施内的气温在空间上分布是均匀的。（　）
4. 夏季高温时，采用通风降温可以一次性开启全部通风口。（　）
5. 光质的变化会影响同一种植物不同生产季节的产量及品质。（　）
6. 生产实践证明，拱圆形屋面的采光效果较好。（　）
7. 对植物进行人工补光的目的是调节作物的生长周期及补充自然光照的不足。（　）
8. 设施内的土壤蒸发和植物蒸腾量小，故土壤湿度比露地大。（　）
9. 初春时，自然通风应避免底窗、门通风，减少“扫地风”的危害。（　）

四、选择题(含单选与多选)

1. 考虑塑料制品的耐候性，一般塑料遮阳网都做成（　）色。

A. 黑　B. 墨绿　C. 蓝　D. 银灰

2. 冬季日光温室应在外界最低温度达到（　）以上时通风排湿。

A. 0 ℃　B. 3 ℃　C. 5 ℃　D. 7 ℃

3. 常用的人工补光光源有（　）。

A. 白炽灯　B. 卤钨灯　C. 日光灯　D. 钠灯

4. 通过安装在毛细管上的滴头把水一滴滴均匀而又缓慢地滴入植物根区附近的土壤中的方式称为（　）。

A. 喷灌　B. 漫灌　C. 滴灌　D. 地下灌溉

5. 在一天内设施通风排湿效果最佳时间是（　）。

A. 上午　B. 中午　C. 下午　D. 傍晚

五、简答题

1. 设施内空气湿度的调控措施有哪些？
2. 怎样改善设施内的光照条件？
3. 设施生产在什么情况下要利用遮阴技术？常用哪些方法进行？
4. 人工补光的目的是什么？有哪些常用的方法？
5. 设施内温度调控的措施和方法有哪些？
6. 土壤气体的调控措施有哪些？

项目七　设施园区的规划

项目导读

设施园区是指在农业科技力量较为雄厚、具有一定产业优势、经济相对较发达的城郊和农村，划出一定区域，建设以设施农业生产为主，辅以展示示范、休闲观光、教育培训、技术创新等功能的综合实体。

设施园区建设的目的除了投资主体本身获取经济效益外，还具有科技创新、技术示范、服务农民、服务农村等多种社会作用。设施园区建设是一项增加固定资产的工作，它要消耗大量的人力、物力和财力。同时，设施园区建设还具有一次性和不可逆转性，建设过程一旦完成，要想改变非常困难，所以设施园区的建设项目具有较大的风险性。因此，要想搞好一个设施园区，拥有自己的特色优势，使设施园区有更大的发展空间和市场竞争能力，就必须有目的地对设施园区进行规划。

知识目标

1. 了解设施园区建设的可行性论证内容。
2. 熟悉设施园区投资估算方法和效益分析方法。
3. 熟悉设施园区规划方法。

微课　设施农业园区规划

能力目标

1. 能对农业设施进行分类。
2. 能进行设施园区投资估算和效益分析。
3. 能进行设施园区规划。

素质目标

1. 增强服务农业农村现代化的使命感和责任意识。
2. 具有扎根农业、服务设施农业的理念和信心。

任务一　设施园区建设的可行性论证

✓ 任务目标

1. 了解社会条件和自然条件论证要求。
2. 熟悉设施园区建设技术经济论证的内容。
3. 掌握技术经济论证的关键环节。

✓ 知识与技能

建设具有一定规模的设施园区，一定要事先做好规划。要根据当地的气候条件，地理状况，土壤状况，地下水位及水质、水量，环境状况，交通电力能源情况，市场需求及市场前景，资金来源及筹措方式，社会经济状况，预期的经济、社会、环境效益以及投资回收年限等方面做可行性研究，经专家论证并报请有关部门批准后才能实施。

一、社会条件和自然条件论证

(一)社会条件论证

1. 地理位置论证

设施园区建设所在区域应具有优越的地理位置、有便捷的交通条件和广阔的市场条件。

(1)经济地理条件。建设园区所在区域的选址要从农产品的销售、运输、生产协作等诸多因素综合考虑，在此基础上进行技术经济比较，选择适宜方案。

(2)交通运输条件。了解建设设施园区所在的邻近的现有公路的使用性质、公路等级、交通流量、路幅宽度、通行能力、路面承载能力等资料。结合设施园区建设的需要来分析其使用价值和技术改造的经济性与可能性。

2. 土地使用面积论证

设施园区需要较多的耕地，所以设施园区所处区域应当具有足够的可利用土地，为设施园区的发展留有余地。

3. 现有资源论证

指设施园区所在区域的现有资源，包括农业资源、旅游资源、水利设施、电信设施等，这是进行设施园区总体布局和产业规划的基础。

4. 用水条件论证

建设园区所在区域的地面水和地下水资源，在水量、水质、水温等方面能否满足农业生产的需要。在分析各种基础资料的基础上，确定水源的开发保护方案，保证园区生产用水和生活用水的经济性和可靠性。

5. 供电条件论证

对区域供电规划，建设地区输电线路走向、容量、电压，邻近电源情况，最大用电负荷等技术经济资料进行了解和分析。

6. 环境质量论证

建设设施园区所在地的环境质量要进行分析论证，防止发生包括水、气、噪声、垃圾等的污染情况。

7. 政策分析

当地政策如土地优惠政策、税收优惠政策和其他奖励措施等，这是设施园区建设启动和发展的有利保证。

8. 技术水平论证

主要指参与规划建设园区单位所具备的条件：

(1)是否具有以农业科研和教学单位牵头的多专业、多学科的联合队伍，技术、管理、研发水平较高，人员稳定，学科配套，结构合理，能进行综合治理，能持续发展研究的综合攻关队伍。

(2)承担单位是否具有较强的组织管理力量，并有学术水平较高、实践经验丰富的学术带头人和主持人。

(3)承担单位是否重视农业高新科技成果转化，能组织与科技攻关研究相应的技术推广队伍，与设施园区所在地的推广人员密切配合，对农业科技成果进行大面积、大规模的推广。

(二)自然条件论证

1. 气候条件

各种农作物对光照、温度、水分要求不同,对不良气候因子的敏感程度也不一样。所以要对设施园区所在地的气象资料进行分析,因地制宜,选择适宜的农作物和园艺植物,力求获取最大的经济效益。

2. 土壤条件

分析土壤的保水保肥力、酸碱度和氮、磷、钾的比例,确定是否有利于农作物生长。

3. 地形调查

地形决定着设施园区的整体布局。从地质、地形、高程等方面分析用地是否适合建设的需要,用地形状对设施园区的总体布局是否有利,是否会增加基础设施建设的投资。

4. 水质及地下水状况调查

合理安排,对设施园区水资源情况进行分析。

二、技术经济论证

技术经济论证是在当代技术条件下,对一定范围的生产布局的经济效果进行评价,其主要任务是比较分析各种生产布局方案的经济效果,在满足规定条件的前提下,从国民经济整体考察,选择效果最优的布局方案。一个生产布局方案合理与否,要考虑两方面的经济效果,即宏观经济效果和微观经济效果。

(一)设施园区建设技术经济论证的内容

1. 区位方案论证

设施园区建设地点的选择、已有基础设施与设施园区的规模及采用技术有关,必须综合考虑,做出正确评价。

2. 设施园区布局论证

对设施园区的整体布局进行论证,选择合理布局,以取得最佳经济效益。

3. 项目直接经济效益论证

根据设施园区内各区的建设规模,确定各项目的投资(包括固定资产和流动资金),预计各项目的年收入,计算年利润、投资收益率和固定资产回收期,通过分析确定园区经济效益。

4. 技术的先进性与适用性论证

设施园区建设规划的项目,其技术上的先进性与适用性直接关系园区的发展。因此,要对技术的先进性和成熟性进行论证。

(二)技术经济论证的关键环节

(1)认真做好建设条件的分析。对建设条件进行认真细致的分析是论证园区建设规模及布局的关键,以避免盲目建设、重复建设,浪费大量资金。

(2)做好方案优化是控制工程造价的关键。有效控制建设工程的造价,应当把重点放在前期工作上,认真分析园区建设条件和设计方案,综合考虑社会效益、经济效益、生态效益,选择最优方案。

(3)合理确定评价价格是做好经济效益分析的基础。经济评价仅用当时的市场价格来编制是不够的,这就要求项目评价人员针对不同项目的特点,结合市场分析、竞争力分析等因素预测出一个合理的价格,从而使决策者对项目未来的经济效益有充分的理解。

(4)认真进行不确定性分析,减少建设的投资风险。由于农业建设项目经济评价所采用的基础数据(如投资、成本费用、销售价格等)大部分来自预测和估算,因而带有一定程度的不确定性,给项目决策带来一定的风险,所以要认真进行不确定性分析。

任务二 投资估算与效益分析

✓ **任务目标**

1. 了解设施园区投资估算的依据。
2. 熟悉投资估算的内容。
3. 学会进行效益分析。

✓ **知识与技能**

投资估算是指在项目投资决策过程中,依据现有的资料和特定的方法,对建设项目投资数额进行的估计。它是建设项目前期编制的项目建议书和可行性研究报告的重要组成部分,是项目决策的重要依据之一。投资估算的准确与否不仅影响可行性研究工作的质量和经济评价结果,而且也直接关系到下一阶段设计概算和施工图预算的编制,对建设项目资金筹措方案也有指导作用。

投资估算包括基本建设投资估算、无形资产及递延资产的估算(如引进技术)、建设利息估算、流动资金估算、生产不可预见费的估算等。直接费用有人工、材料、机械、运输等费用;间接费用有设计费和管理费。

一、设施园区投资估算

(一)投资估算的依据

以国家关于概算、预算编制的规定和要求为依据,参照现行的农业相关经济指标以及当地经济发展水平来进行投资估算。建筑工程、园林工程的投资,参照建筑工程预算定额,结合现行的材料单价和当地造价指标进行概算。供电、通信、给排水工程的投资,根据当地有关部门提供的造价指标进行概算,有关设备的单价均采用现行价。交通工程的投资,根据当地交通部门提供的造价指标,结合项目的工程量进行估算。

(二)投资估算的内容

(1)土建工程项目。温室,道路,娱乐设施,水、电系统设施。

(2)生产资料。种子、水、电、技术引进等。

(3)绿化项目。观赏植物的引种栽培。

(4)不可预见的经费。

二、效益分析

(一)经济效益和社会效益

(1)产品贡献。反映产品贡献的技术指标有主要农产品总增长量和商品增长量及增长率。

(2)就业效果。反映就业效果的技术指标有劳动就业率和单位投资就业机会。

(3)劳动条件。劳动条件是否改善主要看劳动技术装备率水平。

(4)生活条件。生活条件是否改善主要看人均主要农产品占有量和人均可支配收入。

(5)文化素质水平。反映文化素质水平的指标有教育普及率和科技人才比例。

(二)生态效益评价

生态效益采取定性与定量分析相结合。评价指标有:土壤有机质含量、森林覆盖率、水土流失量、水土流失面积指数、土壤沙化或次生盐渍化比率、自然资源人均占有量等。

任务三 设施园区规划

✓ 任务目标

1. 了解设施园区规划的要求。
2. 明确设施园区的布局及分区。
3. 学会对建造地点、各功能分区、景观分区进行规划与设计。

✓ 知识与技能

设施园区规划是在总体规划的基础上,对设施园区建设的条件进行具体分析,对设施园区的建造地点、各功能分区、景观分区详细进行规划与设计,为下一步的施工设计和单体设计提供具体的依据。

设施园区规划的基本要求是达到各单体项目的定位、定性、定量,并对规划设计的风格、特点、技术要求、技术经济指标以及经营管理方式做出明确的说明。

一、设施园区地理位置规划

(一)建造位置选择

温室园区应选在地形开阔的地方修建,东、西、南三面没有高大树木或建筑物遮挡,如果为向南的缓坡则更为理想。要避免明显的南高北低的倒坡,以免加大温室间距。要避免在谷底建温室,以免排水不畅和夏季通风不良。山口、河滩地往往是冬春季节的风口,也应避开。必须建在河滩地时,要综合考虑防洪等要求并经有关部门批准,该处建温室最好选用便于拆装的冬用型温室。

(二)气候

严寒地区建温室群要经过技术经济论证。要避开自然风,要避免在多雹地区建温室,在冬季频繁下雪且雪量较大的地区建温室也要慎重。

(三)地下水位及水质

地下水位不要太高,但也不要太低,以免打井太深而增加造价。水中盐、碱含量应不高,特别不能含有铅、铬等有害物质,应符合灌溉用水的要求。水的储量也要丰富,使设施园区能长期维持生产。

(四)土质

土壤性质对栽培温室尤为重要。应选择土质疏松肥沃、富含有机质的黏质壤土及沙质壤土,以节省改良土壤的费用。

(五)周围环境条件

应避开污染源,比如远离排放烟尘和有害气体的工厂、垃圾处理场、污水排放地。交通要便利,但也不要紧靠机动车行驶频繁的路边,以免灰尘污染透明覆盖物而影响采光。当地要有稳定的电源或便于电力增容。规划温室区时,对当地的国家光缆、高压输电线等的具体位置要调查清楚，不能破坏上述设施。

(六)发展前景

要了解温室建设场地在近期或未来一定年限内有无重要工程(如高速公路、机场及其他工业园区等)拟建，避免造成温室区的动迁。

二、棚室区规划

对棚室区进行规划时，首先要把场地的地形图测绘好，比例尺 1/800～1/500(面积较大时比例尺也可再小些)，画出等高线，标明方位，场区附近的主干道路、光缆、电缆、高压线网等也要在图中绘出，然后根据温室区的规模及要求在图上近似规划并给出图例。设施园区中的棚室区的平面布局要功能分区明确、操作管理方便、线路畅通、流程简洁、布局合理，避免各设施之间、各线路之间的互相干扰和交叉。下面对棚室区的布局做介绍(图 7-1)。

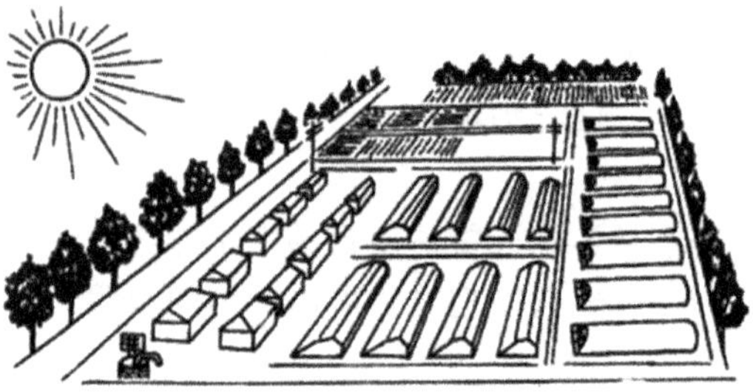

图 7-1　设施园区棚室分布示意图

(一)建造方位的规划

1. 温室方位规划

温室应东西延长，南偏东或偏西 5°～10°，温室如果面向正南或过偏，则室内冬季光照和温度都差。

2. 塑料大棚方位规划

塑料大棚建造应南北延长，棚的两侧面向东西，这样的大棚光照分布均匀。

(二)棚室区的总平面布局

对温室群及其辅助建筑进行合理的平面布局，有利于减少占地、提高土地利用率、降低造价和生产成本，以及提高产量。一定规模的温室群，除了温室种植区外，还包括相应的辅助设施，如供水设施、采暖设施、控制设施、加工设施、保鲜设施、消毒设施、仓储和办公设施等，才能保证整个温室的正常、安全生产。

温室由于举架高，应建在场地的最北面，南侧建改良阳畦(分苗或栽培用)和塑料大棚。大棚南面或两侧建中棚，场地的最南侧建造温床或小棚等。一般来说，塑料大棚前后排之间的距离应在 5 m 左右，即棚高的 1.5～2 倍，这样在早春和晚秋，前排棚不会挡住后排棚的太阳光线。当然，各地纬度不同，其距离应有所变化，纬度高的地区距离要大一些，纬度低的地区则要小一些，大棚左右的距离最好是等于棚的宽度，并且前后排位置要错开，保证通风良好。

种植区的温室群应放在优先考虑的位置，使其处于场地上的采光、通风、保温和运输等方面的最有利位置，集中布置于道路的两侧，温室的工作间(俗称窖头房)或外门要设在距主要道路近的一侧。一般情况下，要保证良好的采光，要求温室周围应保证冬至的太阳光能照射到温室外围 1.0 m 的范围以内；为保证通风条件，温室通风口周围 3.0～5.0 m 的范围内不受遮挡等干扰，尤其是自然通风温室，必须认真考虑其周围通风环境和温室间的距离、风向等因素，自然通风的通风方向尽量与夏季主导风向一致。所有辅助设施，如库房、锅炉房、水塔、烟囱等应尽量布置在冬季主导风向的下方，并与温室保持合理间距；各种工作室、化验室、消毒室等周围避免遮挡阳光，则应靠阴面布置；加工室、保鲜室、仓库等既要保证与种植区的联系，又要便于交通运输。

栽培区的温室分育苗栋和栽培栋，有的育苗栋内又设催芽室。育苗栋与栽培栋的比例视作物品种及栽培方式而定。果菜苗、果树苗较大，可取较大的比例，叶菜苗则反之。温室排列要整齐，要东西成排，南北成行。每 4～5 栋日光温室为一组（连栋温室可按实际情况布置），组内温室南北排列，南北间距要大于温室脊高的 2 倍以上。如果打算几年后在原地重建温室，南北间距就应大于或等于温室的总跨度。温室组间相距 10 m 以上。

温室群的布局首先要考虑的就是田间道路和输排水沟渠的位置。道路、管线布置结合整个场区的交通设计应尽量安排在阴影范围之内，在节约用地的前提下，保证生产和流通对道路数量和宽度的要求，同时综合考虑排水、绿化等方面的要求。一般 50～60 m 长的温室，东西两侧温室间应留 3～4 m 室外作业道并铺设排水和灌水沟渠，而且东西每隔 3～4 排温室、南北每隔 10 栋温室应留一条 5～6 m 的干道，以利于大型运输车辆通行。在路的一侧修灌水渠，灌水渠要离开温室 2 m 以上，以免使墙基受潮。在路的另一侧要修一条排水沟，排水沟与温室的间距也要保持在 2 m 以上。

（三）连栋温室的平面布置

不同性质和用途的温室对平面布置有着不同的要求（图 7-2）。生产性温室一般应适应于栽培植物品种的改变，因此，在同一栋温室内不用固定的墙或网来分隔；而对于实验温室则应根据实验研究的需要，按环境条件的不同、栽培方式的不同以及管理工作条件的不同来进行临时性的单元划分，既满足需要又便于改造。对于植物园、展览温室，由于栽培陈列的品种繁多，各种植物对生态环境条件的要求又各不相同，还要考虑采用不同的栽培方式，因此，在平面设计时需进行合理的单元划分以适应环境、设备、管理、观赏等方面的功能要求。具体划分时可以植物生态学为基础划分单元，即根据植物的生态类型，把生态习性相同的植物划分在一个温室单元内，如热带雨林温室、亚热带植物温室、暖温带植物温室以及生产温室的套种、间种等单元；也可以植物地理学为基础划分单元，把同一地区原产的植物划分在一个单元内，以表现植物的地理分布，如欧洲植物温室、非洲植物温室、美洲植物温室、澳洲植物温室等；还可以植物资源为基础划分单元，即根据植物用途的不同，对植物园进行资源分类，把用途相近的经济作物划分在一个单元内，如药用植物温室、芳香植物温室、纤维植物温室、热带果树温室等。

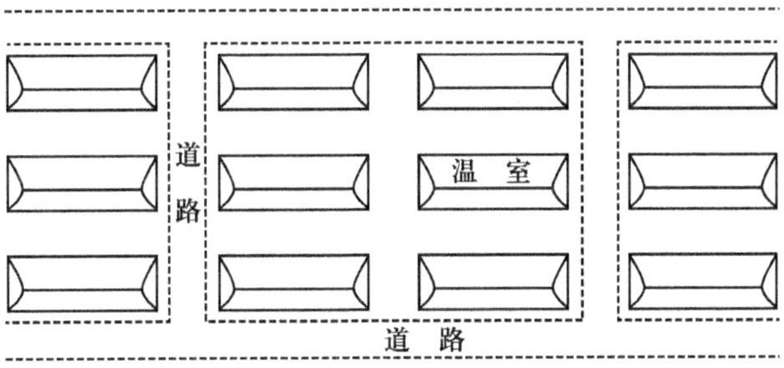

图 7-2 日光温室群的布局

(四)棚室区的示范性规划

1. 设施高效栽培技术示范

日光温室、中小型拱棚结构的优化技术以及与之相配套的节水灌溉技术、CO_2 施肥技术、复合配方施肥技术、植保技术、授粉技术、补光技术等适用新技术的示范。

2. 环境综合调控技术示范

对温室内光、温、湿、气等环境因素实行综合调控，是现代型温室能够进行周年高水平栽培生产的关键所在。综合环境调控系统，由光照、温湿度、CO_2 浓度等传感器和计算机以及各种执行机构组成，该系统能够随时检测温室内空气环境状态，并按照设定的参数和程序进行控制，使天窗、侧窗、遮光帘、风扇等执行机构动作，必要时开启或关闭加热、冷却、CO_2 发生器等装置，以创造最佳的作物生长环境条件。另外，土壤温度及水分、营养液的浓度(EC 值)和 pH 大小，均由该系统检测和控制。

3. 日光温室建造新结构、新材料示范

示范在相同或相近生态条件下试验定形支柱、高屋面日光温室新构型，以减少遮阳，提高蓄热缓冲能力，方便农艺技术操作，配套示范推广保温性能好、造价适中的新型保温材料和透光性更好、使用寿命更长的新型覆盖材料，全面提高日光温室生产性能。

三、设施园区的产业规划

设施园区的规划必须突出农业的产业支撑。因此，农业产业规划是设施园区详细规划的核心内容，其他非农业派生功能的延伸开发是为增加农业附加值并以农业为载体而设置的。

(一)设施园区产业规划的原则

(1)因地制宜，充分利用区域的特色资源，根据设施园区建设所在区域的实际情况，进行产业规划，发挥区域特色。

(2)农业产品应具有市场前景，符合消费者的承受能力。对于含有高新技术的农业产品要分析其是否具有市场前景，是否符合消费者的消费习惯和经济承受能力。

(3)产业要具有明显的经济效益，同时又不能忽略其生态效益。

(4)高新技术产业能够带动当地农产品的开发和农业市场的发展，具有较强的辐射能力。

(5)产业规划还要进行可行性分析，只有在经济条件允许范围内，技术成熟的情况下，才可以开发。

(二)设施园区产业规划的具体内容

(1)主要农产品种植产业要包括符合当地消费者习惯的蔬菜、水果和花卉作物，满足当地农业市场的需求，属于传统农业，风险性小。

(2)植物以选育优质、高抗、适应市场需求的植物新品种为重点，应用现代生物技术和传统育种技术相结合的方法，进行种子、种苗的选育、繁育、推广，实现植物良种从选育到开发、生产、加工、销售、推广的一体化运作，为农业种子工程的实施做出示范。

(3)运用植物组织培养技术，研究培育脱毒苗种和快速繁育技术，如草莓、花卉脱毒苗和水仙花、绿茶的快繁技术；同时推广主要疫病的防治技术，重点是检疫性病虫害的防治研究。

(4)蔬菜、花卉产业采用设施栽培与露地栽培相结合的方式，全部选用优良品种和高新栽培技术，实现高标准的集约化生产，并逐步采用设施园艺高新技术，推广遮阳网和防台风、防暴雨的新材料，扩大喷灌和微机控制滴灌技术的应用范围。花卉生产应选择适合当地生长并且在市场上有销路的名优品种；蔬菜生产以无公害蔬菜和创汇蔬菜为主，增加名特优新蔬菜。建立规模化商品生产基地及高效益的工厂化种植示范基地。

(5)利用设施园区所在地的旅游资源开发旅游业，制定旅游专线，将当地的旅游景点和设施园区的景点联系起来。同时，可以开发餐饮、娱乐、婚庆等服务产业，以配合旅游业的发展。

四、设施园区的道路规划

(一)设施园区道路的功能

设施园区道路承担着多种功能。它不仅担负着设施园区运送设备、原材料和产品输送以及组织生产生活的功能，还担负着游客出入园区以及引导游人在园区内游览的功能。同时，还应满足消防、救护等车辆的应急运输和铺设管线的要求，而且道路的走向和动线设计是组织园区内景观的重要手段。

(二)设施园区道路的类型

1. 外部交通道路

外部交通道路承担着设施园区与城市之间的客货流运输功能，如设施园区中农业生产所需要的化肥、农药、种子等，园区各类设备、建材以及前来参观的游客，都必须经过设施园区的外部道路才能抵达园区。

2. 内部交通道路

内部交通道路承担园区内部的客货流运输功能，联系各个功能分区，更有一定的景观要求。

(1)主路。主路为设施园区与外部道路之间的连接道路以及设施园区内联系园内各个分区、主要景点和活动设施的环行主道，宽度控制在5.0～8.0 m，最大纵坡为8.0％，转弯半径控制在12.0 m左右。

(2)支路。支路为设在各个分区内的路，它联系各个棚室区和景点，对主路起辅助作用。宽度控制在3.0～5.0 m，最大纵坡为8.0％，转弯半径控制在6.0 m左右。

(3)人行道。人行道为设施园区内供游人步行及游览观光的道路。宽度控制在0.9～2.5 m，纵坡过大时可设台阶，应注意安排防滑措施。不设阶梯的人行道纵坡宜小于18％。

(4)园务路。园务路为方便生产活动、园务运输、养护管理等需要而建造的路。这种路往往有专门的入口，直通园区的温室、大棚、仓库、管理处等，并与主环路相通，以便把物资直接运往各分区。道路宽度根据其运送货物的流量、仪器设备的尺寸及其必要的通行能力决定。

(三)设施园区道路规划设计原则

(1)在总体规划或控制性详细规划的基础上形成道路规划。总体规划是详细规划的依据，控制性详细规划是总体规划的延伸，修建性详细规划又是控制性详细规划的进一步细化，因此修建性详细规划必须以总体规划或控制性详细规划为依据。修建性详细规划中的道路规划设计也必须满足上一层次规划中的要求。

(2)因地制宜规划道路。合理利用地形，因地制宜地选线，同景观和环境相配合。依据各种道路的使用任务和性质，选择和确定道路等级要求。进而合理利用现有地形，正确运用道路标准，进行道路线路规划设计。同时应充分合理地利用现有道路进行规划设计。

(3)满足功能上的要求。总体上来说，园区道路应满足设施园区生产、生活、客货流运输、游览、防火、环境保护等多方面的需要。

设施园区内部交通，在解决生产生活交通运输的基础上，还具有游览观光的作用。生产区道路布局应符合生产的要求。如种植区，应该尽量保证用地规整，方便土地的利用和农业生产管理，尤其要考虑到现代化农业机械的使用；温室区周边道路系统则应考虑到温室建设的特殊要求，根据园区所处不同地区，满足其最佳朝向和方位角以及合理的日照间距，保证温室的采光。观光区道路则应满足游览观赏的需要，保证游客流通的同时，还应具有引导游览的作用，并保证良好的景观效果。设施园区内主要道路则功能较为复杂，应在满足各项功能的前提之下，更好地展示设施园区的整体形象。

通向建筑集中地区的园路应有环行路或回车场地，生产专用道路不应与主要游览道路交叉。应根据不同功能要求和当地筑路材料合理确定其结构和饰面，面层材料应与园区整体风格相协调。设施园区道路还应满足防灾避难方面的要求，应保证在有灾害发生时，抢险车辆应能便捷地到达，减少灾害带来的损失。

(4)技术上可行、经济上合理。道路建设应充分利用已有道路，尽量不占地、少占地，避免重复建设，以节约投资和减少新修道路对植被和土壤的破坏。必须满足坚实、稳固等安全要求，不要穿过有潜在危险的地段。道路的规划布局不得穿越地质不良和有滑坡、塌陷、泥石流等危险的地段。

(四)道路规划

设施园区各类资源的分布决定了各类设施的位置，而这些设施的位置又为其间道路的连接提供了多种可能性。道路的规划应根据自然地形地貌，采用不同的类型，尽可能多地连接各类设施。主路应尽量缩短其间的空间距离，而支路和人行道则应显示出更大的灵活性和多样选择性。

设施园区的支路、人行道线路布设顺应自然地形，要蜿蜒曲折，路景相宜，相得益彰。同时充分利用自然道路、原有道路进行修建或改建；根据地形坡度的大小，灵活设计。

1. 线形设计

园路线形设计应与地形、植物、建筑物、铺装场地及其他设施结合，形成完整的风景构图；路的转折、衔接要流畅。

2. 道路宽度

人行道最低宽度为 0.9 m，以便两人相遇时有一人侧身尚能交错通过；2.0 m 宽度可供人正常通行；3.5～5 m 宽度的支路可满足多股人流通行，也可满足运输机具的通行要求。

3. 坡度

主要的道路坡度不宜过大，上限为 8%。支路不宜设梯道，必须设梯道时，纵坡宜小于 36%，横坡宜小于 3%。

人行道中的小路纵坡宜小于 18%。纵坡超过 15%的路段，路面应作防滑处理；纵坡超过 18%，宜按台阶、梯道设计，台阶踏步数不得少于 2 级，坡度大于 58%的梯道应作防滑处理，宜设置护栏设施。支路和小路的纵坡度大于 58%的梯道应作防滑处理，宜设扶手栏杆。

(五)停车场

停车场是交通道路的连接点，也是道路设计的起终点，是道路设计的一个组成部分。停车场的规划布置应根据整个园区的整体道路交通组织规划来安排，以方便、经济、安全为规划原则。

设施园区停车场包括园区生产用车停车场和游览用车停车场两大部分。生产用车停车场主要结合生产场地和园务路的布局来设置;游览用车停车场则应设在入口区和服务区等重要停车点附近。停车场的规模大小根据园区规模和预计游客数量来确定。

五、附属设施规划

附属设施除道路、各种管道的管沟等基础设施外,还有下列一些具体的建筑物,如锅炉房、水泵房、配电室、加工及包装间、冷藏库、各类仓库、车库、组培室、化验室、办公接待室、产品展销室、宿舍、食堂、浴室、公共厕所等。当然,还应视温室区的规模,有选择地设置上述附属设施。

(一)附属设施规划原则

1. 要与设施园区性质和功能相一致

不能设置与园区性质和规划原则相违背的设施,必须符合规划确定的功能与规模。设施的配套满足使用要求,既不能配套不周全,造成在使用上的不便,也不能盲目配套造成浪费。

2. 经济上可行

配套设施的选择不仅要符合投资能力,要力争有较好的经济效益,还要考虑日常维护费用和淘汰速度,力求经济实惠。

3. 游览设施配备的原则

要与需求相对应,既满足游人的多层次需要,也适应设施自身管理的要求,并考虑必要的弹性或利用系数,合理协调地配备相应类型、相应级别、相应规模的游览设施。

4. 标志牌设置

在出入口、功能区、重要设施,应设置明显的导游标志,以指导方向、阐述园规、介绍情况、提示警告、表达信息。重要的服务设施,如公厕、公用电话,都应该设置明确的标志牌,以方便游人使用。在农产品示范区、观光采摘区等从事农业生产地段,更应有明确的标志,引导游人行为,如采摘区应引导游人采摘成熟果实,以减少浪费。

5. 休息庇护、环境卫生设施

应结合整体景观序列合理布置,同时注意景观效果。休息庇护设施应该建在周围景观良好的地段,同时自身又可自成一景;环境卫生设施应满足一定要求,如每隔 50 m 应设置垃圾箱,每隔 500 m 应设置公厕,其中公厕的设置和人流量有很大关系,人流集中的场地应多设置公厕,以避免出现上厕所难的情况。

6. 设施园区饮食服务

饮食服务应深度挖掘自身优势和自身特点。除普通餐饮服务外,应形成自己的特色餐饮。园区内利用先进科技生产出来的特色农副产品、绿色农副产品,均可成为特色餐饮的原材料;还可将园区内丰富的农作物资源、参与性活动与餐饮结合起来进行开发,创造出生态、健康、快乐的参与性饮食服务。

(二)附属设施的规划

(1)附属设施的建设尽量少破坏森林植被与自然景观,风格应与环境相协调。规划设计应突出附属设施的建设与其所处环境相协调的原则。另外,建筑本身也可建立自己的面貌,形成一定的形式,创造一定的意境氛围。

(2)附属设施的位置、朝向、高度、体量、空间组合、造型、色彩及其使用功能应符合下列规定:与地形、地貌、山石、水体、植物等景观要素和自然环境统一协调;亭、廊、花架、敞厅等供游人坐憩之处，不采用粗糙饰面材料，也不采用易刮伤肌肤和衣物的构造。

(3)园区应有围墙，以便于管理并保证安全；大门宜位于园区以外的主干道路边；园区内靠近大门宜布置值班、办公、接待、展销等建筑物；锅炉房应位于冬季主导风向的下方，以防烟尘污染薄膜；有毒品库、易燃品库应远离主要建筑物。

(4)设施园区位置的不同决定了有些设施园区的用地在城市规划、国土规划中属于农业用地，因此不可能大面积地发展各项附属设施，可以依靠周边居民点来发展一些服务。这类服务不仅能满足设施园区整体运作的需要，还能带动周边地区经济发展，增加农民收入。

六、工程管线系统规划

设施园区基础工程规划应包括给排水、供电能源等内容，根据实际需要，还可进行防洪、防火、抗灾、环保、环卫等工程规划。

由于设施园区的地理位置和环境条件十分丰富，因而所涉及的基础工程项目也异常复杂，土木建筑、给水排水、电力热力、燃气燃料、环保环卫、防震减灾基础工程均可直接遇到。

(一)规划原则

(1)规划项目选择要适合设施园区的实际需求。

(2)各项规划的内容和深度及技术标准应与园区规划的阶段性要求相适应。

(3)各项规划之间应在具体环境和条件中协调起来。

(二)设施园区基础工程规划

(1)符合设施园区保护、利用、管理的要求。

(2)同设施园区的特征、功能、级别和分区相适应，不得损坏景源、景观和风景环境。

(3)要确定合理的配套工程、发展目标和布局，并进行综合协调。

(4)对需要安排的各项工程设施的选址和布局提出控制性建设要求。

(5)对于大型工程或干扰性较大的工程项目及其规划，应进行专项景观论证、生态与环境敏感性分析，并提交环境影响评价报告。

(三)给排水规划

给水排水规划应包括现状分析；给排水量预测；水源地选择与配套设施；确定给排水方式，布设给排水管网；污染源预测及污水处理措施；工程投资预算。

给排水设施布局还应符合以下规定：

(1)在景观用地及重要地段范围内，不得布置暴露于地表的大体量给水和污水处理设施，可将其布置在居民村镇附近。

(2)在主要设施场地、人流集中场地宜采用集中给排水系统，主要给水设施和污水处理设施可安排在居民村镇及其附近。

(3)设施园区的给排水规划，需要正确处理生活用水、工业性用水、农林(灌溉)用水之间的关系，满足生产生活和游览发展的需求，有效控制和净化污水，保障相关设施的社会、经济和生态效益。根据灌溉、水体大小、饮水等的实际用量确定供需。水源地应位于居民区和污染源的上游。给排水工程设计应符合有关标准规范的规定。

(四)供电规划

设施园区供电规划应提供供电及能源现状分析、负荷预测、供电电源点、供电工程设计内容、变(配)电所设置、供电线路布设等，并应符合以下规定：

(1)节约能源、经济合理、技术先进、安全适用、维护方便。

(2)正确处理近期和远期发展的关系，做到以近期为主，适当考虑远期发展。

(3)主要供电设施宜布置于居民村镇及其附近。设施园区的供电和能源规划，在人口密度较高和经济社会因素发达的地区，应以供电规划为主，并纳入所在地域的电网规划。在人口密度较低和经济不发达并远离电力网的地区，可考虑其他能源渠道，供电电源应充分利用国家或地方现有电源。当无现有电源可以利用或利用现有电源不经济合理时，方可考虑自备电源。供电方案应运行可靠、方便维修、技术先进、经济适用。供电电压应以地区电压等级为准。

(4)用电负荷较小而又分散的地区，宜采用独立变电所或杆上变压器。在变电所和变压器的周围，应设置安全防护设施。

(5)当电力负荷所引起的电压波动值超过照明或其他用电设施电压质量要求时，应分别设置动力和照明变压器。

(6)供电线路铺设，一般不应采用架空线路。必须采用时，线路应尽量沿路布设，避开中心景区和主要景点，尽可能不跨越建筑物或其他设施。

(五)设施园区的供热工程规划

(1)设施园区的供热工程规划应贯彻节约能源、保护环境、节省投资、满足需要、技术先进、经济合理的原则。

(2)设施园区的热源选择应首先考虑余热的利用，其供热方式应以区域集中供热为主，一般不采取分散供热的方式。

(3)设施园区公共民用建筑的热负荷一般采用热指标计算。当缺少有关资料时，可根据实地调查或比照类似的企业加以确定。

(4)供热管网的铺设方式应根据地形、土壤、地下水等各种因素，通过技术经济比较后确定。对于温度不超过 120 ℃的热水采暖管网，应优先选用直埋铺设的方案。

(5)供热应优先选择热值高、污染小的燃料。集中供热锅炉产生的废渣、废水、烟尘，必须按工业“三废”排放标准进行处理和排放。

(6)管线工程综合设计平面图的比例为 1：500 或 1：1 000。图中内容包括建筑，道路，各类管线在平面上的位置、管径或管沟尺寸，排水管坡向，管线起终点及转折点的标高，坐标，管线交叉点上下两管管底标高和净距。各类管线在平面图中可以用不同的线条图例或者用各管线拼音的首字母表示，管径可直接标注在线上。

(7)道路管线布置横断面图常用比例为 1：200，图上标明道路各组成部分及其宽度，包括机动车道、非机动车道、人行道、分车带、绿化带及其宽度，现有及规划的管线在平面和竖向上的位置，横断面应标明路名、路段。

七、绿化规划

(一)规划原则

按照整体布局，服从项目功能定位，植物与建筑、道路及地形地貌共同构成园区的环境景观。

(1)园区绿化要体现造景、游憩、美化、增绿和分界的功能。

(2)不同功能区(项目区)风格、用材和布局特色应与该区环境特点相一致。

(3)不同道路、建筑环境绿化要有鲜明的特色。

(4)因地制宜进行绿化造景，做到重点与一般相结合，绿化与美化相结合，绿化用材力求经济、实用、美观。

(5)注意局部与整体的关系，绿地分布合理，满足功能需求，既有各分区造景的不同风格，整体上又体现点、线、面结合的统一绿化体系。

(6)以植物造景为主，充分体现绿色生态氛围。

(二)规划内容

绿化先要按照植物的生物学特性，从设施园区的功能、环境质量、遮阳等要求出发来全面考虑，同时也要注意植物布局的艺术性。设施园区中不同的分区对绿化种植的要求也不一样。

1. 生产区

生产区内、温室内或花木生产道两侧上不用高大乔木树种作为道路主干绿化树种。常绿灌木为基调树种形成道路两侧的绿带，再适当配以地被草花，使生产区内农作物总体上形成四季变化的特色。同时避免影响温室采光。

2. 示范区

示范区的树木种类相对于生产区内可丰富些，原则上根据示范单元区内容选取植物，形成各自的绿化风格，总体上体现彩化、香化并富有季节变化特色。

3. 观光区

观光区内植物可根据园区主题营造出不同意境的绿化景观效果，总体上形成以绿色生态为基调又活泼多姿的植被景观。在大量游人活动较集中的地段，可设开阔的大草坪，留有足够的活动空间，以种植高大的乔木为宜。

4. 管理服务区

可以高大乔木作为基调树种，与花、灌木和地被植物相结合，一般采用规定式种植，形成前后层次丰富、色块对比强烈、绚丽多姿的植被景观。

(三)主要绿化材料

(1)观光灌木。月季、金钟花、迎春、海棠、杜鹃、金丝桃、六月雪、夹竹桃、扶桑、海桐等。

(2)观果灌木。枸杞、石榴、金橘、南天竹、小粟等。

(3)芳香树种。含笑、桂花、栀子、紫藤等。

(4)观赏蔬菜。五色椒、刺茄、金银茄、非洲茄、叶牡丹等。

(5)林木类。广玉兰、鹅掌楸、黑松、雪松、流苏、水衫、池杉、香樟、合欢、枫香、金丝垂柳、乌桕、白玉兰等。

(6)地被花卉。波斯菊、金盏菊、孔雀草、美女樱、蜀葵、葱兰、鸢尾、四季海棠等。

(7)攀缘植物。地锦、五色地锦、常春藤、紫藤、葡萄、三角花、丝瓜等。

(四)主要绿化形式

1. 水平绿化

(1)植树。植树的形式有孤植、对植、片植等，植树还要考虑，树木与架空线、建筑、地下管线以及其他设施之间的距离，以减少彼此之间的矛盾，使树木既能充分生长，最大限度地发挥其生态和美化功能，同时又不影响建筑与环境设施的功能与安全。行道树一般以 5 m 为定植株距，一些高大的乔木也可采用 6～8 m 的定植株距，总的原则是使成年后树冠能形成较好的郁闭效果。设计之初树木规格较小，在较短时间内又难以形成遮阳效果，可缩小株距，一般为 2～3 m，等树冠长大后再行间伐，最后的株距为 5～6 m。小乔木或窄冠型乔木行道树一般采用 4 m 的株距。

(2)草坪。设施园区中的草坪按功能分为观赏草坪、游憩草坪和护坡草坪等。草坪植物的选择依照草坪功能的不同而定,常用植物有早熟禾、狗牙根、紫羊茅、白三叶、结缕草等。

2. 垂直绿化

攀缘植物种植于建筑墙壁或墙垣基部附近,沿着墙壁攀附生长,创造直立面绿化景观,是绿化面积大、占地面积小的一种设计形式。根据攀缘植物的习性不同,有直立贴墙式和墙面支架式。直立贴墙式是指将具有吸盘和气生根的攀缘植物种植于近墙基地面,攀缘向上生长,绿化用植物主要有地锦、五叶地锦、扶芳藤;支架式植物无吸盘和气根,攀附能力较弱或不具备吸附攀缘能力,需设攀缘支架供植物盘绕攀附生长,这类植物主要有金银花、牵牛花、藤本月季。

八、竖向规划

(一)竖向规划设计的含义

竖向规划设计是综合利用地形、地貌及地质条件,因坡就势,合理地进行道路布局,建筑、各类公共服务设施设计,绿地的组织以及地面水的排除。

(二)竖向规划设计的原则

(1)根据地形、地貌现状,因地制宜,结合功能布局,合理利用地形,尽量减少土石方工程量。

(2)满足排水管线的埋设要求,避免土壤受冲刷。

(3)有利于各建筑、设施的布置和空间环境的设计。

(4)对外联系道路的高程应与城市道路标高衔接。

(5)道路系统流畅、便捷,满足生产、消防的功能要求。

(6)地表雨水沿主干道明沟就近流入场区内设置的排水点。

(三)竖向规划设计的内容

合理确定建设场地的平整方式和建筑物、构筑物、道路等的平整标高,并与园区场地、道路、水渠等的标高衔接,拟定场地排水系统和排水构筑物,计算场地土方工程量,并考虑土方平衡,拟定挡土护坡构筑物。

(1)利用地形地貌,进行园区布局,组织建筑群体的空间立体结构。对于地形坡度大的用地,其改造的必要性与可能性,必须根据投资、建筑布局、施工技术等综合考虑。同时还应考虑生态平衡、自流灌溉系统、排水排洪及农作物生长情况。余弃土石可用以填平冲沟洼地,或建设休闲娱乐场、停车场、绿地或低层房屋。

(2)确定控制高程,以满足道路、管线和建筑等的布置要求。

(3)合理组织地面排水,采用明沟(管)或暗沟(管)两种方式。

(4)确定土方工程量,力求就地平衡。在地势变化较大的地区,力争不要过分改变现状等高线的分布规律,以保护自然生态环境。当地面坡度大于 8%时,地面水对地表土壤及植被的冲刷就严重加剧,就必须整理地形,以台阶式设计来缓解上述矛盾。

(四)竖向规划的准备工作

1. 了解与设施园区建设有关的道路管网及公共设施状况

其中包括各种管线的走向、容量、标高、道路控制点的标高以及在总体规划的指导下如何考虑近期及远景的结合问题。

2. 辨认土壤

建设地区内如果有后填土或堆积土，必须查明土质和土壤深度。在山区的多石地带，必须查明其范围、硬度和深度。这些资料与竖向规划中决定土方的填挖取舍以及决定工程标高有关。

3. 调查洪水水位和地下水位

建设地段如果临近江河，则洪水的水位必须调查清楚。地下水位的深浅影响地面最低标高的设计，所以应对当前地下水位及土井水面深度进行了解，还要了解当地最高地下水位情况。

4. 了解施工条件

需要了解土方工程中采用的施工机械及运输设备状况，同时了解施工中的分期进度和分段界限。这些情况与土方调配方案的确定有直接关系。此外，还要了解附近的取土或弃土场的交通条件，以确定土方填挖是否现实可行。

5. 现场踏勘、核实资料

踏勘工作一般是指到现场实地沿道路步行查看现状。如果在踏勘过程中发现一些与地形图不符合之处，属于简单变动，可以随手填补在地形图上；如果是较大的改动，则要请勘测单位进行复测。

(五)竖向规划的方法

(1)在布置建筑物时应尽量配合原地形，采取多种布置方式，在照顾朝向的条件下，争取与等高线平行，尽量做到不要过大地改动原有的自然等高线或只改变建筑物基底周围的等高线。

(2)要定出建筑物四角的设计标高及室内地坪的设计标高，如建筑物的长边与较密的等高线垂直，也可以错层布置。道路的坡度及线形可灵活配合自然地形，在坡度较大的地方可加设一些台阶。

(3)设施园区内的排水根据不同的地形采用不同的方式，进行地形分析，划分为几个排水区域，分别向邻近的道路排水。坡度较大时要用石砌以免冲刷，部分也可用沟管，在低处设进水口。

(4)坡度对上水管线的走向无大的限制，但要注意个别高地的水头高度是否满足需要；污水管可以做成树枝状，其埋设深度应从道路的污水管道的衔接处向上推算。

(5)设计等高线(或不用设计等高线而只标明一些设计标高)，全部标出后应估算土方量，尽量做到土方量基本就地平衡。

九、景观规划

设施园区的景观，是指在设施园区内由各种环境要素(固定的和流动的)所构成的能够成为人们审美对象的形式信息总和。设施园区的景观是一个多种元素构成的复合体，它是由园区内的产业设施、建筑、道路、公共空间等多种元素综合构成的。构成设施园区的景观素材归纳起来有以下两个方面：园区内清新的空气、优美的风光、泥土的气息、宁静的环境和新鲜的绿色产品是构成观光设施园区的自然素材；壮观亮丽的现代温室群体、整齐划一的田地、规范有序的通畅路网则是构成景区的人工素材。

(一)设施园区景观规划设计的原则

1. 生态原则

园区自身的生产生活需要注意生态方面的要求，重视环境的治理，不要对自身和周边环境产生不良的影响。景观规划的生态原则是创造园区恬静、适宜、自然的生产生活环境,是提高园区景观环境质量的基本依据。

2. 经济性原则

规划设计当中要把经济生产融合到园区建设中来。尤其对于各类采摘园来说,采摘的经济效益很高,规划设计要能够使采摘进行得更好,同时注重在非采摘季节吸引游人,更好地提高经济效益。

3. 参与性原则

亲身直接参与体验、自娱自乐已成为当前的旅游时尚。观光休闲设施园区的空间广阔、内容丰富,极富参与性。

4. 突出特色原则

规划设计要与园区的实际相结合,明确资源特色,选准突破口,使整个园区的特色更加鲜明,使景观规划更直接地为旅游服务、为园区服务。

5. 文化原则

通常我们谈及农业,首先想到的是其生产功能,很少想到其中的文化内涵。这使人很容易忽视农业也是一种文化的体现,所以在园区的景观设计中应深入挖掘出其内在的文化资源,并加以开发利用,提升园区的文化品位,以实现景观资源的可持续发展。

6. 多样性原则

要求设施园区在品种选择、景观资源配置方面突出丰富性、多样性的特点。

(二)设施园区景观规划设计的思路

以产业为中心,走经济规划之路;以土地为核心的土地利用规划之路;以提高农产品的竞争力为核心的规划之路;体现以提供农产品为第一性生产,兼顾保护与维持生态环境平衡以及作为一种重要的旅游观光资源的三个层次。

(三)景观规划的内容

(1)确定景观林、防护林以及苗圃的位置。

(2)确定适当的景观绿地。

(3)设计一条或若干条(视园区大小和景点、示范点多少而定)景观旅游线路。

(4)调整旅游接待设施的位置与数量。

(5)完成景观系统规划图。

十、园区内小品的规划

(一)小品的分类

(1)建筑小品。出入口、停车场建筑、休息厅、廊。

(2)装饰小品。雕塑、水池、假山、花坛、花境、壁画、喷水池等。

(3)公用设施小品。路标指示牌、垃圾箱、广告牌、灯柱等。

(4)游憩设施小品。座椅、凳子、桌子等。

(二)小品规划和设计的基本要求

(1)应与建筑群、绿化树种密切配合,综合考虑,符合园区总体规划的要求。

(2)小品的设计要考虑实用性、艺术性、地方性。实用性和艺术性指小品的设计符合实用美学的范畴;地方性指小品的设计富有地方风格。

(三)小品的规划布置

(1)建筑小品分布于观光区、管理服务区。

(2)装饰小品分布于园区的入口处、停车场、道路两边。

(3)公共设施小品。垃圾箱一般布置在人流较集中的区域;灯柱布置在道路两边;路标指示牌布置于道路分岔口。

(4)游憩设施小品布置于道路两边。

从长远发展看,一个国家或地区,建设大规模的设施园区种植基地,宜选择那些气候温和、各方面条件均适宜的地点、以获得更大的经济效益,当然这要靠发达的交通运输业来保障。随着种植科学特别是育种技术的进步,不断培育出耐低温弱光的果蔬新品种,温室设计的改进、各种新型保温材料和覆盖材料的出现以及当地经济的发展,特别是对于中国这样的发展中国家,在大部分地区,设施生产势必成为农村重要的支柱产业之一。也正因为如此,我国的设施农业才得以迅速发展。各地涌现出一批农业高新技术园区和种植基地,这些设施园区少则一公顷,多则几公顷及至几十公顷,规划面积有的达百余公顷甚至数千公顷,种植的品种也趋于专业化,力争获得规模效益。

自测训练

一、填空题

1. 设施园区所在区域的现有资源包括________、旅游资源、________、电信设施等。

2. 反映产品贡献的技术指标有________和________。

3. 生态效益采取________与________分析相结合的方法评价。

4. ________指在进行设施规划布置前,应考虑各种因素变化可能带来的布置变更,以便于以后的扩展和调整。

5. 产业要具有明显的________,同时又不能忽略其________。

6. 设施园区道路主要分为________和________。

7. 设施园区内的主要道路坡度不宜过大,上限为________。

8. 用电负荷较小而又分散的地区,宜采用________或________。

9. 小品分为建筑小品、装饰小品、________及________。

10. ________是指将攀缘植物种植于建筑墙壁或墙垣基部附近,沿着墙壁攀附生长,创造直立面绿化景观,是绿化面积大、占地面积小的一种设计形式。

二、名词解释

1. 竖向规划设计　2. 景观规划　3. 技术经济论证　4. 技术水平论证　5. 工程管线系统规划

三、简答题

1. 自然条件论证的内容有哪些?

2. 投资估算的内容有哪些?

3. 棚室区的平面如何布局?

4. 设施园区产业规划的原则是什么?

5. 设施园区道路的功能有哪些?

四、论述题

1. 简述设施园区规划要考虑的基本原则。

2. 简述设施园区附属设施的规划方法。

技能训练　设施园区棚室区规划

一、技能操作目标

根据任务要求在教师的指导下进行设施园区棚室区的合理规划；掌握和了解设施园区棚室区的规划方法和原则。

二、材料及场地

1. 材料

经纬仪、罗盘、钢卷尺、木桩、铁锤、线绳、小钉、彩色铅笔、记录本。

2. 场地

面积适宜的场地。

三、技能操作与方法

(1)场地的地形图测绘。

(2)连栋温室区及方位的规划。

(3)日光温室区及方位的规划。

(4)塑料大棚区及方位的规划。

四、技能考核标准

见表 7-1。

表 7-1　设施园区棚室区规划考核标准

小组名称：__________序号：__________

参考资料名称：________________

实施日期：__________

评价项目	评价内容		分值	教师评价	学生评价	得分	总分
过程评价	工作态度	到岗情况	2	1	1		
		认真负责	3	2	1		
		与人沟通	2	1	1		
		团队协作	3	2	1		
	工作方法	资讯能力	3	1	2		
		计划能力	3	2	1		
		解决问题能力	4	3	1		

续表7-1

评价项目	评价内容		分值	教师评价	学生评价	得分	总分
过程评价	实践操作	场地的地形图测绘	10	8	2		
		温室方位的测量	10	8	2		
		大棚方位的测量	10	8	2		
		棚室区布局合理性	10	8	2		
总结性评价	规划结果分析	功能分区的合理性	10	8	2		
		操作管理的便利性	10	8	2		
	报告	填写是否正确、规范	20	16	4		

附录　设施农业温室工程的名词术语及其定义

一、一般概念

1. 设施农业 installation agriculture

利用人工建造的具有一定的空间结构和环境调控能力的设施，进行农业生产的方式。其目的是获得高产、优质、均衡供应的农产品。广义的设施农业包括设施种植和设计养殖。

2. 温室 greenhouse

由透光屋面和围护结构组成，能充分采光、保温、抵御恶劣天气条件，有效控制植物生长环境的农业生产建筑。

3. 日光温室 sunlight greenhouse；太阳能温室 solar greenhouse

以日光为主要能量来源的温室，一般由透光前坡、外保温帘（被）、后坡、后墙、山墙和操作间组成。基本朝向坐北朝南，东西向延伸。围护结构具有保温和蓄热的双重功能。适合于冬季寒冷，但光照充足地区反季节种植蔬菜、花卉和瓜果。

4. 塑料大棚 plastic film greenhouse

完全用塑料薄膜作为覆盖材料的大型保护地栽培设施。一般塑料大棚的跨度大于或等于4.5 m，高度大于或等于2.5 m，都采用单栋拱形结构。塑料大棚在晴天日间能大幅度提高棚内温度，但夜间保温性较差。塑料大棚适合于春提早、秋延后栽培及冬季多层覆盖育苗。

5. 玻璃温室 glasshouse

全部屋面和部分或全部围护结构用玻璃覆盖的温室。玻璃温室多采用双坡单屋面或多屋面结构。它透光性好、寿命长，但结构重量大，造价高，不耐冲击。这种温室适合于做高档特种作物生产温室、陈列展览温室和科研用温室。

6. 塑料板材温室 plastic board greenhouse

以塑料板材为透光覆盖材料的温室。塑料板材材质多样，主要有聚碳酸酯、聚丙烯等。板型主要有单层波浪（瓦楞）板和多层中空板，可做成双坡或拱形屋面。塑料板材温室透光好，结构重量轻，耐冲击，使用寿命长。它适用于高档特种作物的种植和花卉销售市场。

7. 单栋温室 single-span greenhouse

单跨结构的温室。普通日光温室和塑料大棚均属于单栋温室的范畴，其区别在于围护结构。单栋温室的面积和空间较小，环境调控能力较差，不适应较大型机械入内作业，土地利用率低。适合于以手工作业为主的园艺生产。

8. 连栋温室 multi-span greenhouse；天沟连接温室 gutter connected greenhouse

至少有两个跨度以上，跨间屋面以天沟连接的温室。连栋温室面积大、空间高，适合于较大规模的机械化园艺生产的组织和管理。

9. 智能温室 intelligence greenhouse

利用电子技术和计算机技术，对全部或部分作物生长、发育的环境实行有效监测和调控的温室。

二、温室建筑结构 greenhouse structure

1. 骨架 framework

温室内支持屋面并承受各种荷载的建筑结构。

2. 立柱 post

温室中直立的起支撑作用的构件。多用型钢制成。

3. 基础 foundation

承受温室下沉、上拔、倾翻等荷载的建筑物底脚。常用钢筋混凝土浇筑或用砖砌成。

4. 天沟 gutter

屋面与屋面连接处的排水沟。常用冷轧镀锌钢板制成。

5. 檩条 purlin

架在屋架或山墙上面,用来支持椽子或屋面的长条形构件。也叫桁条。

6. 椽子 rafter

放在檩上,架着屋面覆盖材料的条形构件。

7. 拱架 ached truss

拱形的用以支持屋面覆盖物,承受风、雪等荷载的桁架结构。

8. 横梁 crossbeam

温室屋架的下弦,与地面平行、与天沟垂直的长条形杆件。

9. 斜撑 tilted beam

倾斜地支撑于垂直的或平行的杆件之间的长条形杆件,用以加强温室骨架整体结构的刚性。

10. 卡槽 trough

用硬质材料(薄钢板、铝、塑料等)制成的槽状物,嵌入卡簧,用来固定塑料薄膜,形成温室透光覆盖层。

11. 卡簧 spring

用弹性钢丝弯曲成型的弹簧,在卡槽铺上塑料薄膜后,将它嵌入槽内,可固定薄膜。

三、温室几何形状和尺寸 greenhouse geometry and dimension

1. 温室长度 greenhouse length

温室沿屋脊方向的长度。一般指两山墙中心线之间的距离。对于日光温室,常指两山墙内表面之间的距离。

2. 温室跨度 greenhouse span

温室一个屋面下,沿垂直于屋脊方向的宽度。单栋温室指两侧墙之间的距离;连栋温室指两相邻天沟中心线之间的距离;日光温室常指前屋面骨架基础内侧至后墙内侧之间的距离。连栋温室的跨数与跨度的乘积等于温室总宽度。

3. 温室间距 distance between greenhouse

两座温室之间的距离。对于日光温室,温室间距指前座温室后墙与后座温室采光坡面之间的净距离,另一方向的间距则需特别说明;对于连栋温室,温室间距指相邻两座温室靠近的两山墙之间的净距离，侧墙之间的间距另外说明。

4. 温室面积 greenhouse area

温室外围护结构中心线包围的面积。对于矩形温室，温室面积等于温室长度与温室总宽度的乘积。

5. 脊高 ridge height

温室建筑物在封闭状态时，最高点与室内地平面之间的距离。

6. 肩高 height of side wall

温室屋面与侧墙交线至室内地平面的距离。

7. 后墙高度 height of rear wall

日光温室的后坡内表面和后墙内表面的交线与温室内地平面之间的距离。

8. 后坡仰角 angle of elevation of rear slope

后坡内表面与水平面的夹角。

9. 前屋面角 front roof angle

日光温室横截面上采光屋面前沿与地面的交点同屋脊点的连线和地平面之间的夹角。

四、温室功能结构 greenhouse function component

1. 通风和降温系统 ventilation and cooling system

为降低室内空气温度，调节室内空气湿度，或获得必要的二氧化碳浓度，所采取的环境调节技术设施系统。

2. 自然通风 natural ventilation

利用温室内外温差与风力作用造成室内外空气压差，而进行室内外空气交换的技术措施。这种通风方式基本上不消耗或很少消耗动力能源，是温室基本通风方式，主要靠开启天窗、侧窗等方式来进行。

3. 强制通风 forced ventilation；机械通风 mechanical ventilation

利用风机运转造成室内外空气压差的通风措施，包括向室内送气的正压通风和向室外排气的负压通风。

4. 湿帘风机降温系统 wet pad cooling system

利用蒸发降温原理，由蒸发湿帘和风机组成的一种降温成套设备。湿帘通常用多孔材料制成，最常见的湿帘材料是湿强波纹纸。湿帘材料经水淋湿后可提供大量湿润表面，在风机排气情况下，温室内呈负压状态，迫使室外空气穿过湿帘。由于湿帘表面水蒸气分压力大于不饱和空气水蒸气分压力，因而湿帘表面的水被蒸发，吸收大量显热，导致进入温室的空气的干球温度下降。

5. 喷雾降温 spraying cooling

当高压水流从均布于温室上方的喷嘴喷出时，产生直径小于 0.05 mm 的细雾，雾粒的蒸发吸收大量显热，使周围空气温度降低。这种降温方法，为控制空气湿度，一般采用断续运行方式。为使蒸发过程更有效，常用排风机配合运行。还有一种冷雾机，用声波的方法使水雾化，并用风机吹出，也可达到满意的降温效果。

6. 天窗 skylight

位于屋面或高于天沟的立墙面上的通风窗。

7. 侧窗 side window

位于侧墙或山墙上的通风窗。

8. 通风率 ventilation rate

在标准工况下，为排除多余的太阳辐射热，避免室内环境温度过高，单位面积温室所必需的通风流量。

9. 单台风机风量 flowrate per fan

额定工况下，一台风机的额定流量。

10. 总通风设计流量 total ventilation flowrate

计算得出的全温室需要的通风流量。各风机单台风量之和应该大于或等于总通风设计流量。

11. 卷膜器 film reeler

驱动卷膜轴，卷起或展开薄膜，控制温室通风通道的机构。有手动和电动两类。

12. 湿帘 wet pad

用于蒸发降温的成型材料。由特制的具有良好吸水性纤维纸压制成波浪板后交错层叠制作成板块形，允许气流和水流交叉通过，具有良好的防腐性能。

13. 湿帘箱体组件 wet pad package

湿帘和容纳湿帘的壳体，保持湿帘外形及承受外力的壳体以及配水管路和出水口共同组成的部分。

14. 比表面积 specific area

每立方米湿帘纸表面积，也即空气与水的接触面积，单位是 m^2/m^3。空气、水接触比表面积应不小于 370 m^2/m^3。

15. 温室供暖 greenhouse heating

用供热的方法提高温室内空气、床土、地板、营养液和基质温度的工程技术。

16. 集中供暖 center heating

以锅炉、地热水井或工厂余热为热源，以水或蒸汽为热媒，热媒通过输送管道，在散热器(管)向温室供暖的方式。集中供暖多为大型温室所采用。

17. 热风供暖 hot airflow heating

以热风机(燃油、燃气)和热风炉(燃煤或其他固体燃料)为热源，通过热交换器将被加热了的空气送至温室中，以热风的形式提高温室内空气的温度。

18. 温床 hot bed

用人为方法提高作物栽培床地温的保护地栽培设施。常用于育苗和低温季节作物栽培。

19. 电热温床 electric hot bed

利用电热效应提高栽培床和育苗床温度的栽培设施。

20. 传热系数 heat transfer coefficient

单位时间内，透光覆盖材料两侧温差为 1 K 时，通过单位面积材料传递的热量。热的传递方向由高温侧向低温侧，所传热量包括长波辐射、传导和对流。

21. 导热系数 heat conductivity

单位时间内，材料两侧温差为 1K 时，通过单位厚度材料传导的热量。

22. 热阻 heat resistance

热阻是材料保温性能的主要指标，热阻等于材料厚度除以导热系数的商。

23. 传热损失 conductive heat loss

温室内透过围护结构(包括四周墙壁、门窗和屋面等)的热损失，包括由长波辐射、传导和对流产生的热损失。

24. 渗透热损失 permeation heat loss

由于温室维护结构存在缝隙，发生室内外空气交换而发生的热损失。

25. 对地热损失 heat loss to soil

由地面传导而损失的热量。

26. 热地板 hot floor

将加热装置埋设在地板之内，通过地板向空间散热。这种方法适用于盆栽容器直接设在地板上的温室。

27. 幕帘系统 screen system

用于温室内外保温、遮阳和防虫的网、帘、被、幕及其卷铺设施，以达到阻隔热量散失、太阳辐射或害虫侵入等目的。包括草帘、纸被、化纤被、遮阳网、保温幕和防虫网等。

28. 遮阳网 sunshade screen

遮挡过强阳光，减少太阳辐射，降低作物栽培区温度的技术措施。安装在屋面之上的是外遮阳网，安装在屋面以下的是内遮阳网。常用遮阳网材料有塑料薄膜网、缀铝箔遮阳网等。后者在夜间和寒冷季节可兼作保温幕。遮阳网应能按需要展开和收拢。

29. 保温幕 heat conservation screen

悬挂在温室内，用以减少室内热量散失的技术措施。常用材料有塑料薄膜、无纺布等。保温幕应能按需要展开和收拢。

30. 防虫网 insect proof net

阻挡害虫侵入温室的网状设施。常用网孔大小为 20～50 目，可按害虫种类进行选择。

31. 拉幕机 device for screen stretch out and draw back

用于展开和收拢遮阳网和保温幕的装置，常见形式有导链、齿条和绳索牵引等几种。

32. 卷帘机 mat realer

用于卷取和展开保温草帘或保温被的装置。

33. 托幕线 rope below screen

位于保温幕或遮阳网下，托住幕帘材料的绳索。常用的有尼龙多股线和高强度聚酯线。

34. 拉幕线 drawing screen rope

拖动保温幕或遮阳网，使之开合的绳索。常用的有钢丝绳和不锈钢绳。

35. 压膜线 pressing film line

压在塑料薄膜覆盖物上，使之张紧，防止煽动或摩擦。

36. 反光幕 screen reflecting light

日光温室后墙所挂反光物，用以增强植物生长区光照强度，改善光照均匀度。常用材料有镀铝薄膜。

37. 节水灌溉 water saving irrigation

节约用水的灌溉方法。包括微喷灌、滴灌及渗灌等。可溶解于水的化肥和农药可通过灌溉水施用。

38. 微喷灌 micro-sprinkling irrigation

利用微型喷头，将具有一定压力（0.1～0.3 MPa）的水喷射出去，形成细小水滴分布到田间或作物附近的灌溉方法。

39. 滴灌 drip irrigation

低压（0.1 MPa 以下）水流，经过低压塑料滴灌管（带），从滴头一滴一滴地滴入作物根部附近的地表土壤或基质中，借助毛细作用浸润床土或基质，供作物吸收。

40. 渗灌 seepage irrigation

将壁上有微孔的管道埋入地下，水从管壁渗出，借土壤的毛细作用自下而上地湿润土壤的灌溉方法。渗灌也叫地下灌溉。

41. 过滤器 filter

节水灌溉系统中预防灌水器和管道堵塞的装置。常用的过滤器有沙石、离心、网式和组合式等几种，不同型式过滤器适用于不同场合。

42. 控制阀 valve

用于控制灌溉管路水流的通断、方向、排污和施加液肥的装置，温室常用的有闸阀、球阀、电磁阀、泄水阀和施肥阀等。

43. 温室补光 light complement for greenhouse

当温室中自然光照不足以满足植物生长需要时，所采取的人为补充光照措施。温室补光有自然反射光补光和人工电光源补光两大类。

44. 自然反射光补光 light complement with natural reflected light

在日光温室中后墙内表面设置反射镜、反射板或反射膜，将这部分光反射到室内地面的补光措施。

45. 人工电光源补光 light complement with artificial illumination electric light source

用电光源为温室补光的措施。分为低强度补光和高强度补光两种。

46. 低强度补光 low intensity light complement

以很低强度的光（一般只有几十勒克斯）为温室作物补光。主要用于满足作物光周期需要，抑制或促进花芽分化，调节开花期。

47. 高强度补光 high intensity light complement

以高强度光照（3 000～50 000 lx）为温室作物补光。主要用于满足作物光合作用能量，补充自然光照之不足。所需光强应在作物补光点至光饱和点之间。

48. 无土栽培 soilless culture

采用纯营养液或营养液与基质结合进行植物栽培的方法（在纯营养液栽培时，需要有锚定植株的配套装置）。

49. 营养液 nutrient solution

用常规肥料和多种微量元素组成的溶液。主要用于为无土栽培的植物提供各种营养成分，也可用于土壤滴灌等。

50. 无土栽培供液系统 liquid feed system for soil less culture

供无土栽培浇灌营养液的整套设备。包括首部、管路和灌溉设备。

51. 基质培 substrate culture

在容器或栽培床内装填一定数量的基质，浇灌营养液栽培作物的方法。基质是无土栽培中用以固定作物的固形物质，它同时具有吸附营养液、改善根际透气性等功能。

52. 水培 hydroponics

将植物根系直接浸泡在营养液中，或者悬挂在空中，而将营养液喷向根系的无土栽培方法。水培也称为营养液栽培，后者也有人称之为喷雾栽培或雾培。

53. 栽培槽 culture trough

用砖石或其他材料制成的槽状设施，用以存放基质、土壤或其他植株支持物，进行栽培。

54. 栽培床 culture bed

为便于人员操作，将栽培槽架高的台架。

55. 移动式栽培床 mobile culture bed

装有辊子、可往复移动的栽培床，一边可形成临时作业通道，从而提高温室面积利用率。

56. 二氧化碳施肥 carbon dioxide fertilization

增加温室内的二氧化碳浓度，满足植物光合作用对二氧化碳的需要。

57. 杀菌装置 sterilizer

杀灭温室床土、基质和营养液中有害菌类的设施。

参 考 文 献

1. 陈红新．温室变迁史．蔬菜，2019(5)：1-6.
2. 邹志荣．节能日光温室设计建造规程．北京：中国农业出版社，2017.
3. 陈青云．园艺设施建造与环境调控．北京：金盾出版社，2008.
4. 赵英．设施农业工程技术．北京：中国水利水电出版社，2021.
5. 韩世栋．园艺设施建造技术．北京：化学工业出版社，2013.
6. 王克磊．园艺设施．杭州：浙江大学出版社，2021.
7. 陈国元．园艺设施．北京：中国农业出版社，2018.
8. 胡晓辉．园艺设施设计与建造．北京：科学出版社，2016.
9. 周长吉．现代温室工程．北京：化学工业出版社，2010.
10. 王晓琴．北纬43°地区高效节能型日光温室建造技术．科学种养，2014(12)：188.